双树定理和展开图法

——符号电路拓扑分析的一种新方法

尹宗谋 ◎ 著

DOUBLE TREE THEOREM AND EXPANDING DIAGRAM METHOD FOR TOPOLOGICAL ANALYSIS OF SYMBOLIC CIRCUITS

知识产权出版社
全国百佳图书出版单位
—北 京—

图书在版编目（CIP）数据

双树定理和展开图法：符号电路拓扑分析的一种新方法 / 尹宗谋著 .—北京：知识产权出版社，2021.3

ISBN 978-7-5130-7424-7

Ⅰ.①双… Ⅱ.①尹… Ⅲ.①电路分析-符号法 Ⅳ.①TM133

中国版本图书馆 CIP 数据核字（2021）第 023732 号

内容简介

电路分析是电路设计、优化和应用的基础，采用拓扑方法求解以元件符号参数描述的符号电路，则是电路理论的一个重要分支。本书作者经过多年的研究，发现电路固有多项式中有效项与电路图中满足一定条件的一对树有着一一对应的关系，进而定义了有效树和有效双树的概念，提出并证明了网络多项式展开的双树定理，给出了寻找全部有效树和有效双树并确定其值的展开图法。该方法直接对电路的拓扑图进行运算，通过边的短路、开路、“着色”和“去色”运算，将图分解、展开、化简，由图展开式得到展开图的权表达式，从而得到网络多项式。该方法直接用于包含 4 种受控源和零任偶等有源元件在内的一般线性有源电路，不出现冗余项，在寻找有效项的同时能够确定该项的正负系数。

本书适合对电路分析和线性代数有初步基础的人员，以及电气、电子、信息、通信和计算机等专业的研究人员、教师和学生，可用于研究和教学参考。

责任编辑：徐　凡　　　　**责任印制**：孙婷婷

双树定理和展开图法

——符号电路拓扑分析的一种新方法

SHUANGSHU DINGLI HE ZHANKAITU FA

——FUHAO DIANLU TUOPU FENXI DE YIZHONG XINFANGFA

尹宗谋　著

出版发行：知识产权出版社有限责任公司　　**网　址**：http://www.ipph.cn

电　话：010－82004826　　http://www.laichushu.com

社　址：北京市海淀区气象路 50 号院　　**邮　编**：100081

责编电话：010－82000860 转 8533　　**责编邮箱**：laichushu@cnipr.com

发行电话：010－82000860 转 8101　　**发行传真**：010－82000893

印　刷：北京建宏印刷有限公司　　**经　销**：各大网上书店、新华书店及相关专业书店

开　本：720mm×1000mm　1/16　　**印　张**：11.5

版　次：2021 年 3 月第 1 版　　**印　次**：2021 年 3 月第 1 次印刷

字　数：179 千字　　**定　价**：48.00 元

ISBN 978-7-5130-7424-7

前　言

电子电路和集成电路是现代科学与技术发展的重要成果，电路分析则是电路设计和应用的基础，其中线性有源电路的分析又是电路分析的基础。

线性非时变集中参数电路的数学模型为线性代数方程组，基于数值运算的线性电路分析理论和方法已经相当成熟和完善。但是数值分析给出的系统响应仅仅是单纯的数值或者依据重复计算绘制的波形，不能完整地反映元件参数和系统响应之间的对应关系，更不能反映系统结构和响应的对应关系，因而在很多应用中是无能为力的。

符号电路分析用元件的符号参数代替元件的数值参数，求解由元件符号参数组成的符号方程组，得到由符号参数表达式描述系统响应的网络函数，反映了元件参数与响应的对应关系，广泛用于电路的设计和优化、电路的容差分析和故障诊断等。如果全部元件参数都用符号表示，称为全符号分析；如果部分元件用符号参数，称为部分符号分析；如果只是把拉普拉斯算子 s 作为符号，那就是 s 符号分析。与数值分析相比，符号分析是非常困难的任务，计算复杂性随电路规模呈指数增长，需要大量的计算时间和内存空间。随着大规模集成电路和计算机技术的飞速发展，电路的计算机辅助分析和设计已成为电路理论的一个重要分支和热门领域，符号电路分析理论和方法受到重视，得到了快速的发展。

符号电路分析可以采用数值方法，如行列式展开法、多项式插值法和参数抽取法等。这类方法适用于符号参数较少的电路，其结果不能完整地反映电路参数和结构与系统响应的关系。利用电路的拓扑结构图，采用图的运算求得系统响应是符号电路分析的主要方法。常用的拓扑方法有信号流图法、树列举法、二分图法（BDD）等。[1-4]

信号流图法以 Manson 公式为代表。它把电路的代数方程转换为信号流图，再依据 Manson 公式，采用图的运算，分别求得系统函数的分母多项式和分子多项式。信号流图法适用性好，只要能列出线性代数方程组就能使用，但是计算过程中会出现大量相互抵消的冗余项，而且信号流图与电路图的结构相差甚远。Coates 图和 Milke 法对 Manson 法做了改进，促进了信号流图法的发展，但问题并没有完全解决。[5-7]

树列举法直接在电路图中寻找满足一定条件的生成树，由图的运算，找到满足条件的全部生成树，用树值（树支的导纳参数积）的代数和表示行列式的值。它的运算对象是电路的拓扑图或稍加变换的图，不产生冗余项，因而是符号电路拓扑分析最有效与最常用的方法[1-9]。

树列举法中最著名的当属双图树法。它由原始电路生成电压图和电流图，然后找出两图的共有树，则全部共有树的树支导纳乘积的代数和就是该电路节点导纳行列式的展开式。双图法采用的图接近网络的原图，而且运算过程中不出现冗余项，因而受到重视，得到广泛应用。但是双图法源于电路的节点电压方程，原则上只适用于由导纳型元件和电压控制电流受控源（VCCS）组成的电路。为了改进双图法，许多研究者做了大量的工作，发表了许多文献，其中主要的改进是将其他类型受控源转换成电压控制电流受控源的等效电路，以及使用零任偶元件模型改进和扩展节点电压法等。这样虽然使双图法可以用于一般的有源电路，但增加了图的规模，而且不同网络函数的拓扑公式难以统一。[10-12]

二分图（Binary Decision Diagram，BDD）是便于计算机处理的一种数据结构，它采用一分二、二分四的结构，逐层逐级分支，构成倒树状的结构图。C J Richard Shi 等将 BDD 用于行列式的展开，提出网络拓扑分析的 DDD (Determinant Decision Diagrams）法，发表了许多论文，成为当时的热门话题[13-15]。这种方法适合较大规模的电路，便于计算机计算，但它属于网络行列式的图解法，不是通过电路图自身的运算求解网络行列式的方法，因而有一定的局限性。

20 世纪 70、80 年代，随着陈树柏《网络图论及其应用》的出版，在国内掀起了网络图论和符号电路分析的研究热潮[16-18]。在学习和工作中，作者接触了这方面的知识，并尝试进行符号电路拓扑分析的学习与研究，从电路的表格方程着手，寻找符号电路分析的新途径，试图改进现有的方法。经过多年研究，首先指出有效项的充分必要条件是该符号组合对应的两个边集构成网络的一对树，进而发现网络行列式中有效项与网络图中的一对树有着一一对应的关系，提出有效树和有效双树的概念。接着致力于确定双树系数正负的拓扑算法，提出了网络行列式展开的双树定理，并给出了应用双树定理分析电路的拓扑方法[19-21]。随后又借鉴 DDD 模式，通过图的开路、短路和“着色”运算，依照各个元件参数，逐级地将电路图分解和化简，构成网络展开图，进而由展开图得到网络行列式，解决了双树定理的算法和应用问题，形成了独有的展开图法[22]。以后，虽然没有放弃研究工作，然而由于本人水平、能力和条件有限，加之 2008 年退休，后续工作没有什么进展，研究几乎中断。

2007 年以来，有学者（Shi G Y 等）借鉴有效树和有效双树的想法，提出了适用树对（Tree-Pairs Admissible）的概念，采用图对逐级分解化简，改进了 DDD 算法，构成了 GPDD（Graph-Pair Decision Diagram）算法，在国际权威期刊上发表了多篇论文[23-26]，而且出版了专著[27]。看到自己感兴趣的研究课题又有新的进展，与己相近的方法又有重要成果发表，作者为此高兴，但又不甘心就此罢休。通过查阅文献、分析比较后发现，GPDD 的理论和方法尚未尽善尽美，还需改进和完善，而且与自己的思路和方法还是有相当大的区别，不能替代自己的工作，双树定理和展开图法还有立足之地。受他们研究成果的激励，作者重新开始了中断多年的研究，并取得新的进展。首先，采用新的思路证明了双树定理，使原先篇幅过长、难以理解、没能发表的证明过程得以简化并更加严谨；其次，完善“着色”运算，增加“去色”运算，在图展开过程中同时解决正负号的难题；另外，多端元件的展开模型和应用也有了新的结果。采取出书的方式，将自己多年的研究成果完整地奉献给读者和社会，是本书的用意，也是作者多年的梦想。

本书正文包括 9 章，前 5 章介绍概念、理论、方法和应用，包括网络分析和网络图论的基础知识、双树的概念及双树定理的内容、网络展开图的构成、由展开图获得网络多项式的方法、基于双树定理和展开图法的网络分析应用、多端元件的展开模型和应用等；后 4 章给出了证明双树定理所需的前提、基础知识和关键技术，包括基于 $2b$ 表格的网络方程和行列式的概念、网络基本关联矩阵的属性和若干引理、各类基本元件的展开模型，在此基础上，证明了双树定理，并阐明了展开图法的理论依据。最后做了简要的总结。

由于个人能力和精力有限，本书内容仅限于基础理论和基本方法的研究，以及电路拓扑分析的应用和举例，重点在于介绍作者自己的想法和研究成果，力求讲清理论，阐明方法，恰当举例，解决是什么、为什么及有什么用、怎么用的问题，对此领域研究的历史和现状没有详尽地论述，对于集成电路的分析和设计实例也很少涉及。

目　　录

第 1 章　网络拓扑分析基础

1.1　电路分析基础

1.1.1　电路和电路元件

本书讨论的对象是线性、模拟、集中参数、非时变电路，全符号参数，拉普拉斯变换 s 域分析。任务是已知电路的结构和符号参数，求解系统的响应和反映输出与输入关系的网络函数、网络参数的表达式。本书中，电路、系统和网络是基本相同的概念，它们是通用的。电路反映了元件及其连接，是实际电气和电子设备的电原理图；系统侧重电路的作用，反映输入和输出关系；网络侧重电路的拓扑结构和约束关系。由于采用拓扑分析，本书较多地使用网络的名称。

电路的基本元件包括导纳（Y）、阻抗（Z）、独立电压源（E）、独立电流源（J）、开路电压（V）、短路电流（C）、电压控制电流源（VCCS）、电流控制电流源（CCCS）、电压控制电压源（VCVS）、电流控制电压源（CCVS）和零任偶（Nullor）等 11 种元件。其他元件和组件可以用基本元件的组合来等效。电路基本元件及其电路图符号、伏安关系和网络图符号见表 1 - 1。

表 1 - 1　基本元件的电路图符号、伏安关系（VAR）和网络图符号

元件	电路图符号	伏安关系	网络图符号
阻抗 Z	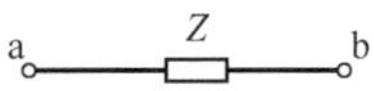	$U_{ab}=ZI_{ab}$	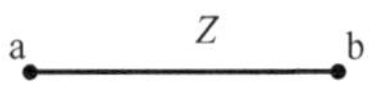
导纳 Y	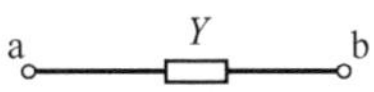	$I_{ab}=YU_{ab}$	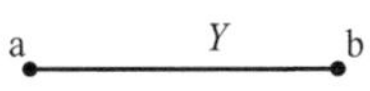

续表

元件		电路图符号	伏安关系	网络图符号
电压源 E			$U_{ab}=E$	
电流源 J		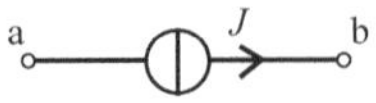	$I_{ab}=J$	
开路电压 V		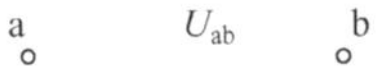	$I_{ab}=0$	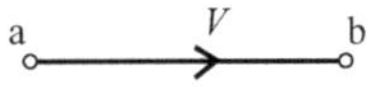
短路电流 C		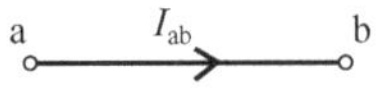	$U_{ab}=0$	
受控源 X	CCVS	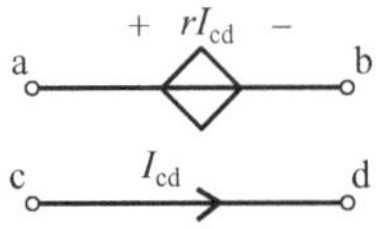	$\begin{cases}U_{ab}=rI_{cd}\\U_{cd}=0\end{cases}$	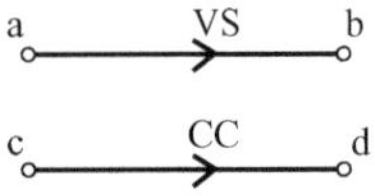
	VCVS	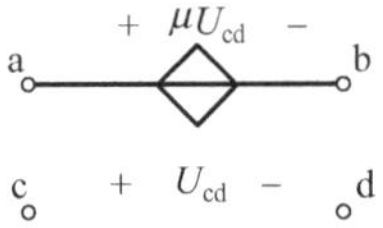	$\begin{cases}U_{ab}=\mu U_{cd}\\I_{cd}=0\end{cases}$	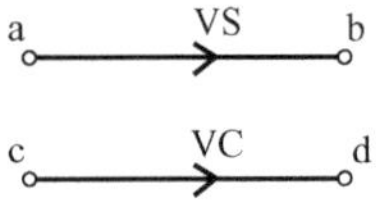
	VCCS	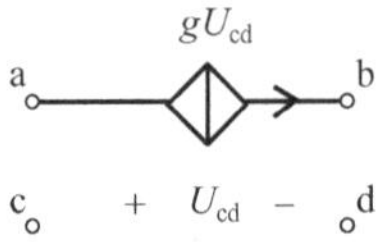	$\begin{cases}I_{ab}=gU_{cd}\\I_{cd}=0\end{cases}$	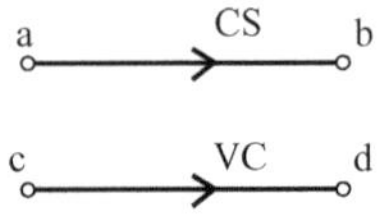
	CCCS	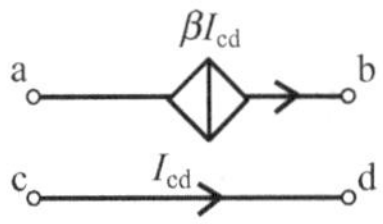	$\begin{cases}I_{ab}=\beta I_{cd}\\U_{cd}=0\end{cases}$	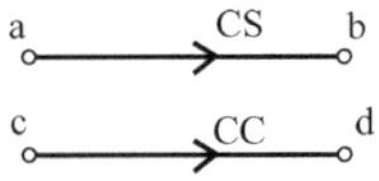
零任偶 N		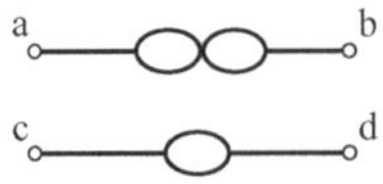	$\begin{cases}U_{cd}=0\\I_{cd}=0\end{cases}$	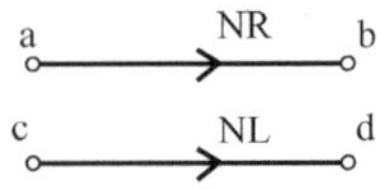

1.1.2　电路方程的建立和求解

电路分析的基本任务是已知电路的结构和元件参数，给定输入激励源，求输出变量。建立电路方程是电路分析的首要步骤。选择不同的变量，建立不同形式的方程，可构成不同的分析方法。常用的电路分析法有节点电压法、割集电压法、网孔电流法、回路电流法、支路（电压或电流）法、混合法（割集电压和回路电流）和 $2b$ 表格法（全部支路电压和电流）等[16-17]。分析方法多样，但其目的和过程一致，即选择一组完备独立的变量，依据基尔霍夫电流定律（KCL）和基尔霍夫电压定律（KVL）以及支路元件的定义（VAR），建立一组完备独立的方程，求解方程组，从而得到网络变量，进而得到系统响应或系统函数。

线性电路的方程为线性方程组，可以记为

$$\boldsymbol{M}\boldsymbol{\xi}=\boldsymbol{\eta} \tag{1-1}$$

式中，$\boldsymbol{M}$ 为方程组的系数矩阵；$\boldsymbol{\xi}$ 为电路变量；$\boldsymbol{\eta}$ 为电路激励。

若电路元件参数全部为数值，则线性非时变电路稳态分析的方程组为线性代数方程组，矩阵 $\boldsymbol{M}$ 中的元素全部是数值。依据线性代数理论，式(1－1）方程组的解为

$$\boldsymbol{\xi}=\boldsymbol{M}^{-1}\boldsymbol{\eta}=\frac{\mathrm{adj}(\boldsymbol{M})}{\det \boldsymbol{M}}\boldsymbol{\eta} \tag{1-2}$$

式中，$\boldsymbol{M}^{-1}$是系数矩阵 $\boldsymbol{M}$ 的逆矩阵；$\det \boldsymbol{M}$ 是系数矩阵 $\boldsymbol{M}$ 的行列式；$\mathrm{adj}(\boldsymbol{M})$ 是系数矩阵 $\boldsymbol{M}$ 的伴随矩阵。

对于激励为 η_i、响应为 ξ_j 的单输入-单输出系统，其解为

$$\xi_j=\frac{M_{ji}^*}{\det \boldsymbol{M}}\eta_i \tag{1-3}$$

式中，伴随矩阵的元素 M_{ji}^* 是系数矩阵 $\boldsymbol{M}$ 的元素 M_{ij} 的代数余子式。

对于激励为 η_i、响应为 ξ_j 的多输入-单输出系统，其解为

$$\xi_j=\frac{1}{\det \boldsymbol{M}}\sum_i M_{ji}^*\eta_i \tag{1-4}$$

可见，求解电路响应就是求解行列式 $\det \boldsymbol{M}$ 的值和相应元素 M_{ij} 的代数余

子式 M_{ji}^{*} 的值。若系数矩阵全部为数值元素，则可以用代数方法求解该行列式及相应代数余子式的值。若元件参数全部或部分为符号参数，则需要采用专门的求解方法，这就是符号网络分析的任务。

例 1－1 求图 1－1 的 U_0。

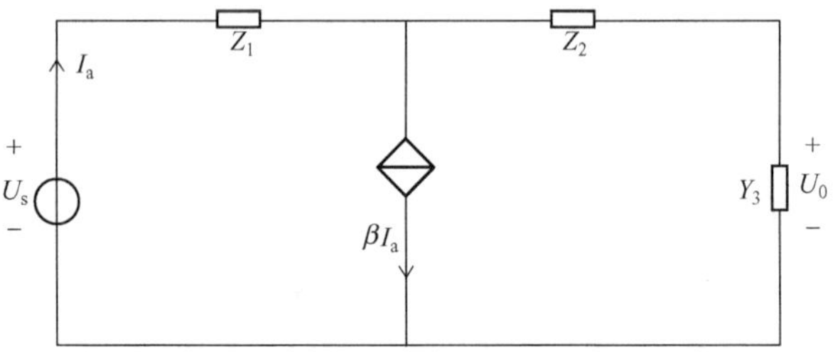

图 1－1 例 1－1 的电路图

解：以 I_a 和 U_0 为变量，列写电路方程为

$$\begin{cases} Z_1 I_a + Z_2 Y_3 U_0 + U_0 = U_s \\ \beta I_a + Y_3 U_0 = I_a \end{cases} \tag{1-5}$$

即

$$\begin{bmatrix} Z_1 & Z_2 Y_3 + 1 \\ \beta - 1 & Y_3 \end{bmatrix} \begin{bmatrix} I_a \\ U_0 \end{bmatrix} = \begin{bmatrix} U_s \\ 0 \end{bmatrix} \tag{1-6}$$

$$\boldsymbol{M} = \begin{bmatrix} Z_1 & Z_2 Y_3 + 1 \\ \beta - 1 & Y_3 \end{bmatrix} \tag{1-7}$$

$$\det \boldsymbol{M} = \begin{vmatrix} Z_1 & Z_2 Y_3 + 1 \\ \beta - 1 & Y_3 \end{vmatrix} = Z_1 Y_3 + 1 + Z_2 Y_3 - \beta - \beta Z_2 Y_3 \tag{1-8}$$

$$\mathrm{adj}(\boldsymbol{M}) = \begin{bmatrix} Y_3 & -(Z_2 Y_3 + 1) \\ -(\beta - 1) & Z_1 \end{bmatrix}$$

故

$$\begin{bmatrix} I_a \\ U_0 \end{bmatrix} = \frac{\mathrm{adj}(\boldsymbol{M})}{\det \boldsymbol{M}} \begin{bmatrix} U_s \\ 0 \end{bmatrix} = \frac{1}{1 + Z_1 Y_3 + Z_2 Y_3 - \beta - \beta Z_2 Y_3} \begin{bmatrix} Y_3 & -(Z_2 Y_3 + 1) \\ 1 - \beta & Z_1 \end{bmatrix} \begin{bmatrix} U_s \\ 0 \end{bmatrix} \tag{1-9}$$

即

$$U_0=\frac{M_{21}^*}{\det \boldsymbol{M}}=\frac{(1-\beta)U_s}{1+Z_1Y_3+Z_2Y_3-\beta-\beta Z_2Y_3} \tag{1-10}$$

1.1.3　网络函数和网络参数

单口网络和双口网络如图 1－2 所示。对于单输入-单输出系统，其输出量（响应）与输入量（激励）之比称为网络函数。

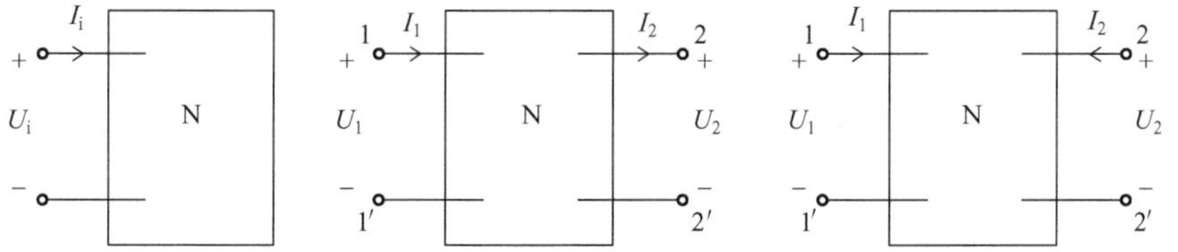

(a) 单口网络N　(b) 求传递函数的双口网络N　(c) 求网络参数的双口网络N

图 1－2　单口网络和双口网络

1）单口网络的策动点函数

对于图 1－2(a) 所示的单口网络，其网络函数包括入端阻抗 Z_i 和入端导纳 Y_i。

$$Z_i=\frac{U_i}{I_i} \tag{1-11}$$

$$Y_i=\frac{I_i}{U_i} \tag{1-12}$$

2）双口网络的传递函数

在图 1－2(b) 所示的双口网络中，端口 1 为输入端，端口 2 为输出端，端口电压和电流参考方向如图所示。传递函数有 4 种类型，即转移阻抗 Z_T、转移导纳 Y_T、电压传输比 A_V 和电流传输比 A_I。

$$Z_T=\left.\frac{U_2}{I_1}\right|_{I_2=0} \tag{1-13}$$

$$Y_T=\left.\frac{I_2}{U_1}\right|_{U_2=0} \tag{1-14}$$

$$A_V=\left.\frac{U_2}{U_1}\right|_{I_2=0} \tag{1-15}$$

$$A_I=\left.\frac{I_2}{I_1}\right|_{U_2=0} \tag{1-16}$$

3）双口网络的矩阵参数

在图 1 - 2(c) 所示的双口网络中，端口 1 和端口 2 的作用相同，故端口电流 I_2 也以流入端子 2 为正向。双口网络用矩阵参数描述其一般属性，双口网络的 $\boldsymbol{Z}$（阻抗）参数、$\boldsymbol{Y}$（导纳）参数、$\boldsymbol{H}$（混合）参数和 $\boldsymbol{A}$（传输）参数及其方程分别为

$$\begin{bmatrix} U_1 \\ U_2 \end{bmatrix}=\begin{bmatrix} Z_{11} & Z_{12} \\ Z_{21} & Z_{22} \end{bmatrix}\begin{bmatrix} I_1 \\ I_2 \end{bmatrix},\quad \boldsymbol{Z}=\begin{bmatrix} Z_{11} & Z_{12} \\ Z_{21} & Z_{22} \end{bmatrix} \tag{1-17}$$

$$\begin{bmatrix} I_1 \\ I_2 \end{bmatrix}=\begin{bmatrix} Y_{11} & Y_{12} \\ Y_{21} & Y_{22} \end{bmatrix}\begin{bmatrix} U_1 \\ U_2 \end{bmatrix},\quad \boldsymbol{Y}=\begin{bmatrix} Y_{11} & Y_{12} \\ Y_{21} & Y_{22} \end{bmatrix} \tag{1-18}$$

$$\begin{bmatrix} U_1 \\ I_2 \end{bmatrix}=\begin{bmatrix} H_{11} & H_{12} \\ H_{21} & H_{22} \end{bmatrix}\begin{bmatrix} I_1 \\ U_2 \end{bmatrix},\quad \boldsymbol{H}=\begin{bmatrix} H_{11} & H_{12} \\ H_{21} & H_{22} \end{bmatrix} \tag{1-19}$$

$$\begin{bmatrix} U_1 \\ I_1 \end{bmatrix}=\begin{bmatrix} A_{11} & A_{12} \\ A_{21} & A_{22} \end{bmatrix}\begin{bmatrix} U_2 \\ -I_2 \end{bmatrix},\quad \boldsymbol{A}=\begin{bmatrix} A_{11} & A_{12} \\ A_{21} & A_{22} \end{bmatrix} \tag{1-20}$$

1.1.4 封闭网络和增广网络

不包含任何激励信号的系统是一个封闭系统，封闭系统的方程为线性齐次代数方程组，即

$$\boldsymbol{M\xi}=0 \tag{1-21}$$

封闭网络就是不含任何独立电源（独立电源都取零值）的网络。由于电压源取零值相当于短路，电流源取零值相当于开路，若将所有的独立电压源短路，同时将所有的独立电流源开路，所得的网络就是封闭网络，其方程就是齐次线性代数方程组，如式(1 - 21)。

引理 1 - 1 齐次线性代数方程组有非零解的必要条件是 det $\boldsymbol{M}=0$。

证明：封闭网络的激励源全部取零值，即式(1 - 1) 和式(1 - 2) 中 $\boldsymbol{\eta}=0$。若 det $\boldsymbol{M}\neq 0$，则网络的所有变量 ξ 必然全为零。只有当 det $\boldsymbol{M}=0$ 时，才可能使得 $\xi\,\det\boldsymbol{M}=\boldsymbol{\eta}\,\mathrm{adj}(\boldsymbol{M})$ 成立，即式(1 - 2) 成立，网络变量 ξ 才可能有非零解。引理 1 - 1 证得。

增广网络就是在原电路中，以输出量为控制量，以输入量为受控量，用受

控源代替独立电源，所得到的网络[17]。增广网络比原网络增加了与输入输出相关的受控元件，用增加的受控源代替独立源，属于封闭网络。

以单输入-单输出系统为例，设输入量为 η_i，输出量为 ξ_j，则网络函数 $H_{ji}=\xi_j/\eta_i$。令

$$X_{ij}=-\frac{1}{H_{ji}}=-\frac{\eta_i}{\xi_j} \tag{1-22}$$

用受控源“$-X_{ij}\xi_j$”取代独立电源 η_i，即

$$\eta_i=-X_{ij}\xi_j \tag{1-23}$$

得到一个封闭的增广网络。求得该增广网络的行列式 det $\boldsymbol{M}$，按照包含控制量 X_{ij} 与否，将 det $\boldsymbol{M}$ 分为两部分。依据引理 1-1，可知该封闭网络有非零解的必要条件是行列式为零，即

$$\det \boldsymbol{M}=P+X_{ij}Q=0 \tag{1-24}$$

从而有

$$H_{ji}=-\frac{1}{X_{ij}}=\frac{Q}{P} \tag{1-25}$$

对于输入和输出不在同一端口的双口网络来说，由于输入量与输出量的电压和电流有 4 种可能的组合，增广的受控源也可能有 4 种形式。注意式(1-23) 中的负号，正确标注增广受控源的参考方向，从而使式(1-25) 中分母 P 和分子 Q 没有负号。

对于输入和输出在同一端口的单口网络来说，增广元件简化为导纳或阻抗，而且增广的端口元件 Y_i 或 Z_i 的电压和电流总是反向（图 1-2a），能够满足式(1-23) 的要求，因而无须标注参考方向。

应用式(1-2)～式(1-4) 求解电路，需要求得系数矩阵 $\boldsymbol{M}$ 的行列式 det $\boldsymbol{M}$ 及相关代数余子式的表达式。采用增广网络技术，由增广网络的行列式可以直接得到网络函数的分母多项式和分子多项式。因而，求解网络函数的问题就转化为求增广网络的网络行列式。当然，这个增广网络可能包含 4 种类型的受控源，因而求解网络行列式的方法必须适用于包含 4 种受控源在内的一般有源网络。这样，网络函数的拓扑公式就可以统一。而立足于节点导纳矩阵的分析方法就难以适用于包含 4 种受控源的增广网络，难以用统一的公式求解 4

种形式的网络函数。

例 1－2 利用增广网络技术求图 1－1 电路的响应 U_0。

解：令 $U_s=-\mu U_0$，用 VCVS 型受控源“$-\mu U_0$”代替独立电压源 U_s，构成增广封闭网络，如图 1－3 所示。注意受控电压源的方向（极性）。

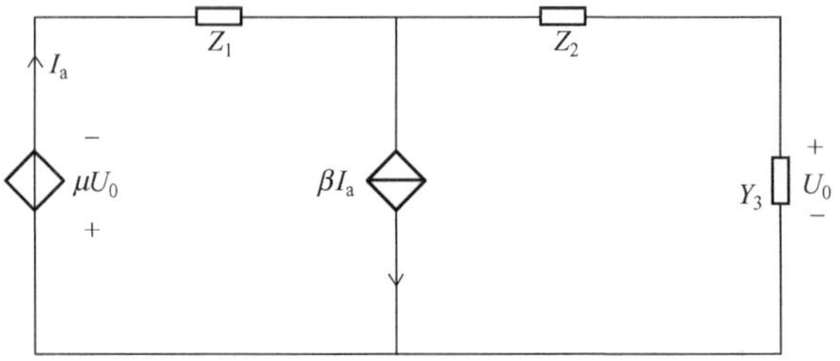

图 1－3　图 1－1 电路的增广电路图

仍以 I_a 和 U_0 为网络变量，列写该电路的方程：

$$\begin{cases} Z_1 I_a + Z_2 Y_3 U_0 + U_0 + \mu U_0 = 0 \\ \beta I_a + Y_3 U_0 - I_a = 0 \end{cases} \tag{1-26}$$

即

$$\begin{bmatrix} Z_1 & Z_2 Y_3 + 1 + \mu \\ \beta - 1 & Y_3 \end{bmatrix} \begin{bmatrix} I_a \\ U_0 \end{bmatrix} = \begin{bmatrix} 0 \\ 0 \end{bmatrix} \tag{1-27}$$

$$\begin{aligned} \det \boldsymbol{M} = \begin{vmatrix} Z_1 & Z_2 Y_3 + 1 + \mu \\ \beta - 1 & Y_3 \end{vmatrix} &= Z_1 Y_3 + (1-\beta)(Z_2 Y_3 + 1 + \mu) \\ &= 1 + Z_1 Y_3 + Z_2 Y_3 - \beta Z_2 Y_3 - \beta + \mu(1-\beta) \\ &= P + \mu Q \end{aligned} \tag{1-28}$$

故

$$U_0 = \frac{Q}{P} U_s = \frac{1-\beta}{1 + Z_1 Y_3 + Z_2 Y_3 - \beta - \beta Z_2 Y_3} U_s \tag{1-29}$$

1.1.5　网络行列式的本质一致性

给定一个全符号参数的电路，采用不同的分析方法，得到的电路方程是不同的，系数矩阵及其行列式也是不同的。然而，对于包含了全部网络结构和参数信息，能够求解所有网络变量的一组完备独立的方程组而言，其系数矩阵的行列式形式不同，但它们本质上是一致的。

仍以图 1－1 所示的电路为例，重绘该电路，如图 1－4 所示。

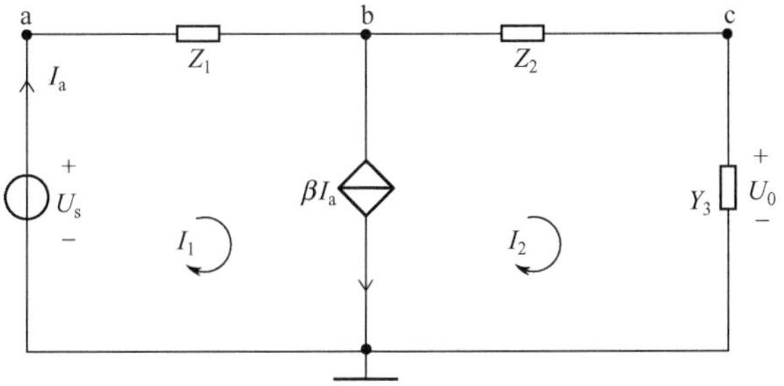

图 1－4　标注独立节点和网孔电流的图 1－1 电路

以 I_a和 U_0为变量所列方程如式(1－5)，其系数矩阵的行列式为式(1－8)，即

$$\det \boldsymbol{M}=1+Z_1Y_3+Z_2Y_3-\beta-\beta Z_2Y_3 \tag{1-30}$$

该表达式是元件参数乘积代数和的整多项式，共 5 项，不含 β 的 3 项系数为正，含 β 的 2 项系数为负。

若以节点电压 U_a、U_b和 U_c为变量，其节点电压方程为

$$\begin{cases} U_a=U_s \\ (U_b-U_a)/Z_1+\beta(U_a-U_b)/Z_1+(U_b-U_c)/Z_2=0 \\ (U_c-U_b)/Z_2+Y_3U_c=0 \end{cases} \tag{1-31}$$

即

$$\begin{bmatrix} 1 & 0 & 0 \\ -1/Z_1+\beta/Z_1 & 1/Z_1-\beta/Z_1+1/Z_2 & -1/Z_2 \\ 0 & -1/Z_2 & 1/Z_2+Y_3 \end{bmatrix}\begin{bmatrix} U_a \\ U_b \\ U_c \end{bmatrix}=\begin{bmatrix} U_s \\ 0 \\ 0 \end{bmatrix} \tag{1-32}$$

$$\begin{aligned} \det \boldsymbol{M} &=(1/Z_1-\beta/Z_1+1/Z_2)(1/Z_2+Y_3)-(-1/Z_2)(-1/Z_2) \\ &=1/Z_1Z_2+Y_3/Z_1-\beta/Z_1Z_2-\beta Y_3/Z_1+Y_3/Z_2 \end{aligned} \tag{1-33}$$

该表达式是含有分式的多项式，共 5 项，其中不含 β 的 3 项系数为正，含 β 的 2 项系数为负。如果用因子“Z_1Z_2”同乘以式(1－33) 各项，就与式(1－30) 完全相同。

若以网孔电流 I_1 和 I_2 为变量，其网孔电流方程为

$$\begin{cases} Z_1 I_1 + Z_2 I_2 + I_2/Y_3 = U_s \\ I_1 - I_2 = \beta I_1 \end{cases} \tag{1-34}$$

即

$$\begin{bmatrix} Z_1 & Z_2 + 1/Y_3 \\ 1-\beta & -1 \end{bmatrix} \begin{bmatrix} I_1 \\ I_2 \end{bmatrix} = \begin{bmatrix} U_s \\ 0 \end{bmatrix}$$

$$\det \boldsymbol{M} = -Z_1 - (1-\beta)(Z_2 + 1/Y_3) = -Z_1 - Z_2 - 1/Y_3 + \beta Z_2 + \beta/Y_3 \tag{1-35}$$

该表达式是含有分式的多项式，共 5 项，其中不含 β 的 3 项系数为负，含 β 的 2 项系数为正。如果用因子“$-Y_3$”同乘以式(1－35)各项，结果与式(1－30)完全相同。

可见，给定电路，采用不同分析方法，所得方程系数矩阵的行列式形式不同，但行列式本质是一致的，可以乘以一个因子，使其完全相同。对于线性电路而言，方程组形式不同，但其解相同，因而其方程组系数矩阵的行列式应该是本质一致的，不同形式的方程组是可以通过线性变换相互转换的。

所谓行列式的本质一致性，其含义包括：行列式的项数是确定的，不同行列式仅仅相差一个因子；或者说，给行列式中的所有项同乘以一个因子，同一电路不同形式的行列式是完全一致的。

1.1.6 网络固有多项式

既然不同形式电路方程系数矩阵的行列式本质上是一致的，或者说不同形式行列式的展开式本质上是一致的，则可以认为这个展开的多项式是该电路的固有特性，与电路方程的形式无关。既然不同形式的多项式可以通过乘以某个因子而转化为一个统一的多项式，我们就可以定义一个多项式，作为该电路的固有多项式，它由电路本身决定，与电路分析的方法和方程无关。如果我们规定这个多项式中的各项必须是整式(参数符号乘积的代数和)，而且指定某一项的系数为正，那么这个多项式就是唯一确定的。

定义 1-1　网络固有多项式

对于一个全部元件都采用符号参数的线性电路来说，若一个多项式中的每一项都是符号参数的整表达式，且该多项式与该电路各种不同形式的行列式本质一致，则称该多项式是这个电路（网络）的固有多项式，简称为网络多项式，记为 $\Delta=D[G]$。其中 G 是该电路的网络图。

定义 1-1 没有对多项式的系数（正负号）做出明确规定，这样两个多项式如果所有项都相差一个负号，那么二者都可被称为网络多项式。在我们指定某一项的正负后，其他项的正负号就确定了。我们通常选取包含受控源参数较少的某项系数为正 1。

由于是全符号电路，网络多项式中的每一项应该具有相同的量纲，否则会引起物理意义的混乱。实际情况也确实如此。

此外，当多项式的量纲为常数时，不包括任何符号参数的常数项“1”也可能成为其中的一项。

根据定义 1-1，由式(1-8) 的计算结果可知，图 1-1 所示电路的固有多项式为

$$\Delta=1+Z_1Y_3+Z_2Y_3-\beta-\beta Z_2Y_3 \tag{1-36}$$

由式(1-28) 的计算结果可知，图 1-3 所示增广网络的固有多项式为

$$\Delta=1+Z_1Y_3+Z_2Y_3-\beta-\beta Z_2Y_3+\mu-\mu\beta \tag{1-37}$$

既然网络多项式是电路固有的特性，与电路方程的形式无关，那么可否不建立或不依赖电路方程，而采用拓扑方法由电路自身的图直接得到网络多项式呢？幸运的是，这是可能的。作者经过多年的努力探索，终于发现了网络参数和拓扑结构与网络多项式相互对应的规律，提出了新颖的理论，创立了完整的算法，完美地解决了这个问题。

1.2　网络图论基础

1.2.1　图的一般概念

一条无向线段连同其两个端点构成一个边，若干个边通过顶点相互连接构

成线图，简称为图，记作 G。图的元素包括边和顶点。没有顶点的边不存在，但是没有边的顶点却可以单独存在。

G 的边可以标注电压和电流的参考方向，但 G 是无向图，不是有向图。因为边的参考方向是人为标注的，同一个边可以标注不同的参考方向，随之改变该边电压和电流值的正负号即可。此外，边两端的顶点与边的参考方向也没有因果关系。G 是无向图，相关的路径、生成树、回路和子图等概念也都是无向图。

G 可以是连通图，也可以是非连通图。非连通图由若干连通子图构成，每个连通子图称为一个连通片。

1）路径

从一个顶点出发，经过若干边和若干顶点，到达另一个顶点，若每个边只经过一次，每个顶点只经过一次，那么这些边的集合就构成一条路径。

2）回路

若 G 中一条路径的起点和终点重合，那么该路径构成 G 的一个回路。回路中每个边只经过一次，每个顶点只经过一次，但每个顶点既是起点也是终点。

3）割集

将连通图 G 中若干个边移去（移去边，保留顶点），从而将 G 分割为不连通的两个子图，则这些连接两个子图最少的边集合构成 G 的一个割集。或者说，用一个闭合曲线（立体网络时用闭合曲面）将网络分割为两部分，穿过该闭合曲线（面）边的集合构成该图的一个割集。

4）树（生成树）

连通图 G 中连通所有顶点而不构成任何回路的边集合称为 G 的一个生成树，简称为树，记为树 T。树中的边称为树支。设连通图 G 有 $n+1$ 个顶点，G 的每一个树包括且只能包括 n 个边。因而，具有 $n+1$ 个节点的连通图中不构成回路的 n 个边的集合就是该连通图的一个树。

设连通图 G 有 $n+1$ 个顶点，有 b 个边，T 是 G 的一个连通子图，则只要 T 满足如下三个条件中的任意两个，则必然满足第三个条件。

（1）T 连通 G 的所有顶点；

（2）T 有 n 个边；

（3）T 不包含任何回路。

因而，生成树也可以定义为满足上述任意两个条件的连通子图 T 就是连通图 G 的生成树。

非连通图的树（有些文献称之为“森”，本书统称为树）也是非连通的子图。设具有 k 个连通片的非连通图 G 的顶点数为 $n+k$，则该非连通图的树支数等于 n。一般说来，具有 k 个连通片的非连通图的树支数等于“所有顶点数$-k$”。

5）补树

设 T 是 G 的一个树（生成树），除 T 外，G 中其余所有边的集合 C 构成 T 的一个补树。补树中的边称为连支。

6）自环边

独自构成回路的边称为自环边。自环边的两个端点重合，自环边不能作为树支，只能作为连支。

7）自割边

独自构成割集的边称为自割边。移去自割边后，连通图就不连通了。自割边不能作为连支，只能作为树支。

一个连通图选一个顶点作为参考点，其余顶点作为独立顶点。设连通图 G 有 b 个边和 $n+1$ 个顶点，其树支数为 n，其连支数为 $m=b-n$。由 k 个连通片构成的不连通图有 $n+k$ 个顶点，其中每个连通子图有一个参考点，那么树支数是 n，连支数 $m=b-n$。若 G 由 k 个连通片构成，则 G 的树（森）也有 k 个连通片。

一般而言，树支数和连支数与边数有如下关系。

$$n+m=b \tag{1-38}$$

式中，n 是树支数；m 是连支数；b 是边数。

例如，图 1-5 中，边集 $\{1,5,6,4\}$、$\{2,4,3\}$、$\{3,7\}$、$\{1,2,3,6,5\}$、$\{1,2,7,6,5\}$ 和 $\{2,7,4\}$ 等都是 G 的回路；边集 $\{1,5\}$、$\{1,6\}$、$\{1,4,2\}$、$\{1,4,3,$

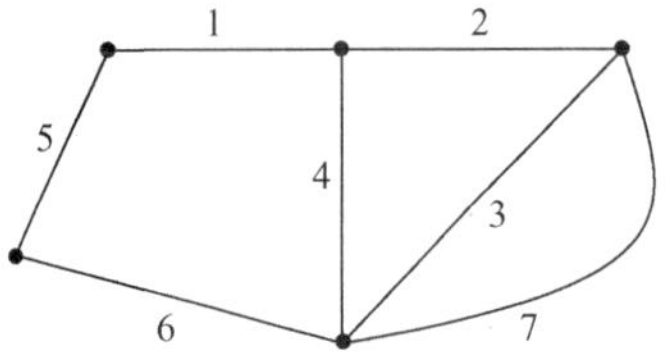

图 1-5　一个例图 G

7}、{2,4,6} 和 {5,4,3,7} 等都是 G 的割集；边集 {1,2,3,5}、{1,2,4,5}、{1,3,4,6}、{1,4,5,7} 和 {1,4,6,7} 等都是 G 的树，而边集 {4,6,7}、{3,6,7}、{2,5,7}、{2,3,6} 和 {2,3,5} 则分别是上述各树的补树。

1.2.2　边的短路和开路运算与找树的展开图法

1）短路

操作：移除边 i，将其两端的顶点合并。

运算符："i"

结果：减少一个边，减少一个顶点，图 G 降阶为子图 $G(i)$。

记法：$G\xrightarrow{i}G(i)$

2）开路

操作：移除边 i，保留其两端的顶点。

运算符："$\bar{i}$"

结果：减少一个边，顶点数不变，图 G 降阶为子图 $G(\bar{i})$。

记法：$G\xrightarrow{\bar{i}}G(\bar{i})$

3）寻找全部生成树的展开图法

引理 1-2　将 G 中边 i（非自环边）短路所得子图 G' 的树 T' 与边 i 的并集是 G 的包含边 i 的一个树。将 G 中边 i（非自割边）开路所得子图 G' 的树 T' 就是 G 的不包含边 i 的一个树。

证明：

设 G 有 n 个独立顶点，将边 i 短路，G 降阶为 G'。G' 有 $n-1$ 个独立顶点，G' 中任意一个树 T' 就有 $n-1$ 个边。因 T' 是 G' 的树，所以不构成回路。对于图 G 来说，T' 与边 i 的并集为 T，则 T 有 n 个边且不构成回路。因而 T 就是 G 的树且包含边 i。

设 G 有 n 个独立顶点，将边 i 开路，G 降阶为 G'。G' 仍有 n 个独立顶点，G' 中任意一个树 T' 有 n 个边，且包含所有顶点，对 G 来说，也是如此。所以 T' 就是 G 的树且不包含边 i。

依据引理 1-2，按如下算法可找出 G 的全部树。

算法 1-1　寻找全部生成树的展开图算法

（1）若 G 中有自割边，将该边短路，使 G 降阶为 G'，转（4）；

（2）若 G 中有自环边，将该边开路，使 G 降阶为 G'，转（4）；

（3）在 G 中任选一个边 i，短路该边使 G 降阶为 $G(i)$；开路该边使 G 降阶为 $G(\bar{i})$，从而将图 G 分解为两个分支及两个子图 $G(i)$ 和 $G(\bar{i})$。

（4）对于每一个降阶的子图，如果它还包含边，则以它为父图，转（1）。

（5）如果所有子图都成为不包含任何边的孤立顶点（末梢子图），转（6），否则重新选择一个包含边的子图，以它为父图，转（1）。

（6）从根图 G 到一个末梢子图的路径中所有被短路边的集合就构成了 G 的一个树；从根图 G 到所有末梢子图被短路边的全部集合就构成了 G 的全部树。

寻找全部树的算法 1-1，可以用一种从根图到所有末梢子图的倒置的树结构展开图表示。例如，按照算法 1-1 寻找图 1-5 全部树的展开图如图 1-6 所示。

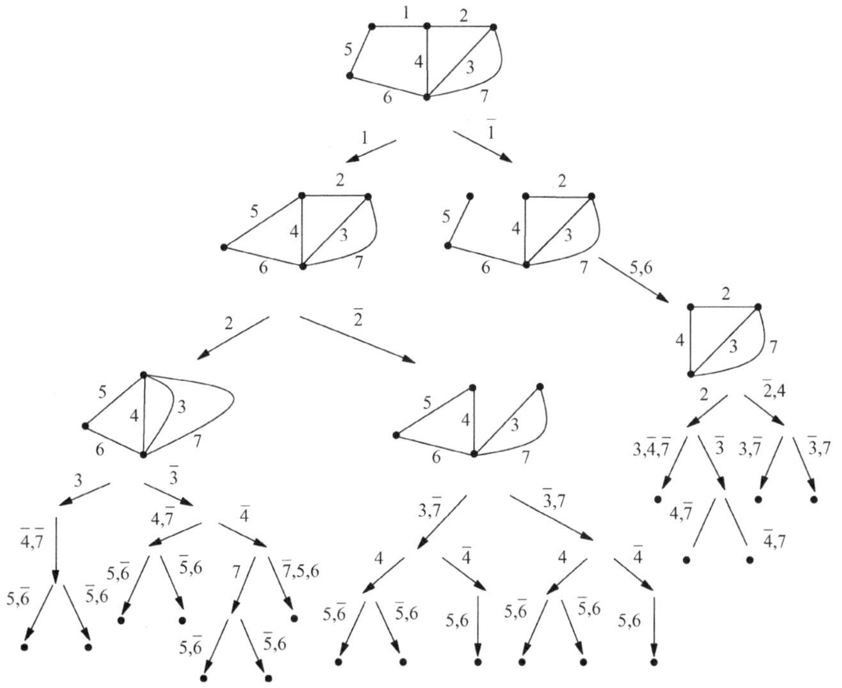

图 1-6　图 1-5 的展开图

图 1－6 中起始点为根图 G，它是网络原图，也是开始展开的父图。然后按照某个边将图 G 展开为两个分支：一个分支进行短路运算；另一个分支进行开路运算。分支用有向线段表示，相应的运算符标注在分支的旁边。短路运算符用边序号表示，开路运算符用带上画线的边序号表示。每个分支运算的结果子图位于分支箭头指向处。对于每个分支的结果子图，继续按照其余的边进行分支运算，直至所有子图都成为不包含任何边的孤立顶点，用实心圆点表示这种只有顶点没有边的末梢子图。

为了简化，展开图中各分支的子图可以省略。如果将所有中间子图都省略，仅保留根图和末梢子图（实心圆点），图 1－6 可以简化为图 1－7。

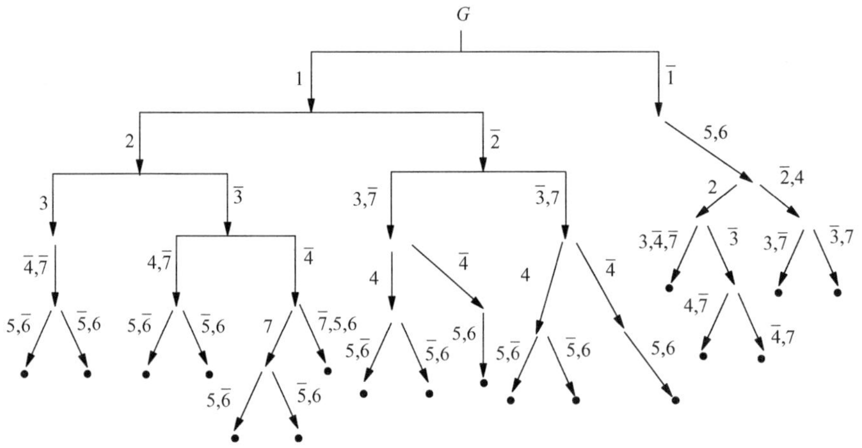

图 1－7　图 1－6 展开图的简化

图 G 是无向图，G 的展开图是有向图，其分支的方向表示从父图到子图的操作和因果关系，方向不可改变。

图 G 的展开图共有 18 个有效的末梢，从根图 G 到每个末梢路径中被短路边的集合分别构成 G 的一个树，因而图 G 共有 18 个树，它们分别是 {1,2,3,5}、{1,2,3,6}、{1,2,4,5}、{1,2,4,6}、{1,2,7,5}、{1,2,7,6}、{1,2,5,6}、{1,3,4,5}、{1,3,4,6}、{1,3,5,6}、{1,7,4,5}、{1,7,4,6}、{1,7,5,6}、{5,6,2,3}、{5,6,2,4}、{5,6,2,7}、{5,6,4,3} 和 {5,6,4,7}。

1.2.3　基本割集矩阵和基本回路矩阵

设图 G 有 b 个边，n 个独立节点，边集 T 是 G 的一个生成树，边集 C 是 T 的补树，则每个树支边与若干连支边构成一个单树支割集（基本割集）；每个连支边与若干树支边构成一个单连支回路（基本回路）。G 有 n 个独立节点，有 n 个树支边，就有 n 个独立的单树支割集；有 m 个连支边，就有 m 个独立的单连支回路。这里 $n+m=b$。

若以树支电流的正方向作为该割集的正方向，而且按照先树支后连支的顺序，列写所有单树支割集的 KCL 方程（基尔霍夫电流方程），则有

$$\boldsymbol{QI}=[\boldsymbol{E}_{\mathrm{t}}\quad \boldsymbol{Q}_{\mathrm{c}}]\begin{bmatrix}\boldsymbol{I}_{\mathrm{t}}\\ \boldsymbol{I}_{\mathrm{c}}\end{bmatrix}=0 \tag{1-39}$$

式中，$\boldsymbol{I}$ 是图 $\boldsymbol{G}$ 所有边的电流列向量；$\boldsymbol{I}_{\mathrm{t}}$是树支电流列向量；$\boldsymbol{I}_{\mathrm{c}}$是连支电流列向量；$\boldsymbol{Q}$ 是基本割集矩阵；$\boldsymbol{E}_{\mathrm{t}}$ 是树支单位矩阵；$\boldsymbol{Q}_{\mathrm{c}}$是单树支割集中树支电流与连支电流的关联矩阵，简称为电流关联矩阵。

若以连支边的正方向为单连支回路的正方向，而且按照先树支后连支的顺序，列写所有单连支回路的 KVL 方程（基尔霍夫电压方程），则有

$$\boldsymbol{BU}=[\boldsymbol{B}_{\mathrm{t}}\quad \boldsymbol{E}_{\mathrm{c}}]\begin{bmatrix}\boldsymbol{U}_{\mathrm{t}}\\ \boldsymbol{U}_{\mathrm{c}}\end{bmatrix}=0 \tag{1-40}$$

式中，$\boldsymbol{U}$ 是所有边的电压列向量；$\boldsymbol{U}_{\mathrm{t}}$ 是树支电压列向量；$\boldsymbol{U}_{\mathrm{c}}$是连支电压列向量；$\boldsymbol{B}$ 是基本回路矩阵，$\boldsymbol{E}_{\mathrm{c}}$ 是连支单位矩阵，$\boldsymbol{B}_{\mathrm{t}}$ 是单连支回路中连支电压与树支电压的关联矩阵，简称为电压关联矩阵。

需要强调指出，当选取同一个参考树时，电流关联矩阵 $\boldsymbol{Q}_{\mathrm{c}}$和电压关联矩阵 $\boldsymbol{B}_{\mathrm{t}}$有着重要的关联关系[1,17]，即

$$\boldsymbol{B}_{\mathrm{t}}=-\boldsymbol{Q}_{\mathrm{c}}^{\mathrm{T}} \tag{1-41}$$

设边 i 是树支，边 j 是连支，则有

$$B_{ji}=-Q_{ij} \tag{1-42}$$

例如，图 1-8 是一个连通图 G，$b=5$，$n=3$，$m=2$，$T=\{1,2,3\}$，$C=\{4,5\}$。为了列写 KCL 和 KVL 方程，图中标注了参考方向，边的参考方向与

相应支路的电压降方向和电流正方向一致。以 T 为参考树，图 G 的 KCL 和 KVL 方程分别为

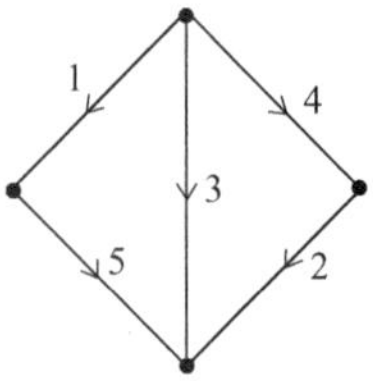

图 1-8　图 G 的 Q 矩阵和 B 矩阵

$$\boldsymbol{QI}=\begin{bmatrix}1&0&0&0&-1\\0&1&0&-1&0\\0&0&1&1&1\end{bmatrix}\begin{bmatrix}I_1\\I_2\\I_3\\I_4\\I_5\end{bmatrix}=0 \tag{1-43}$$

$$\boldsymbol{BU}=\begin{bmatrix}0&1&-1&1&0\\1&0&-1&0&1\end{bmatrix}\begin{bmatrix}U_1\\U_2\\U_3\\U_4\\U_5\end{bmatrix}=0 \tag{1-44}$$

基本割集矩阵 $\boldsymbol{Q}$ 和基本回路矩阵 $\boldsymbol{B}$ 为

$$\boldsymbol{Q}=[\boldsymbol{E}_{\mathrm{t}}\quad \boldsymbol{Q}_{\mathrm{c}}]=\begin{bmatrix}1&0&0&0&-1\\0&1&0&-1&0\\0&0&1&1&1\end{bmatrix} \tag{1-45}$$

$$\boldsymbol{B}=[\boldsymbol{B}_{\mathrm{t}}\quad \boldsymbol{E}_{\mathrm{c}}]=\begin{bmatrix}0&1&-1&1&0\\1&0&-1&0&1\end{bmatrix} \tag{1-46}$$

电流关联矩阵 $\boldsymbol{Q}_{\mathrm{c}}$ 和电压关联矩阵 $\boldsymbol{B}_{\mathrm{t}}$ 为

$$\boldsymbol{Q}_{\mathrm{c}}=\begin{bmatrix}0&-1\\-1&0\\1&1\end{bmatrix} \tag{1-47}$$

$$\boldsymbol{B}_{\mathrm{t}}=\begin{bmatrix}0&1&-1\\1&0&-1\end{bmatrix} \tag{1-48}$$

它们满足式(1-41) 的关系。

1.2.4 树偶图的 BT 值

为了后文引用和使用方便，这里给出树偶图及其 BT 值的概念和算法。

定义 1-2　树偶图

若边集 T 构成图 G 的一个树，且 T 的补集 C 也构成 G 的一个树，则称 G 是以 T 为参考树的树偶图。

例如，图 1-9 所示的 G，$n=3$，$b=6$，若取参考树 $T=\{1,2,3\}$，则 T 的补集 $C=\{4,5,6\}$ 也是 G 的树，此时，G 是以 T 为参考树的树偶图。若以 $T=\{1,4,5\}$ 为参考树，因 T 的补集 $C=\{2,3,6\}$ 不是 G 的树，此时 G 就不是树偶图。可见，树偶图是基于某个参考树 T 和它的补树 C 而言的。为了便于印刷，用空心箭头标注 T 边，用燕尾箭头标注 C 边，如图 1-9 所标注。

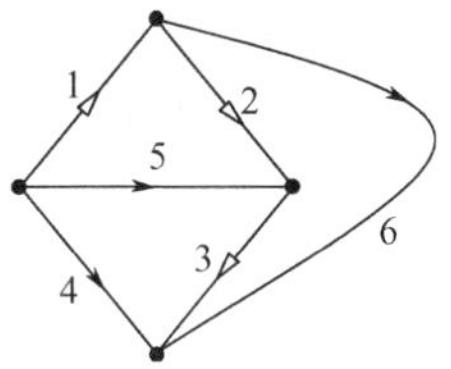

图 1-9　一个树偶图 *G*

定义 1-3　树偶图的 BT 值

设 G 是以 T 为参考树、C 为补树的树偶图，则由算法 1-2 得到的 BT[G] 称为 G 的以 T 为参考树的 BT 值。

算法 1-2　求树偶图 G 的 BT 值，其中 T 为参考树，C 为补树。

(1) 若 G 中存在一个 C 边 j 与一个 T 边 i 构成的回路，当边 i 的方向和边 j 的方向沿回路方向一致时，令回路因子 $B_{ji}=1$，否则令回路因子 $B_{ji}=-1$，转 (4)。

(2) 若 G 中存在一个 C 边 j 与一个 T 边 i 构成的割集，当边 i 的方向和边 j 的方向沿割集方向一致时，令 $B_{ji}=-1$，否则令 $B_{ji}=1$，转 (4)。

(3) 若 G 中存在一个 C 边 j 与若干个 T 边构成的单连支回路，设边 i 是该回路中的一个 T 边。在该回路中，若边 i 的方向和边 j 的方向沿回路一致，令 $B_{ji}=1$，否则令 $B_{ji}=-1$。

(4) 将 T 边 i 开路，将 C 边 j 短路，使 G 降阶。

(5) 重复步骤（1）～（4），直至 G 不包含任何边，成为孤立顶点。

(6) 将所有的 B_{ji} 按照下标 j 在 C 中的顺序排列，若所有 B_{ji} 的下标 i 按在 T 中的顺序排列的逆序数为 n_d，则

$$\mathrm{BT}[G]=(-1)^{n_d}\prod B_{ji} \tag{1-49}$$

设 T 边的顺序为 i_1，i_2，…，i_n；C 边的顺序为 j_1，j_2，…，j_n。我们可以将 T 边和 C 边的对应关系计入树偶图 G 的表达式，将 G 记为

$$G=G(i_1/j_1,i_2/j_2,\cdots,i_{n-1}/j_{n-1},i_n/j_n) \tag{1-50}$$

这样，当每一个 B_{ji} 的下标 j 和 i 恰好与一个 T/C 边对（i/j）一致（匹配）时，这些 B_{ji} 是正序的，否则是非正序的。为使所有 B_{ji} 成为正序，所需交换下标的次数称为 B_{ji} 的逆序数 n_d。

例 1-3 树偶图 G 如图 1-10(a) 所示，其中边集 $T=\{1,2,3\}$ 是 G 的参考树，$C=\{4,5,6\}$ 是 T 的补树。求 G 的 BT 值。

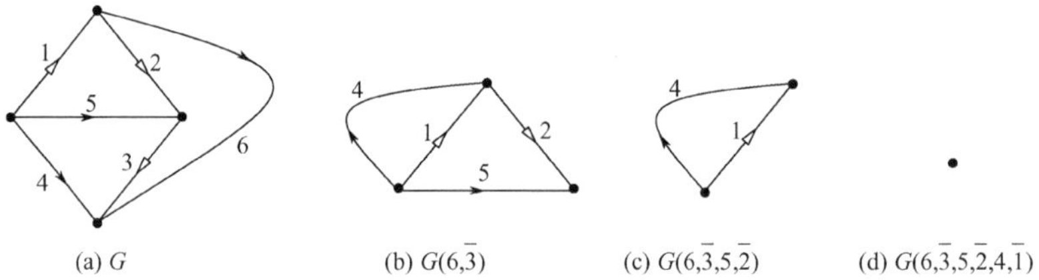

图 1-10 例 1-3 求树偶图 G 的 BT 值

解：$G=G(1/4,2/5,3/6)$

解 1：

(1) 图 1-10(a) 的 G 中，C 边 6 和 T 边 2、3 构成回路，取 $B_{6,3}=-1$，短路 6、开路 3，得 $G(6,\bar{3})$，如图 1-10(b) 所示；

(2) 图 1-10(b) 的 $G(6,\bar{3})$ 中，C 边 5 和 T 边 2 构成割集，$B_{5,2}=-1$，短路 5、开路 2，得 $G(6,\bar{3},5,\bar{2})$，如图 1-10(c) 所示；

(3) 图 1-10(c) 的 $G(6,\bar{3},5,\bar{2})$ 中，C 边 4 和 T 边 1 构成回路，$B_{4,1}=-1$，短路 4、开路 1，得 $G(6,\bar{3},5,\bar{2},4,\bar{1})$，如图 1-10(d) 所示，此子图为孤立顶点；

(4) $B_{6,3}$、$B_{5,2}$ 和 $B_{4,1}$ 分别与 $G(1/4,2/5,3/6)$ 中 T/C 边对一致（匹配），逆序数 $n_d=0$。

(5) 故

$$\mathrm{BT}[G]=(-1)^{n_d}\prod B_{ji}=(-1)^0 B_{6,3}B_{5,2}B_{4,1}$$
$$=(-1)^0\cdot(-1)\cdot(-1)\cdot(-1)=-1$$

解 2：

(1) 图 1-10(a) 的 G 中，C 边 6 和 T 边 2、3 构成回路，取 $B_{6,2}=-1$，短路 6、开路 2，得 $G(6,\bar{2})$；

(2) $G(6,\bar{2})$ 中，C 边 5 和 T 边 3 构成割集，$B_{5,3}=1$，短路 5、开路 3，得 $G(6,\bar{2},5,\bar{3})$；

(3) 在 $G(6,\bar{2},5,\bar{3})$ 中，C 边 4 和 T 边 1 构成回路，$B_{4,1}=-1$，短路 4、开路 1，得 $G(6,\bar{2},5,\bar{3},4,\bar{1})$，此子图为孤立顶点。

(4) 由 $G(1/4,2/5,3/6)$ 的表达式可知，$B_{6,2}$、$B_{5,3}$、$B_{4,1}$ 的逆序数 $n_d=1$。

(5) 故

$$\mathrm{BT}[G]=(-1)^{n_d}\prod B_{ji}=(-1)^1 B_{6,2}B_{5,3}B_{4,1}$$
$$=(-1)^1\cdot(-1)\cdot 1\cdot(-1)=-1$$

解 3：按如下流程求解各 B_{ji}。

$$G\xrightarrow{B_{5,2}=-1}G(5,\bar{2})\xrightarrow{B_{4,3}=-1}G(5,\bar{2},4,\bar{3})\xrightarrow{B_{6,1}=1}G(5,\bar{2},4,\bar{3},6,\bar{1})$$

对于 $B_{5,2}$、$B_{4,3}$、$B_{6,1}$，$n_d=1$，故

$$\mathrm{BT}[G_d]=(-1)^{n_d}B_{5,2}B_{4,3}B_{6,1}=(-1)^1\cdot(-1)\cdot(-1)\cdot 1=-1$$

还可以有更多的解法，但它们的结果都相同，都等于“-1”。可见，树偶图 G 的 BT 值是一个常数，与 B_{ji} 的选取无关，它取决于图 G 的结构以及 T 和 C 的边序号顺序。

对于图 1-9 所示的网络 G，设 $T=\{1,2,3\}$，$C=\{4,5,6\}$，其基本回路矩阵为

$$\boldsymbol{B}=[\boldsymbol{B}_{\mathrm{t}}\quad \boldsymbol{E}_{\mathrm{c}}]=\begin{array}{c} \\ 4\\ 5\\ 6\end{array}\begin{array}{c}\begin{array}{cccccc}1&2&3&4&5&6\end{array}\\ \left[\begin{array}{ccc:ccc}-1&-1&-1&1&0&0\\ -1&-1&0&0&1&0\\ 0&-1&-1&0&0&1\end{array}\right]\end{array}$$

其中电压关联矩阵 $\boldsymbol{B}_{\mathrm{t}}$ 为

$$\boldsymbol{B}_{\mathrm{t}}=\begin{array}{c} \\ 4\\ 5\\ 6\end{array}\begin{array}{c}\begin{array}{ccc}1&2&3\end{array}\\ \left[\begin{array}{ccc}-1&-1&-1\\ -1&-1&0\\ 0&-1&-1\end{array}\right]\end{array}$$

采用消元法计算 $\det \boldsymbol{B}_{\mathrm{t}}$。

选 $B_{4,1}=-1$ 为第 1 行主元，列消元，得

$$\boldsymbol{B}_{\mathrm{t}}=\begin{array}{c} \\ 4\\ 5\\ 6\end{array}\begin{array}{c}\begin{array}{ccc}1&2&3\end{array}\\ \left[\begin{array}{ccc}-1&-1&-1\\ 0&0&1\\ 0&-1&-1\end{array}\right]\end{array}$$

选 $B_{5,3}=1$ 为第 2 行主元，列消元，得

$$\boldsymbol{B}_{\mathrm{t}}=\begin{array}{c} \\ 4\\ 5\\ 6\end{array}\begin{array}{c}\begin{array}{ccc}1&2&3\end{array}\\ \left[\begin{array}{ccc}-1&-1&0\\ 0&0&1\\ 0&-1&0\end{array}\right]\end{array}$$

选 $B_{6,2}=-1$ 为第 3 行主元，列消元，得

$$\boldsymbol{B}_{\mathrm{t}}=\begin{array}{c} \\ 4\\ 5\\ 6\end{array}\begin{array}{c}\begin{array}{ccc}1&2&3\end{array}\\ \left[\begin{array}{ccc}-1&0&0\\ 0&0&1\\ 0&-1&0\end{array}\right]\end{array}$$

交换第 2 列和第 3 列，换列 1 次，得

$$\boldsymbol{B}_{\mathrm{t}}^{*} = \begin{matrix} & 1 & 2 & 3 \\ 4 \\ 5 \\ 6 \end{matrix} \begin{bmatrix} -1 & 0 & 0 \\ 0 & 1 & 0 \\ 0 & 0 & -1 \end{bmatrix}$$

由此可得

$$\det \boldsymbol{B}_{\mathrm{t}} = (-1)^1 \cdot \det \boldsymbol{B}_{\mathrm{t}}^{*} = (-1)^1 \cdot \begin{vmatrix} -1 & 0 & 0 \\ 0 & 1 & 0 \\ 0 & 0 & -1 \end{vmatrix}$$

$$= (-1) \cdot (-1) \cdot 1 \cdot (-1) = -1$$

按照算法 1-2，用拓扑方法，采用相同的顺序，计算过程为

$$G \xrightarrow{B_{4,1}=-1} G(4,\bar{1}) \xrightarrow{B_{5,3}=1} G(4,\bar{1},5,\bar{3}) \xrightarrow{B_{6,2}=-1} G(4,\bar{1},5,\bar{3},6,\bar{2})$$

故

$$\mathrm{BT}[G] = (-1)^{n_{\mathrm{d}}} \cdot B_{4,1} \cdot B_{5,3} \cdot B_{6,2} = (-1)^1 \cdot (-1) \cdot 1 \cdot (-1) = -1$$

此例表明，求树偶图 BT 值的拓扑算法与求 $\det \boldsymbol{B}_{\mathrm{t}}$ 的代数消元法如出一辙，图 G 的 BT 值就是 G 的电压关联矩阵行列式 $\det \boldsymbol{B}_{\mathrm{t}}$ 的值。

例 1-4　树偶图 G 如图 1-11(a) 所示，其中 $T = \{1,3,5,7\}$，$C = \{2,4,6,8\}$。求 G 的 BT 值。

(a) G　　　(b) $G(2,\bar{7})$　　　(c) $G(2,\bar{7},6,\bar{5})$　　　(d) $G(2,\bar{7},6,\bar{5},4,\bar{1})$　　(e) $G(2,\bar{7},6,\bar{5},4,\bar{1},8,\bar{3})$

$$G \xrightarrow{B_{2,7}=1} G(2,\bar{7}) \xrightarrow{B_{6,5}=1} G(2,\bar{7},6,\bar{5}) \xrightarrow{B_{4,1}=1} G(2,\bar{7},6,\bar{5},4,\bar{1}) \xrightarrow{B_{8,3}=1} G(2,\bar{7},6,\bar{5},4,\bar{1},8,\bar{3})$$

(f) 求 G 的 B_{ji} 并使其降阶的流程图

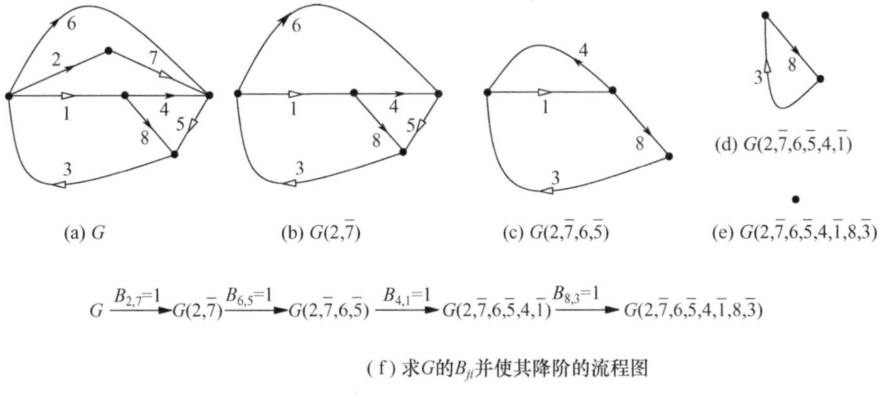

图 1-11　**例 1-4 求树偶图 G 的 BT 值**

解：$G = G(1/2,3/4,5/6,7/8)$

（1）图 1-11(a) 的 G 中，C 边 2 和 T 边 7 构成割集，$B_{2,7}=1$，短路 2、开路 7，得 $G(2,\bar{7})$，如图 1-11(b) 所示；

（2）在图 1-11(b) 的 $G(2,\bar{7})$ 中，C 边 6 和 T 边 5、3 构成回路，选 $B_{6,5}=1$，短路 6、开路 5，得 $G(2,\bar{7},6,\bar{5})$，如图 1-11(c) 所示；

（3）在图 1-11(c) 的 $G(2,\bar{7},6,\bar{5})$ 中，C 边 4 和 T 边 1 构成回路，选 $B_{4,1}=1$，4 短 1 开，得 $G(2,\bar{7},6,\bar{5},4,\bar{1})$，如图 1-11(d) 所示；

（4）在图 1-11(d) 的 $G(2,\bar{7},6,\bar{5},4,\bar{1})$ 中；C 边 8 和 T 边 3 构成回路，$B_{8,3}=1$，8 短 3 开，得 $G(2,\bar{7},6,\bar{5},4,\bar{1},8,\bar{3})$，此子图为孤立顶点。

（5）由 $G(1/2,3/4,5/6,7/8)$ 可知，$B_{2,7}$、$B_{6,5}$、$B_{4,1}$、$B_{8,3}$ 的逆序数 $n_d=2$。

（6）故 $BT[G]=(-1)^{n_d}B_{2,7}B_{6,5}B_{4,1}B_{8,3}=(-1)^2\cdot 1\cdot 1\cdot 1\cdot 1=1$。

实际上，图 1-11(a) 的电压关联矩阵及其行列式为

$$\boldsymbol{B}_t=\begin{matrix} & \begin{matrix}1 & 3 & 5 & 7\end{matrix} \\ \begin{matrix}2\\4\\6\\8\end{matrix} & \begin{bmatrix}0 & 1 & 1 & 1\\ 1 & 1 & 1 & 0\\ 0 & 1 & 1 & 0\\ 1 & 1 & 0 & 0\end{bmatrix}\end{matrix},\quad \det\boldsymbol{B}_t=\begin{vmatrix}0 & 1 & 1 & 1\\ 1 & 1 & 1 & 0\\ 0 & 1 & 1 & 0\\ 1 & 1 & 0 & 0\end{vmatrix}=1$$

与拓扑法计算结果一致。

第 2 章　双树理论

2.1　网络图的约定

以支路为边，以节点为顶点，构成电路的拓扑图或网络图，简称为图，记为 G。为便于分析和推导，不失一般性，本书约定：

（1）电路元件包括阻抗（Z）、导纳（Y）、独立电压源（E）、独立电流源（J）、开路电压（V）、短路电流（C）、VCCS、CCCS、VCVS、CCVS（4 种受控源参数分别为 g、β、μ、r，统一记为 X）和零任偶（N）11 种基本元件。

（2）一条支路最多只能有一个元件，一个控制量只能控制一个受控源，一个受控源只能有一个控制量，控制量只能是开路电压（VC）或短路电流（CC）。若有多个控制量或多个受控量，应拆分为多个控制边或多个受控边。此外，每一个控制量（开路电压或短路电流）必须作为单独的边。

（3）根据元件的种类，G 的边分为 Z、Y、E、J、V、C、VS、CS、VC、CC、NL 和 NR 边。Z 和 Y 为无向边，其余为有向边；Z、Y、E、J、V 和 C 为单边元件，X 和 N 为双边元件；VS、CS 和 NR 统称为受控边，VC、CC 和 NL 统称为控制边。同一受控源的受控边和控制边构成一对边（边对）。

（4）图 G 是无向图，但 G 中的边可以标注参考方向，用以确定支路电压和支路电流的正方向。边的参考方向、支路电压降方向和支路电流正方向采用相互一致的关联参考方向。Z 和 Y 边不必标注参考方向，零任偶的 NL 和 NR 边可以随意标注参考方向，也可以按照其代表的元件（例如理想运算放大器）的参考方向标注。尽管图 G 中边可以标注参考方向，但是从图的结构和属性而言，G 仍然是无向图，它的边本身是没有方向的，只是支路电压和电流有参考方向。同一个边，可以标注不同的参考方向，只是电压和电流改变正负号而已。

（5）图 G 可以是连通图，也可以是不连通图。我们约定，对于连通图来说，一个顶点作为参考点，其余为独立顶点，对于有 k 个连通片的非连通图来说，每个连通片有一个参考点，那么独立顶点数等于总节点数减去 k。这样，对于连通图和非连通图而言，其支路数＝边数＝b，独立节点数＝树支数＝n，独立回路数＝连支数＝m，且 $n+m=b$。

（6）各边所代表的元件及其参数可以标注在网络图的旁边，这样网络图连同参数标注就代表了电路的全部信息，可以将其还原为相应的电路图。也就是说，电路图与标注参数的拓扑图可以相互转换，它们是一一对应的。

例如，图 1－1 所示电路的拓扑图和元件参数如图 2－1 所示。其中边 6 为独立电压源，$E_6=U_s$；边 7 为开路电压，$V_7=U_0$。

图 1－3 的增广电路与图 1－1 所示电路的拓扑图相同，均为图 1－5，但其参数有所不同。其拓扑图及元件标注如图 2－2 所示。其中边 6 和边 7 构成增广的受控源 VCVS，受控边 6 为 VS（注意方向），控制边 7 为 VC，控制参数为 μ。

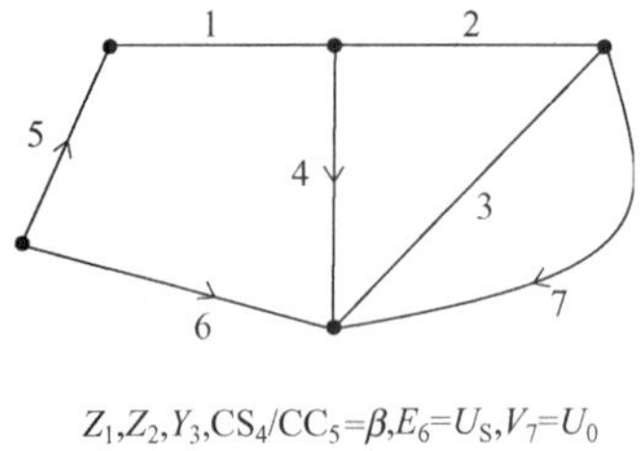

图 2－1　图 1－1 电路的拓扑图及其参数

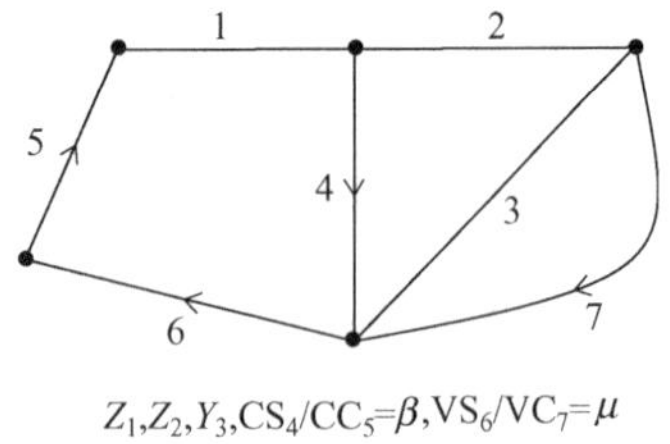

图 2－2　图 1－3 电路的拓扑图及其参数

2.2　有　效　树

2.2.1　有效树的定义

定义 2－1　有效树

设 T 是 G 的一个树，且满足如下条件，则 T 是 G 的一个有效树。

（1）T 包含的边是 Y、Z、E、C、VS 或 CC 边；

（2）T 不包含的边是 Y、Z、J、V、CS 或 VC 边。

注释：由定义 2－1 可知，

（1）有效树 T 是 G 的一个树且同时满足两个条件。

（2）若 G 包含零任偶，则 G 不存在有效树；当 G 不包含零任偶时，才可能存在有效树。

（3）G 的有效树包含所有的 E、C、VS 和 CC 边，而不包含任何 J、V、CS 或 VC 边。

（4）Y 和 Z 边任意，可以出现在 T 中，也可以不出现在 T 中。

对于图 2－1 而言，G 不含 N 元件，该 G 共有 18 个树，它们是：{1，2，3，5}、{1，2，3，6}、{1，2，4，5}、{1，2，4，6}、{1，2，5，6}、{1，2，5，7}、{1，2，6，7}、{1，3，4，5}、{1，3，4，6}、{1，3，5，6}、{1，4，5，7}、{1，4，6，7}、{1，5，6，7}、{2，3，5，6}、{2，4，5，6}、{2，5，6，7}、{3，4，5，6}、{4，5，6，7}。G 的有效树应包含 CC_5 和 E_6，而不含 CS_4 和 V_7。因而，只有 {1，2，5，6}、{1，3，5，6} 和 {2，3，5，6} 是有效树，其他都不是有效树。

对于图 2－2 而言，G 的有效树应包含 CC_5 和 VS_6，而不含 CS_4 和 VC_7。因而，与图 2－1 相同，{1，2，5，6}、{1，3，5，6} 和 {2，3，5，6} 是有效树。

定义 2－2　有效树的参数

设边集 T 是 G 的一个有效树，则 T 包含的 Y 边参数与 T 不包含的 Z 边参数之积称为该有效树的参数，记为 p，即

$$p = \prod_{\substack{t \in T \\ c \notin T}} Y_t Z_c \tag{2-1}$$

注释：

（1）当有效树 T 包含全部 Z 边而不包含任何 Y 边时，该有效树的参数是常数项“1”。

（2）有效树 T 的参数 p 不包含任何受控源参数 X_{ij}。

依据定义 2－2，图 2－1 和图 2－2 有效树的参数是相同的，这 3 个有效树

{1,2,5,6}、{1,3,5,6} 和 {5,6,2,3} 的参数分别是 1、Z_2Y_3 和 Z_1Y_3。

2.2.2 寻找有效树的算法

设网络 G 不包含零任偶元件，根据定义 2－1 和引理 1－2，可得如下算法。

算法 2－1 寻找全部有效树

(1) 若 G 中 E、C、VS 和 CC 边构成回路，或 J、V、CS 和 VC 边构成割集，则 G 不存在有效树，算法终止。

(2) 将图 G 中所有的 E、C、VS 和 CC 边短路，同时将所有的 J、V、CS 和 VC 边开路，使 G 降阶为 G'。

(3) 若 G'中有自割边，将自割边短路；若 G'中有自环边，将自环边开路。

(4) 找出 G'的全部树。

(5) G'中每一个树 T'与步骤 (2) 和 (3) 中被短路边的并集就是 G 的一个有效树；找出 G'的全部树，就可得到 G 的全部有效树。

以图 2－1 和图 2－2 所示的图为例，将 E_6(VS_6) 边和 CC_5 边短路，将 CS_4 边和 V_7(VC_7) 边开路，得子图 G'，如图 2－3 所示。G'有 3 个树：{1,2}、{1,3} 和 {2,3}。由此可得 G 的 3 个有效树为 {1,2,5,6}、{1,3,5,6} 和 {2,3,5,6}。

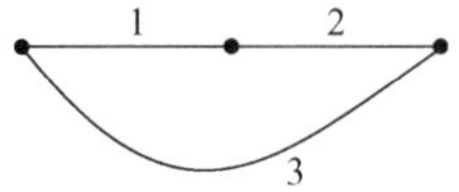

图 2－3 图 2－1 和图 2－2 网络寻找有效树的子图 G'

2.3 有效双树

2.3.1 有效双树的定义

定义 2－3 有效双树

设 $T1$ 和 $T2$ 分别是 G 的两个树，且满足如下条件，则 $T1$ 和 $T2$ 构成 G 的一个有效双树，记为 $T1/T2$。

（1）$T1$ 和 $T2$ 的共有边（$T1$ 和 $T2$ 都包含的边）是 Y、Z、E、C、VS 或 CC 边；

（2）$T1$ 和 $T2$ 的非有边（$T1$ 和 $T2$ 都不包含的边）是 Y、Z、J、V、CS 或 VC 边；

（3）$T1$ 的自有边（$T1$ 包含而 $T2$ 不含的边）和 $T2$ 的自有边（$T2$ 包含而 $T1$ 不含的边）分别是若干双边元件的受控边和控制边。

注释：根据定义 2－3 可知，

（1）$T1$ 和 $T2$ 分别是 G 的树，且同时满足三个条件才构成有效双树。

（2）两个边集构成有效双树，将包含受控边的边集标记为 $T1$，并称 $T1$ 为主树，而将包含控制边的边集标记为 $T2$，并称 $T2$ 为从树。如果 $T2$ 的自有边是受控边（$T2$ 是主树）而 $T1$ 的自有边是控制边（$T1$ 是从树），则有效双树记为 $T2/T1$。

（3）$T1$ 和 $T2$ 的共有边可以是 Y、Z、E、C、VS 或 CC 边，但不能是 J、V、CS、VC、NL 和 NR 边；$T1$ 和 $T2$ 的非有边可以是 Y、Z、J、V、CS 或 VC 边，但不能是 E、C、VS、CC、NL 和 NR 边；$T1$ 和 $T2$ 的互有边（$T1$ 的自有边和 $T2$ 的自有边）只能成对出现，且受控边（含 NR 边）只能在主树中、控制边（含 NL 边）只能在从树中。

（4）由定义可知，E、J、V、C 和 N 类元件只有一种可能，即 E 和 C 只能是共有边，J 和 V 只能是非有边，NR 和 NL 只能是互有边对。

（5）对于 Y 和 Z 来说，有两种可能，可以是共有边，也可以是非有边。

（6）对于受控源 X_{ij} 来说，有两种可能，或者边对 $i\&j$ 是 $T1$ 和 $T2$ 的互有边对（i 是 $T1$ 的自有边，j 是 $T2$ 的自有边）；或者 VS_i 和 CC_j 是 $T1$ 和 $T2$ 的共有边，而 CS_i 和 VC_j 是 $T1$ 和 $T2$ 的非有边。

（7）为便于叙述，这里引入“共有边”“非有边”“自有边”“互有边（对）”的概念，请正确理解。

图 2－1 所示的网络有 18 个树，任意选取两个树，依据定义 2－3，可以判

断它们是否构成有效双树。例如树对{1,2,4,6}与{1,2,5,6}的共有边是1、2和6，其中1和2是Z边、6是E边；它们的非有边是3和7，其中3是Y边、7是V边，它们的互有边对是4与5，是CCCS的受控边和控制边对，满足定义2-3的条件，构成G的有效双树，记为$T1/T2=$ {1,2,4/5,6}。此外，树对{1,3,4,6}与{1,3,5,6}也满足定义2-3，也是G的有效双树，记为{1,3,4/5,6}。

此外，其他任意两个树都不构成有效双树。例如，树对{1,2,5,6}与{1,2,5,7}不是有效双树，它们的互有边对6与7不是受控源边对；树对{1,2,4,6}与{1,2,5,6}不是有效双树，它们的共有边6是V边、非有边7是E边；树对{1,2,3,6}与{1,2,5,6}不是有效双树，它们的互有边对3与5不是受控源边对；如此等等。

图2-2所示的网络包括两个受控源，$CS_4/CC_5=\beta$和$VS_6/VC_7=\mu$。依据定义2-3可知，{1,2,4,6}与{1,2,5,6}、{1,3,4,6}与{1,3,5,6}、{1,2,5,6}与{1,2,5,7}、{1,2,4,6}与{1,2,5,7}分别构成G的有效双树。这4个有效双树可记为{1,2,4/5,6}、{1,3,4/5,6}、{1,2,5,6/7}、{1,2,4/5,6/7}。

定义2-4 有效双树的参数

若$T1/T2$是G的一个有效双树，则$T1$和$T2$共有的Y边参数、$T1$和$T2$非有的Z边参数、以及$T1$和$T2$互有受控源边对的参数X之积称为该有效双树的参数，即有效双树$T1/T2$的参数p为

$$p=\prod_{t\in T1\cap T2,c\in\overline{T1}\cap\overline{T2},i\in T1\cap\overline{T2},j\in\overline{T1}\cap T2}Y_tZ_cX_{ij}\qquad(2-2)$$

图2-1中G有两个有效双树{1,2,4/5,6}和{1,3,4/5,6}，它们的参数为$X_{4,5}$和$Z_2Y_3X_{4,5}$，即β和βZ_2Y_3。

图2-2中有4个有效双树{1,2,4/5,6}、{1,3,4/5,6}、{1,2,5,6/7}、{1,2,4/5,6/7}，它们的参数分别是$X_{4,5}$、$Z_2Y_3X_{4,5}$、$X_{6,7}$和$X_{4,5}X_{6,7}$，即β、βZ_2Y_3、μ和$\beta\mu$。

依据定义2-4，有效双树及其参数与基本元件的关系归纳整理如表2-1。表2-1也可作为有效双树及其参数定义的另一种形式。

表 2-1　基本元件与有效双树的关系

元件	$T1$	$T2$	p_i	备注
Y_i	i	i	Y_i	
	$\bar{i}$	$\bar{i}$	1 ($\overline{Y_i}$)	
Z_i	$\bar{i}$	$\bar{i}$	Z_i	
	i	i	1 ($\overline{Z_i}$)	
X_{ij}	i，$\bar{j}$	$\bar{i}$，j	X_{ij}	VCCS、CCCS、CCVS、VCVS
	$\bar{i}$，$\bar{j}$	$\bar{i}$，$\bar{j}$	1 ($\overline{X_{ij}}$)	VCCS
	$\bar{i}$，j	$\bar{i}$，j		CCCS
	i，j	i，j		CCVS
	i，$\bar{j}$	i，$\bar{j}$		VCVS
E_i、C_i	i	i	1	
J_i、V_i	$\bar{i}$	$\bar{i}$	1	
N_{ij}	i，$\bar{j}$	$\bar{i}$，j	1	

2.3.2　寻找有效双树的算法

为了寻找全部有效双树，按照包含受控源参数的情况，将有效双树分为若干组，各组分别包含某些受控源参数；对于每种组合，根据每个受控源参数在双树参数 p 中包含与否，确定双树 $T1$ 和 $T2$ 分别包含哪些边及不包含哪些边；在 G 中短路 $T1$ 包含的受控边和控制边，开路 $T1$ 不包含的受控边和控制边，得到子图 $G1$；在 G 中短路 $T2$ 包含的受控边和控制边，开路 $T2$ 不包含的受控边和控制边，得到子图 $G2$；找出 $G1$ 和 $G2$ 的共用树 T'，则共用树 T' 分别与 $G1$ 和 $G2$ 被短路边的并集构成该组合的有效双树；找出所有组合的有效双树，就得到 G 的全部有效双树。具体算法如下。

算法 2-2　寻找有效双树

(1) 按照包括受控源参数的情况，将有效双树分为若干可能的组合。

(2) 根据每种组合包含受控源参数与否，确定双树 $T1/T2$ 各自包含各受控边和控制边与否。若 $T1$ 自有的边或 $T2$ 自有的边出现回路或割集，则该受控源参数组合是无效组合，不存在有效双树。另选一种组合，重新开始步骤 (2)。

（3）在图 G 中，短路 $T1$ 包含的受控边和控制边，开路 $T1$ 不包含的受控边和控制边，生成子图 $G1$；同时，短路 $T2$ 包含的受控边和控制边，开路 $T2$ 不包含的受控边和控制边，生成子图 $G2$。

（4）找出 $G1$ 和 $G2$ 的共有树 T'，则 T' 与生成 $G1$ 时被短路的边构成 $T1$，T' 与生成 $G2$ 时被短路的边构成 $T2$。由全部的 T' 就可构成此组合的全部有效双树。

（5）重复步骤（2）～（4），找出所有组合的有效双树，从而得到图 G 的全部有效双树。

图 2－1 所示的网络只有一个受控源，因而有效双树包含的受控源参数只能有一种组合，即包含该受控源参数 $X_{4,5}$。那么，$T1$ 包含边 4 而不包含边 5，$T2$ 包含边 5 而不包含边 4。加之 E_6 应为 $T1$ 和 $T2$ 的共有边，V_7 应为 $T1$ 和 $T2$ 的非有边。故将 G 中 E_6 和 CS_4 短路，将 V_7 和 CC_5 开路，得 $G1=G(6,\overline{7},4,\overline{5})$，如图 2－4(a) 所示；将 G 中 E_6 和 CC_5 短路，将 V_7 和 CS_4 开路，得 $G2=G(6,\overline{7},\overline{4},5)$，如图 2－4(b) 所示。$G1$ 和 $G2$ 的共有树有两个，即 {1,2} 和 {1,3}，它们与 $G1$ 中被短路的边 4 和边 6 构成 $T1$，与 $G2$ 中被短路的边 5 和边 6 构成 $T2$，从而得到 G 的两个有效双树为 {1,2,4/5,6} 和 {1,3,4/5,6}。

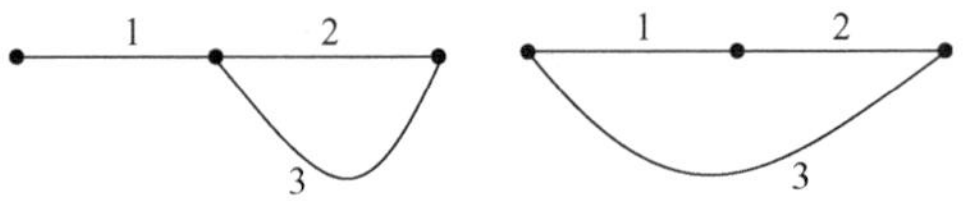

(a) $G1=G(4,\overline{5},6,\overline{7})$ (b) $G2=G(\overline{4},5,6,\overline{7})$

图 2－4　图 2－1 的子图 $G1$ 和 $G2$

图 2－2 中有两个受控源，因而包含受控源参数的有效双树有三种可能的组合。

（1）设 p 包含 $X_{4,5}$ 不含 $X_{6,7}$。与图 2－1 包含 $X_{4,5}$ 相同，其有效双树有两个，即 {1,2,4/5,6} 和 {1,3,4/5,6}。

（2）设 p 包含 $X_{6,7}$ 不含 $X_{4,5}$。将 G 中边 6 和边 5 短路，将边 7 和边 4 开路，得 $G1=G(6,\overline{7},\overline{4},5)=G_a$，如图 2－5(a) 所示；将 G 中边 7 和边 5 短路，将边 6 和边 4 开路，得 $G2=G(\overline{6},7,\overline{4},5)=G_b$，如图 2－5(b) 所示。

G_a和G_b的共有树只有｛1,2｝1个，它与G_a中被短路的边5和6构成$T1$，与G_b中被短路的边5和7构成$T2$，从而得到G的包含$X_{6,7}$的有效双树为｛1,2,5,6/7｝。

（3）设p包含$X_{4,5}$和$X_{6,7}$。在G中将边4和6短路，将边5和7开路，得$G1=G(4,\bar{5},6,\bar{7})=G_c$，如图2-5(c)所示；在$G$中将边4和6开路，将边5和7短路，得$G2=G(\bar{4},5,\bar{6},7)=G_b$，如图2-5(b)所示。$G1=G_c$和$G2=G_b$的共有树只有｛1,2｝，它与$G1=G_c$中被短路的边4和6构成$T1$，与$G2=G_b$中被短路的边5和7构成$T2$，从而得到$G$的有效双树为｛1,2,4/5,6/7｝。

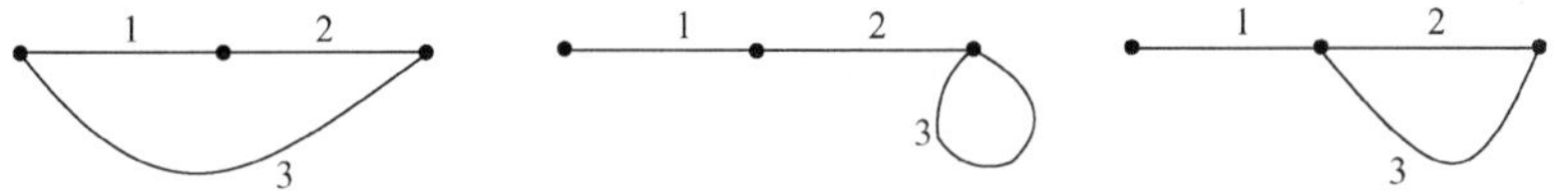

(a) $G_a=G(\bar{4},5,6,\bar{7})$　(b) $G_b=G(\bar{4},5,\bar{6},7)$　(c) $G_c=G(4,\bar{5},6,\bar{7})$

图 2-5　图 2-2 的子图 $G1$ 和 $G2$

这样，找出G的全部有效双树为｛1,2,4/5,6｝、｛1,3,4/5,6｝、｛1,2,5,6/7｝和｛1,2,4/5,6/7｝。

比较有效树和有效双树的定义，可以看出，当$T1=T2$时，有效双树就是有效树。也就是说，有效树可视为有效双树的特例。为了方便，在不致混淆的前提下，有时也将有效树和有效双树统称为有效双树，简称为双树。实际上，当G不含零任偶时，如果假设p不含任何受控源参数，此时$G1=G2$，$T1=T2$，所得到的有效双树就是有效树。

2.4　双树定理

2.4.1　网络多项式与有效双树的关系定理

可以证明，有效树和有效双树与网络多项式有着一一对应的关系。多项式中的每一项（非零项、有效项）对应一个有效树或有效双树的参数；反之，一个有效树或有效双树的参数也必然是多项式中的一项（非零项、有效项）。

定理 2-1　网络多项式等于该网络中全部有效树参数和全部有效双树参

数的代数和，即

$$\Delta=\sum_{\text{all } k}\varepsilon_k p_k=\sum_{\text{all } k}\pm p_k \tag{2-3}$$

式中，p_k是有效树或有效双树的参数；$\varepsilon_k=\pm1$是有效树或有效双树的系数。

证明：见第 6～9 章。

定理 2-1 给出了网络多项式与有效双树（含有效树）参数的一一对应关系，从而将求网络多项式的问题转化为寻找全部有效树和有效双树以及确定其参数和系数的问题。

图 2-1 所示电路有 3 个有效树和 2 个有效双树，它们是｛1,2,5,6｝、｛1,3,5,6｝、｛2,3,5,6｝、｛1,2,4/5,6｝、｛1,3,4/5,6｝，它们的参数是 1、Z_2Y_3、Z_1Y_3、$X_{4,5}$和$Z_2Y_3X_{4,5}$。根据定理 2-1，该电路的固有多项式为

$$\Delta=\pm1\pm Z_2Y_3\pm Z_1Y_3\pm X_{4,5}\pm Z_2Y_3X_{4,5} \tag{2-4}$$

图 2-2 所示电路有 3 个有效树和 4 个有效双树，它们是｛1,2,5,6｝、｛1,3,5,6｝、｛2,3,5,6｝、｛1,2,4/5,6｝、｛1,3,4/5,6｝、｛1,2,5,6/7｝和｛1,2,4/5,6/7｝，它们的参数是 1、Z_2Y_3、Z_1Y_3、$X_{4,5}$、$Z_2Y_3X_{4,5}$、$X_{6,7}$和$X_{4,5}X_{6,7}$。根据定理 2-1，该网络多项式为

$$\Delta=\pm1\pm Z_2Y_3\pm Z_1Y_3\pm X_{4,5}\pm Z_2Y_3X_{4,5}\pm X_{6,7}\pm X_{4,5}X_{6,7} \tag{2-5}$$

依据定理 2-1，不必求出整个多项式，就可以判断元件参数组合是否是有效项，也可以求得满足一定条件的有效项。

例如图 2-1 所示电路，元件参数为Z_1、Z_2、Y_3、$X_{4,5}=\beta$、E_6和V_7。该多项式的量纲是常数 1，但量纲为 1 的参数积不一定都是有效项。该电路量纲为常数 1 的符号组合有 6 个，它们是 1、Z_1Y_3、Z_2Y_3、$X_{4,5}$、$Z_1Y_3X_{4,5}$和$Z_2Y_3X_{4,5}$。按照双树参数的定义，这些符号项分别对应如下 6 组边集合：｛1,2,5,6｝、｛2,3,5,6｝、｛1,3,5,6｝、｛1,2,4/5,6｝、｛2,3,4/5,6｝、｛1,3,4/5,6｝。因为｛1,2,5,6｝、｛2,3,5,6｝和｛1,3,5,6｝是G的有效树，所以 1、Z_1Y_3和Z_2Y_3是有效项；因为｛1,2,4/5,6｝是有效双树，所以$X_{4,5}$是有效项；因为｛1,3,4/5,6｝是有效双树，所以$Z_2Y_3X_{4,5}$是有效项。因为｛2,3,4/5,6｝中的｛2,3,4,6｝不是G的树，该树对不是有效双树，所以$Z_1Y_3X_{4,5}$不是有效项。

2.4.2　有效树的系数定理

定理 2-2　一个图的所有有效树的系数相同，它们都是正 1。

证明：见第 6～9 章。

依据此定理，我们可以确定式(2-4) 中的 3 个有效树的系数都是“+1”，从而有

$$\Delta=1+Z_2Y_3+Z_1Y_3\pm\beta\pm Z_2Y_3\beta \tag{2-6}$$

同样，我们可以确定式(2-5) 中的 3 个有效树的系数都是“+1”，从而有

$$\Delta=1+Z_2Y_3+Z_1Y_3\pm X_{4,5}\pm Z_2Y_3X_{4,5}\pm X_{6,7}\pm X_{4,5}X_{6,7} \tag{2-7}$$

2.4.3　有效双树的系数定理

定理 2-3　设 $T1/T2$ 是图 G 的一个有效双树，将 $T1$ 和 $T2$ 的共有边短路，将 $T1$ 和 $T2$ 的非有边开路，得到仅由 $T1$ 和 $T2$ 互有边对构成的树偶图 G_d。设 G_d包含的受控边集（$T1$ 的自有边集）为 T、G_d包含的控制边集（$T2$ 的自有边集）为 C，且每个受控源边对在 T 和 C 中的顺序一致，则该有效双树的系数为

$$\varepsilon=(-1)^{n_c}\mathrm{BT}[G_d] \tag{2-8}$$

式中，n_c是有效双树参数中受控电流源的个数；$\mathrm{BT}[G_d]$ 是树偶图 G_d 的 BT 值。

证明：见第 6～9 章。

例 2-1　确定图 2-2 有效双树的系数。

解：重画图 2-2，如图 2-6(a) 所示。G 的有效双树是 {1,2,4/5,6}、{1,3,4/5,6}、{1,2,5,6/7} 和 {1,2,4/5,6/7}。

(1) 对于双树 {1,2,4/5,6}，将共有边 1、2 和 6 短路，将非有边 3 和 7 开路，得树偶图 G_b，如图 2-6(b) 所示。由图 2-6(b) 可知，$\mathrm{BT}[G_b]=B_{5,4}=1$，$n_c=1$，故 $\varepsilon=(-1)^1\cdot 1=-1$。

(2) 对于双树 {1,3,4/5,6}，将共有边 1、3 和 6 短路，将非有边 2 和 7

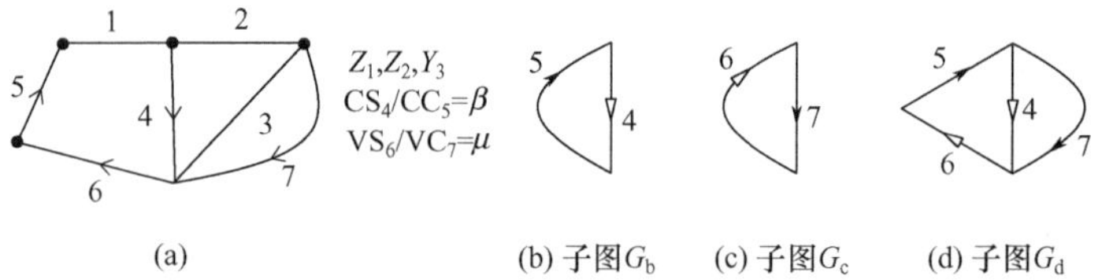

图 2-6　例 2-1 的图及其有效双树的树偶子图

开路，得树偶图 G_b，如图 2-6(b) 所示，由图 2-6(b) 可知，$BT[G_b]=B_{5,4}=1$，$n_c=1$，故 $\varepsilon=(-1)^1\cdot 1=-1$。

(3) 对于双树 {1,2,5,6/7}，将共有边 1、2 和 5 短路，将非有边 3 和 4 开路，得树偶图 G_c，如图 2-6(c)。由图 2-6(c) 可知，$BT[G_c]=B_{7,6}=1$，$n_c=0$，故 $\varepsilon=(-1)^0\cdot 1=1$。

(4) 对于双树 {1,2,4/5,6/7}，将共有边 1、2 短路，将非有边 3 开路，得树偶图 G_d，如图 2-6(d)。由图 2-6(d) 可得，$B_{7,4}=-1$，$B_{5,6}=1$，$n_d=1$。故$BT[G_d]=(-1)^{n_d}\cdot B_{7,4}\cdot B_{5,6}=(-1)^1\cdot(-1)\cdot 1=1$，加之 $n_c=1$，从而$\varepsilon=(-1)^1\cdot 1=-1$。

2.4.4　双树定理

求得有效树和有效双树的参数和系数后，我们可以定义它们的值，并给出用这些值构成网络多项式的定理。

定义 2-5　有效树和有效双树的值

有效树和有效双树的值等于其参数和系数的乘积，即

$$V_k=\varepsilon_k p_k \tag{2-9}$$

注释：由于有效树的系数总是正 1，故有效树的参数就是有效树的值。

定理 2-4　网络多项式等于该网络全部有效树和有效双树的值之和，即

$$\Delta=\sum_{\text{all } k}V_k \tag{2-10}$$

式中，V_k是第 k 个有效树或有效双树的值。

证明：见第 6～9 章。

图 2-2 所示网络 G 有 3 个有效树和 4 个有效双树，它们是 $\{1,2,5,6\}$、$\{1,3,5,6\}$、$\{5,6,2,3\}$、$\{1,2,4/5,6\}$、$\{1,3,4/5,6\}$、$\{1,2,5,6/7\}$ 和 $\{1,2,4/5,6/7\}$。它们的值分别是 1，Z_2Y_3、Z_1Y_3、$-X_{4,5}$、$-Z_2Y_3X_{4,5}$、$X_{6,7}$ 和 $-X_{4,5}X_{6,7}$。故该网络的多项式为

$$\Delta = 1 + Z_2Y_3 + Z_1Y_3 - X_{4,5} - Z_2Y_3X_{4,5} + X_{6,7} - X_{4,5}X_{6,7}$$
$$= 1 + Z_2Y_3 + Z_1Y_3 - \beta - \beta Z_2Y_3 + \mu - \mu\beta$$

依据双树定理求得的此网络多项式与式（1-28）所得的网络多项式相同。

2.5　基于双树定理的网络分析

采用增广网络技术，将待求电路中的独立电源用相应的受控源取代，得到封闭网络 G，找出 G 的全部有效树和有效双树，并求得它们的值，从而得到 G 的多项式，再依据封闭网络行列式零值性质，求得所求解电路的响应或符号网络函数。这里，再通过两个例题说明直接应用双树定理求解电路的原理和方法。

例 2-2　图 2-7(a) 所示电路中，激励为电流源 I_s，求响应 $U_0 = U_{ab}$。

(a) 例2-2的电路图　　　　　　　　(b) 增广封闭网络

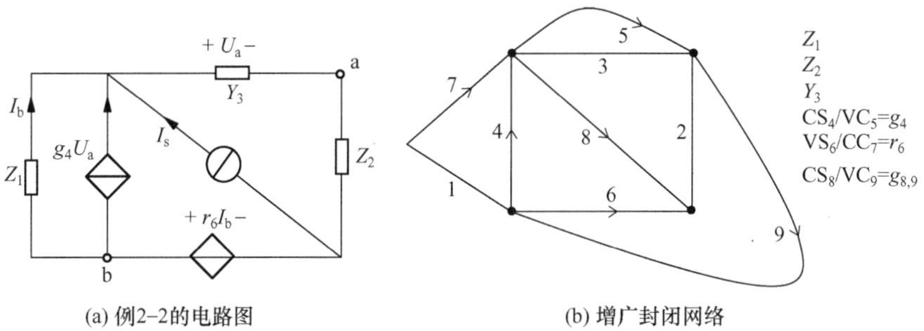

图 2-7　例 2-2 的电路图及增广封闭网络图

解：用受控源 $I_s = -g_{8,9}U_0$ 替代独立电流源 I_s，构成封闭的增广网络，其网络图 G 为图 2-7(b)，注意替代受控电流源的方向和被替代独立电流源的方向相反。

应用双树定义、定理和找双树的算法，求解过程和结果如表 2-2 和图 2-8

所示。

表 2-2 例 2-2 求解的过程和结果

序号	X_{ij}	$G\rightarrow G1/G2$	$G1/G2$	T'	$T1/T2$	p	G_d	ε
1	$\bar{g}_{4,5}$，$\overline{r_{6,7}}$，$\overline{g_{8,9}}$	$\bar{4},\bar{5},6,7,\bar{8},\bar{9}$	G_a	{1,2} {1,3} {2,3}	{1,2,6,7} {1,3,6,7} {2,3,6,7}	1 Z_2Y_3 Z_1Y_3		1
2	$\overline{g_{4,5}}$，$\overline{r_{6,7}}$，$g_{8,9}$	$\bar{4},\bar{5},6,7,8,\bar{9}/$ $\bar{4},\bar{5},6,7,\bar{8},9$	G_b/G_c	{3}	{3,6,7,8/9}	$Z_1Z_2Y_3g_{8,9}$	G_q	1
3	$\overline{g_{4,5}}$，$r_{6,7}$，$\overline{g_{8,9}}$	$\bar{4},\bar{5},6,\bar{7},\bar{8},\bar{9}/$ $\bar{4},\bar{5},\bar{6},7,\bar{8},\bar{9}$	G_e/G_f	{1,2,3}	{1,2,3,6/7}	$Y_3r_{6,7}$	G_m	−1
4	$g_{4,5}$，$\overline{r_{6,7}}$，$\overline{g_{8,9}}$	$4,\bar{5},6,7,\bar{8},\bar{9}/$ $\bar{4},5,6,7,\bar{8},\bar{9}$	G_b/G_g	{2}	{2,4/5,6,7}	$Z_1g_{4,5}$	G_n	−1
5	$\overline{g_{4,5}}$，$r_{6,7}$，$g_{8,9}$	$\bar{4},\bar{5},6,\bar{7},8,\bar{9}/$ $\bar{4},\bar{5},\bar{6},7,\bar{8},9$	G_h/G_i	{1,2}	{1,2,6/7, 8/9}	$r_{6,7}g_{8,9}$	G_p	1
6	$g_{4,5}$，$\overline{r_{6,7}}$，$g_{8,9}$	$4,\bar{5},6,7,8,\bar{9}/$ $\bar{4},5,6,7,\bar{8},9$	×					
7	$g_{4,5}$，$r_{6,7}$，$\overline{g_{8,9}}$	$4,\bar{5},6,\bar{7},\bar{8},\bar{9}/$ $\bar{4},5,\bar{6},7,\bar{8},\bar{9}$	G_h/G_j	{1,2}	{1,2,4/5, 6/7}	$g_{4,5}r_{6,7}$	G_o	1
8	$g_{4,5}$，$r_{6,7}$，$g_{8,9}$	$4,\bar{5},6,\bar{7},8,\bar{9}/$ $\bar{4},5,\bar{6},7,\bar{8},9$	×					

网络 G 有 3 个受控源，包含受控源参数的有效双树有 8 种可能的组合，如表 2-2 第 2 列所示。

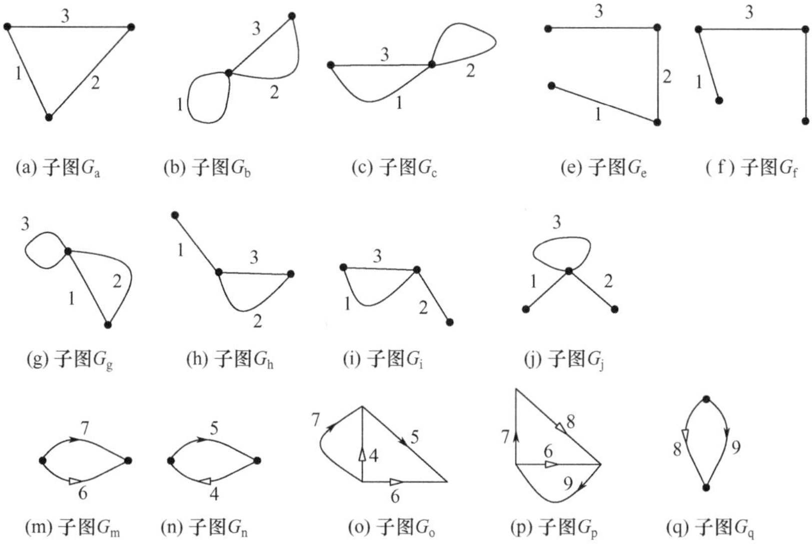

图 2－8　图 2－7 的各个子图 $G1$、$G2$ 和 G_d

根据有效双树的定义，确定生成 $G1$ 和 $G2$ 时每个受控源的受控边和控制边应该短路还是开路，如第 3 列所示。

由于第 6 组和第 8 组生成 $G1$ 时边 4、6、8 被短路且构成回路，因而是无效组合。其余 6 组生成的 $G1$ 和 $G2$ 如第 4 列和图 2－8(a) ～ (j) 所示。

$G1$ 和 $G2$ 的共用树 T' 如第 5 列所示。

从而得到双树及其参数如第 6 和 7 列所示。

对于每个有效双树，其树偶子图 G_d 如第 8 列所示，其系数如第 9 列所示。

第 1 组不含任何受控源参数，$G1=G2$，$T1=T2$，短路边 6 和 7，开路边 4、5、8 和 9，得图 G_a，如图 2－8(a) 所示，G_a有 3 个有效树，$\varepsilon=1$。

其余 5 组，按照表 2－2 第 3 列，分别短路某些边、开路另一些边，得到子图 $G1$ 和 $G2$，如表 2－2 第 4 列和图 2－8(b) ～ (j) 所示。由 $G1$ 和 $G2$ 的共有树可得 G 的有效双树，如表 2－2 第 5 和 6 列所示。短路 $T1$ 和 $T2$ 的共有边，开路 $T1$ 和 $T2$ 的非有边，得树偶图 G_d，如表 2－2 第 8 列及图 2－8(m) ～ (q) 所示。依据有效双树系数定理，计算得到有效双树的系数如表 2－2 第 9 列所示。

例如，第 5 组，树偶图如图 2－8(p) 所示，由图 G_p 得 $B_{9,6}=1$，$B_{7,8}=1$，$n_d=1$，

$$\text{BT}[G_p]=(-1)^1 \cdot 1 \cdot 1=-1,加之\ n_c=1,故$$

$$\varepsilon=(-1)^1 \cdot \text{BT}[G_p]=(-1) \cdot (-1)=1。$$

第 7 组，树偶图如图 2-8(o) 所示，由图 G_o 得 $B_{5,6}=-1$，$B_{7,4}=-1$，$n_d=1$，$\text{BT}[G_o]=(-1)^1 \cdot (-1) \cdot (-1)=-1$，加之 $n_c=1$，故 $\varepsilon=(-1)^1 \cdot \text{BT}[G_o]=(-1) \cdot (-1)=1$。

由此可得

$$\Delta=(1+Z_2Y_3+Z_1Y_3-Y_3r_{6,7}-Z_1g_{4,5}+g_{4,5}r_{6,7})$$
$$+g_{8,9}(Z_1Z_2Y_3+r_{6,7})=P+g_{8,9}Q=0$$

故

$$U_0=\frac{Q}{P}I_s=\frac{Z_1Z_2Y_3+r_6}{1+Z_2Y_3+Z_1Y_3-Y_3r_6-Z_1g_4+g_4r_6}I_s$$

例 2-3 图 2-9(a) 所示是包含理想运放的一个电路[29]，其中理想运放的零任偶模型如图 2-9(b) 所示。试求该电路的入端阻抗 $Z_i=U_i/I_i$。

$Y_1=-1/Z_1,Z_2=R_2,Y_3=sC_3,Z_4=R_4,Z_5=R_5,$
$Z_6=R_6,\text{NR}_7/\text{NL}_9=A_1,\text{NR}_8/\text{NL}_a=A_2$

(a) 例2-3电路图   (b) 理想运放的等效电路图

(c) 例2-3增广网络的图 G 及元件参数

(d) $G(7,8,\bar{9},\bar{a})$ (e) $G(9,a,\bar{7},\bar{8})$

(f) $G(1,3,5,\bar{2},\bar{4},6,7/9,8/a)$ (g) $G(\bar{1},\bar{3},\bar{5},2,4,6,7/9,8/a)$

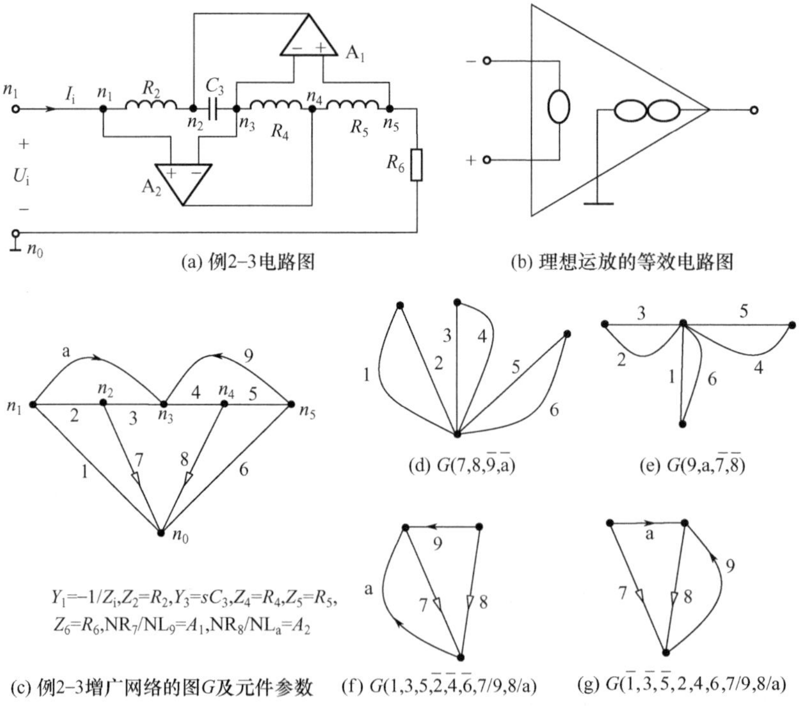

图 2-9 例 2-3 的电路图、增广网络图及其子图

解：令 $Y_1=-1/Z_i$，构成增广封闭网络 G，如图 2-9(c) 所示。其中各边的参数为 Y_1，$Z_2=R_2$，$Y_3=sC_3$，$Z_4=R_4$，$Z_5=R_5$，$Z_6=R_6$，$N_{7,9}=A_1$ 和 $N_{8,a}=A_2$。因为 G 包含 N 类元件，故 G 没有有效树，而且 G 的有效双树也必须包含 2 个 N 元件的边对 7 与 9 和 8 与 a。

根据有效双树定义，$T1$ 包含边 7 和 8 而不包含边 9 和 a，$G1=G(7,8,\overline{9},\overline{a})$ 如图 2-9(d) 所示；$T2$ 包含边 9 和 a 而不包含边 7 和 8，$G2=G(\overline{7},\overline{8},9,a)$ 如图 2-9(e) 所示。$G1$ 和 $G2$ 有两个共有树 $T'=\{1,3,5\}$ 和 $\{2,4,6\}$，它们与 $G1$ 和 $G2$ 中被短路边的并集构成 G 的有效双树。由此可得 G 的两个有效双树为 $\{7/9,8/a,1,3,5\}$ 和 $\{7/9,8/a,2,4,6\}$。

根据双树参数定义，可知双树 $\{7/9,8/a,1,3,5\}$ 的参数为 $Y_1Z_2Y_3Z_4Z_6$，双树 $\{7/9,8/a,2,4,6\}$ 的参数为 Z_5。

根据双树系数定理，双树 $\{7/9,8/a,1,3,5\}$ 的树偶图 $G(1,3,5,\overline{2},\overline{4},\overline{6},7/9,8/a)$ 如图 2-9(f)，由图可得 $B_{a,7}=1$，$B_{9,8}=-1$，$n_d=1$，故 $\mathrm{BT}[G_d]=(-1)^1B_{a,7}B_{9,8}=1$。加之 $n_c=0$，从而得 $\varepsilon=(-1)^0\cdot 1=1$。

双树 $\{7/9,8/a,2,4,6\}$ 的树偶图 $G(2,4,6,\overline{1},\overline{3},\overline{5},7/9,8/a)$ 如图 2-9(g) 所示，由图可得 $B_{9,8}=1$，$B_{a,7}=-1$，$n_d=1$，故 $\mathrm{BT}[G_d]=(-1)^1B_{a,7}B_{9,8}=1$。加之 $n_c=0$，从而得 $\varepsilon=(-1)^0\cdot 1=1$。

根据双树定理，可知图 G 的网络多项式为

$$\Delta=Y_1Z_2Y_3Z_4Z_6+Z_5=P+Y_1Q=Z_5+Y_1(Z_2Y_3Z_4Z_6)=0$$

所以

$$Z_i=\frac{Q}{P}=\frac{Z_2Y_3Z_4Z_6}{Z_5}=s\,\frac{R_2C_3R_4R_6}{R_5}$$

可见，该 RC 和理想运放组成的有源网络入端阻抗是一个等效电感，且等效电感为

$$L=\frac{R_2C_3R_4R_6}{R_5}$$

第3章　网络展开图

第2章解决了线性电路拓扑分析求网络多项式的理论问题，提出了双树定理，并给出了依据定义寻找有效树和有效双树及求系数的算法。本章在双树定理的基础上，运用图的展开算法，采用独特的“着色”和“去色”技术，创立了有源网络展开图算法，解决了双树定理的实施和应用问题。

3.1　图的运算

除了前述的短路和开路运算外，本书采用着色和去色运算，解决了通过图的运算寻找双树及确定系数的问题。

3.1.1　图的着色运算

操作：将边对 $i\&j$ 中的受控边 i 着红色（用空心箭头表示），同时将控制边 j 着黄色（用燕尾箭头表示）。

运算符：i/j

结果：边对 $i\&j$ 分别着红色和黄色，边和顶点数不变，图 G 降阶为子图 $G(i/j)$。

记法：$G\xrightarrow{i/j}G(i/j)$

注释：

(1) 根据定义 2-3，若有效双树 $T1/T2$ 包含某受控源参数 X_{ij}，则 $T1$ 包含受控边 i 而不包含控制边 j，$T2$ 包含控制边 j 而不包含受控边 i。因而着色运算就是确定双树 $T1/T2$ 包含边对 $i\&j$，并在图中作出标记。这样，就可以在已着色的子图 $G(i/j)$ 中进行后续运算，不需要再按照前述寻找有效双树的算法 2-2，将 G 分解为 $G1$ 和 $G2$ 两个子图，在两个子图 $G1$ 和 $G2$ 中进行后续运算。

（2）着色是一种标注，为便于叙述，称其为着色。具体而言，边对 $i\&j$ 进行着色运算时，将受控边 i 着红色，控制边 j 着黄色。为便于绘图，在书中用空心箭头表示着红色，用燕尾箭头表示着黄色。为了与着色边区分，未着色有向边的参考方向用开放箭头表示。

（3）图 G 和图 $G(i/j)$ 的区分在于：G 中边对 $i\&j$ 有两种可能，或者着色，该边对 $i\&j$ 入选双树；或者直接进行短路和开路运算，边 i 和 j 作为单边成为双树的共有边或非有边。$G(i/j)$ 中边对已着色，已入选双树，只能进行去色运算。

3.1.2　图的去色运算

操作：在已着色边中，出现下列情况之一时，可进行相应的运算。

（1）当黄色边 j 和红色边 i 构成回路时，若边 i 与边 j 的参考方向沿回路方向一致，令回路关联因子 $B_{ji}=1$，否则令 $B_{ji}=-1$，然后将黄边 j 短路，将红边 i 开路，使图 G 降阶。

（2）当黄色边 j 和红色边 i 构成割集时，若边 i 与边 j 的参考方向沿割集方向一致，令回路关联因子 $B_{ji}=-1$，否则令 $B_{ji}=1$，然后将黄边 j 短路，将红边 i 开路，使图 G 降阶。

（3）当黄色边 j 和若干红色边构成回路时，若黄边 j 与回路中某个红边 i 的参考方向沿回路方向一致，令回路关联因子 $B_{ji}=1$，否则令 $B_{ji}=-1$。

运算符：“$\pm j\backslash i$”，其中“$j\backslash i$”表示关联因子 $B_{ji}=1$；“$-j\backslash i$”表示关联因子 $B_{ji}=-1$。

结果：边 j 短路、边 i 开路，边数少 2 个，顶点数少 1 个，图 G 降阶为子图 $G(j\backslash i)$。

记法：$G\xrightarrow{\pm j\backslash i}G(j\backslash i)$。

注释：

（1）去色是针对着色边的一种运算，与着色运算呼应，称其为去色。

（2）去色运算中的边对 j 和 i 可以是同一受控源的两个边，也可以是不同受控源的两个边，只要它们都已着色，j 为控制边（着黄色），i 为受控边（着红色）。

（3）去色的运算符包括正负号，去色运算符记为“$\pm j\backslash i$”，去色的结果子图 $G(j\backslash i)$ 中没有必要标注正负号，因为去色运算短路黄边 j、开路红边 i，其结果子图 $G(j\backslash i)$ 与回路关联因子 B_{ji} 的正负无关。

（4）去色运算与求树偶图 BT 值的算法相似，其作用相同，都是为了确定有效双树的系数。

以图 3－1(a) 为例，对图 G 逐步进行如下的运算，各次运算结果子图如图 3－1(b) ～（h）所示。

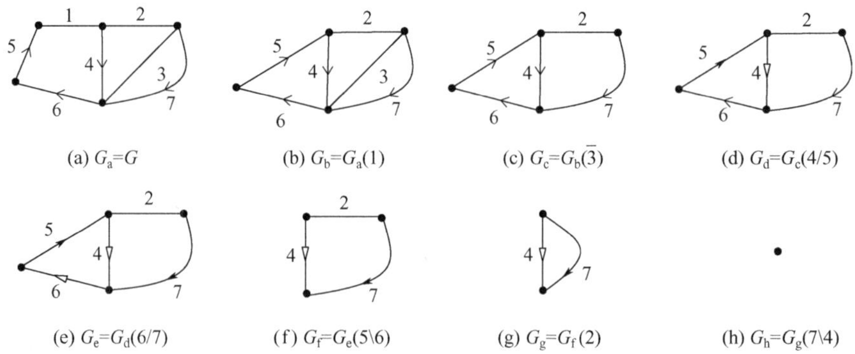

(a) $G_a=G$　(b) $G_b=G_a(1)$　(c) $G_c=G_b(\bar{3})$　(d) $G_d=G_c(4/5)$

(e) $G_e=G_d(6/7)$　(f) $G_f=G_e(5\backslash 6)$　(g) $G_g=G_f(2)$　(h) $G_h=G_g(7\backslash 4)$

图 3－1　图 G 各次运算的结果子图

（1）短路 1：$G\xrightarrow{1}G(1)=G_b$，如图 3－1(b) 所示；

（2）开路 3：$G(1)\xrightarrow{\bar{3}}G(1,\bar{3})=G_c$，如图 3－1(c) 所示；

（3）着色 4/5：$G(1,\bar{3})\xrightarrow{4/5}G(1,\bar{3},4/5)=G_d$，如图 3－1(d) 所示；

（4）着色 6/7：$G(1,\bar{3},4/5)\xrightarrow{6/7}G(1,\bar{3},4/5,6/7)=G_e$，如图 3－1(e) 所示；

（5）去色 5\6（黄边 5 与红边 6 及红边 4 构成回路，5 和 6 沿回路方向一致），$G(1,\bar{3},4/5,6/7)\xrightarrow{5\backslash 6}G(1,\bar{3},4/5,6/7,5\backslash 6)=G_f$，如图 3－1(f)所示；

（6）短路 2：$G(1,\bar{3},4/5,6/7,5\backslash 6)\xrightarrow{2}G(1,\bar{3},4/5,6/7,5\backslash 6,2)=G_g$，如图 3－1（g）所示；

（7）去色“$-7\backslash 4$”（黄边 7 与红边 4 构成回路且沿回路方向相反）：$G(1,\bar{3},4/5,6/7,5\backslash 6,2)\xrightarrow{-7\backslash 4}G(1,\bar{3},4/5,6/7,5\backslash 6,2,7\backslash 4)=G_{\mathrm{h}}$，如图 3-1（h）所示。

3.1.3　图的有效性

图运算的目的是寻找全部有效双树，在进行图的运算前，需要进行图的有效性判断，判据如下。

判据 3-1　设有图 G，若出现下述情况之一，则该图是无效图。

（1）E、C、VS 和 CC 边构成回路。

（2）J、V、CS 和 VC 边构成割集。

（3）着色边成为自环边或自割边。

（4）相同颜色的着色边构成回路或割集。

通常给定的图是实际存在的，是有解的，因而是有效的，但在图运算过程中出现的子图却可能是无效图。无效图不存在任何有效树和有效双树，其固有多项式不存在，不能进行任何图的运算。及时判断每次运算对象的有效性，可以避免无效运算。

3.1.4　图的运算法则

图运算的目的是寻找有效树和有效双树，根据有效树和有效双树的定义，图运算应遵循下述规则。遵循运算规则，可以简化图的运算，避免无效运算的执行。

法则 3-1　图的运算法则

（1）自环边只能开路，不能短路，不能着色。

（2）自割边只能短路，不能开路，不能着色。

（3）着色边只能进行去色运算，不能直接进行开路或短路运算。

（4）与着色边并联的无向边（Z 或 Y 边）只能开路，不能短路。

（5）与着色边串联的无向边（Z 或 Y 边）只能短路，不能开路。

3.2 元件的展开模型

设有图 G，其多项式 $\Delta=D[G]$。

对于 Y、Z 和 X 类元件而言，P_{ij} 是相应的元件参数。指定一个元件，依据多项式是否包含其参数 P_{ij}，将 Δ 中所有项分为两部分，即

$$\Delta=\Delta'+P_{ij}\cdot\Delta'' \tag{3-1}$$

式中，Δ'是不含 P_{ij} 的所有项之和；$P_{ij}\cdot\Delta''$是包含 P_{ij} 的所有项之和。

问题是，能否通过图的运算，由图 G 得到两个子图 G'和 G''，使得

$$\Delta'=D[G'],\ \Delta''=D[G''],\text{且有}$$

$$D[G]=D[G']+P_{ij}\cdot D[G''] \tag{3-2}$$

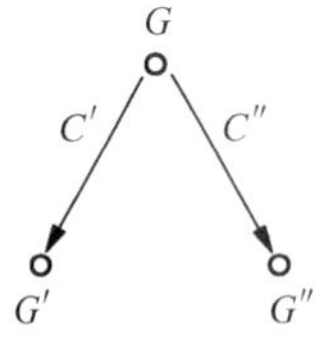

图 3-2 图 G 按照元件展开的模型

如能这样，这种图的运算就可用图 3-2 的展开图表示。其中，C'和 C''表示相应的运算符或运算表达式。

该展开图可用式(3-3) 表示，该式称为图 G 的展开式。

$$G=C'\cdot G'+C''\cdot G'' \tag{3-3}$$

由此展开式，可得该图的多项式为

$$D[G]=W'\cdot D[G']+W''\cdot D[G'']=D[G']+P_{ij}\cdot D[G''] \tag{3-4}$$

式中，W'和 W''分别表示运算符 C'和 C''的权，由式(3-1) 和式(3-2) 可知，这里 $W'=1$，$W''=P_{ij}$。

对于 E、J、V、C 和 N 类元件来说，它们没有参数，因而网络多项式中都不包含这些元件的参数，展开图只有一个分支。相应地，图 G 展开为一个子图 G'，其运算符 C'的权 W'为常数 1，即

$$G=C'\cdot G' \tag{3-5}$$

$$D[G]=W'\cdot D[G']=D[G'] \tag{3-6}$$

根据双树的定义和找树的算法，若 $T1$ 和 $T2$ 同时包括某边，该边应该短路；若 $T1$ 和 $T2$ 都不包括某边，该边应该开路；若 $T1$ 包括边 i 而不包括边 j，同时 $T2$ 包括边 j 而不包括边 i，则边对 $i\&j$ 应该着色。再根据双树参数的定义，可得各运算符的权值，从而得到各类元件的展开模型。

3.2.1 阻抗和导纳

1）导纳 Y_i

根据双树定义，若双树参数不包含导纳参数 Y_i，则双树 $T1/T2$ 都不包含边 i，应将图 G 中边 i 开路；若双树参数包含导纳参数 Y_i，则双树 $T1/T2$ 都包含边 i，应将图 G 中边 i 短路。由此可得导纳元件的展开模型，如图 3－3(a) 所示。

该图的展开式为

$$G=\bar{i}\cdot G(\bar{i})+i\cdot G(i) \tag{3-7}$$

式中，$W[\bar{i}]=1$；$W[i]=Y_i$。该图的多项式展开为两部分。

$$D[G]=D[G(\bar{i})]+Y_i\cdot D[G(i)] \tag{3-8}$$

式中，图 G 是父图，一个分支进行开路运算，用带上画线的字母 $\bar{i}$ 表示开路运算符，其终端为子图 $G(\bar{i})$，该运算对应于双树参数不包含 Y_i，该分支的权为“1”。另一个分支进行短路运算，用字母 i 表示短路运算符，其终端为子图 $G(i)$，该运算对应于双树参数包含 Y_i，该分支的权为“Y_i”。

2）阻抗 Z_i

由双树定义可知，若双树参数不包含阻抗参数 Z_i，则双树 $T1/T2$ 都包含边 i，应将边 i 短路；若双树参数包含阻抗参数 Z_i，则双树 $T1/T2$ 都不包含边 i，应将边 i 开路。由此可得阻抗元件的展开模型，如图 3－3(b) 所示。

该展开图的表达式为

$$G=i\cdot G(i)+\bar{i}\cdot G(\bar{i}) \tag{3-9}$$

式中，$W[i]=1$；$W[\bar{i}]=Z_i$。

该图的多项式为

$$D[G]=D[G(i)]+Z_i\cdot D[G(\bar{i})] \tag{3-10}$$

3.2.2 E、J、V、C 元件

根据双树定义，此类元件没有元件参数，所在的边或者都被 $T1$ 和 $T2$ 包含，或者都不被 $T1$ 和 $T2$ 包含，因而它们只有一个展开分支。

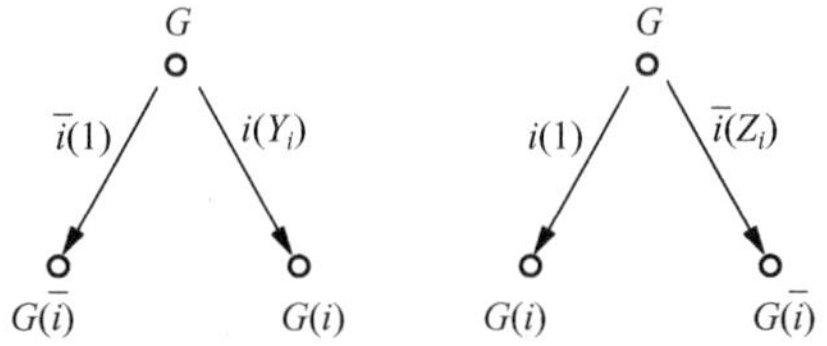

(a) Y_i的展开模型　　(b) Z_i的展开模型

图 3－3　导纳 Y_i 和阻抗 Z_i 的展开模型

1）E 和 C 类元件

对于 E_i 和 C_i 元件，只有一种可能，$T1$ 和 $T2$ 必须包含边 i，应该短路边 i，且它们对双树参数的贡献都是常数“1”。其展开图只有一个分支，如图 3－4(a) 所示。

该图的展开式为

$$G = i \cdot G(i) \tag{3-11}$$

式中，$W[i]=1$。

该多项式的展开式为

$$D[G] = D[G(i)] \tag{3-12}$$

2）J 和 V 类元件

对于 J_i 和 V_i 元件，只有一种可能，$T1$ 和 $T2$ 都不包含边 i，应该开路边 i，它们对双树参数的贡献都是常数“1”。其展开图只有一个分支，如图 3－4(b) 所示。

该图的展开式为

$$G = \bar{i} \cdot G(\bar{i}) \tag{3-13}$$

该图的多项式为

$$D[G] = D[G(\bar{i})] \tag{3-14}$$

(a) E_i和C_i的展开模型　　(b) J_i和V_i的展开模型

图 3－4　E_i、J_i、V_i 和 C_i 的展开模型

3.2.3 受控源

由表 2-1 可知，当双树 $T1$ 和 $T2$ 的参数包含受控源参数 X_{ij} 时，$T1$ 包括边 i 但不包括边 j，$T2$ 不包括边 i 但包括边 j，对应的图运算应该在图 G 中将边对 $i\&j$ 进行着色运算，其中 i 是受控边，着红色（空心箭头）；j 是控制边，着黄色（燕尾箭头）。当双树参数不包含受控源参数 X_{ij} 时，根据受控源的类型，$T1$ 和 $T2$ 都包括 VS 和 CC 边，且都不包括 CS 和 VC 边，相应地，图 G 应进行开路或短路运算。具体来说，当双树参数不包括受控源参数 X_{ij} 时，对于 VCCS，$T1$ 和 $T2$ 都不包括边 i 和边 j，图 G 中应将边 i 和 j 都开路；对于 CCVS，$T1$ 和 $T2$ 都包括边 i 和边 j，图 G 中应将边 i 和 j 都短路；对于 VCVS，$T1$ 和 $T2$ 都包括边 i，但都不包括边 j，图 G 中应将边 i 短路并将边 j 开路；对于 CCCS，$T1$ 和 $T2$ 都不包括边 i，但都包括边 j，图 G 中应将边 i 开路并将边 j 短路。4 种受控源的展开模型如图 3-5 所示。

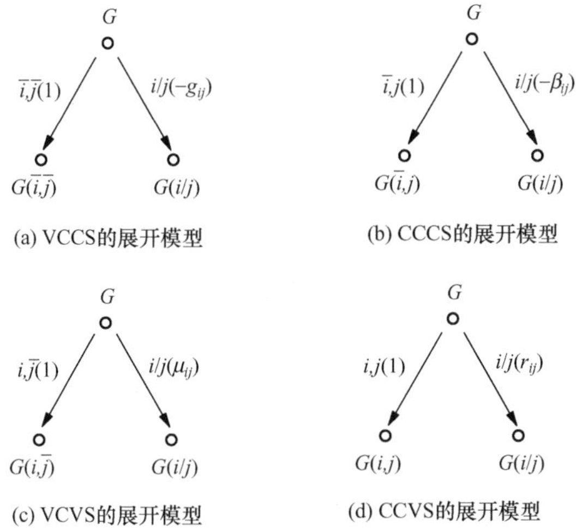

图 3-5　受控源 X_{ij} 的展开模型

1） VCCS

VCCS 的展开图为图 3-5(a)，该图的展开式为

$$G=\overline{i}\cdot\overline{j}\cdot G(\overline{i},\overline{j})+i/j\cdot G(i/j) \tag{3-15}$$

该图的多项式按 g_{ij} 展开为

$$D[G]=D[G(\bar{i},\bar{j})]+(-g_{ij})\cdot D[G(i/j)] \tag{3-16}$$

注释：图 3-5(a) 和式(3-16) 中“$-g_{ij}$”的负号是将双树系数计算公式中的 CS 边个数 n_c 考虑在内。这里计入负号，后续计算就不再考虑 n_c 的作用了。

2）CCCS

CCCS 的展开图为图 3-5(b)，该图的展开式为

$$G=\bar{i}\cdot j\cdot G(\bar{i},j)+i/j\cdot G(i/j) \tag{3-17}$$

该图的多项式按 β_{ij} 展开为

$$D[G]=D[G(\bar{i},j)]+(-\beta_{ij})\cdot D[G(i/j)] \tag{3-18}$$

这里的“$-\beta_{ij}$”也是计入了双树系数公式中 CS 边个数 n_c 的作用，以后就不考虑 n_c 了。

3）VCVS

VCVS 的展开图为图 3-5(c)，该图的展开式为

$$G=i\cdot\bar{j}\cdot G(i,\bar{j})+i/j\cdot G(i/j) \tag{3-19}$$

该图的多项式按 μ_{ij} 展开为

$$D[G]=D[G(i,\bar{j})]+\mu_{ij}\cdot D[G(i/j)] \tag{3-20}$$

对于 VCVS 来说，$n_c=0$，式中不出现负号。

4）CCVS

CCVS 的展开图为图 3-5(d)，该图的展开式为

$$G=i\cdot j\cdot G(i,j)+i/j\cdot G(i/j) \tag{3-21}$$

该图的多项式按 r_{ij} 展开为

$$D[G]=D[G(i,j)]+r_{ij}\cdot D[G(i/j)] \tag{3-22}$$

3.2.4 零任偶（Nullor）

对于零任偶 N_{ij} 元件，根据双树定义，只有一种可能，$T1$ 包括边 i 但不包括边 j，$T2$ 不包括边 i 但包括边 j。对应的图运算应该在图 G 中将边对 $i\&j$ 进

行着色运算，其中 NR 边 i 着红色，NL 边 j 着黄色。相应地，双树参数包含常数因子“1”。

其展开模型如图 3－6 所示。

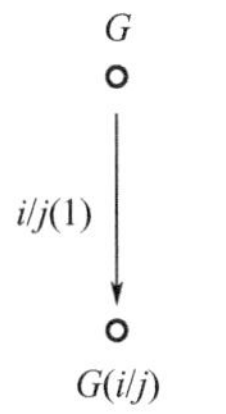

图 3－6　N_{ij} 的展开模型

该图的展开式为

$$G=i/j\cdot G(i/j) \tag{3-23}$$

该图的多项式为

$$D[G]=D[G(i/j)] \tag{3-24}$$

3.3　网络图的展开

给定网络图，我们希望直接通过图的运算，找出所有的有效树和有效双树，并确定它们的参数和系数，进而得到网络多项式。我们采用短路、开路、着色和去色运算，按照图的运算法则和有效性判据，依据各类元件的展开模型，逐个元件地将图逐级展开，直至所有的元件都展开完毕。这个过程称为图的展开，其结果构成网络展开图。

3.3.1　网络图展开的过程和算法

以给定网络图为根图，按照网络元件逐个地、分级地展开，直至所有分支的末梢都成为不包含任何边的只有孤立节点的末梢子图。

算法 3－1　网络图展开的步骤

（1）以给定的网络图为根图。

（2）优先按单一分支元件展开该图，即

① 若存在 E、J、V 和 C 元件，逐一地将它们短路或开路，将图展开为一个分支，转（4）；

② 若存在零任偶元件，进行着色运算，将图展开为一个分支，转（4）；

③ 若存在自割边和自环边，短路或开路它们，将图展开为一个分支，转（4）；

④ 若一个黄色边与一个红色边构成回路或割集，进行去色运算，将图展开为一个分支，转（4）；

⑤ 若一个黄色边与若干红色边构成回路，选择一个红色边与该黄色边进行去色运算，将图展开为一个分支，转（4）；

⑥ 若存在与着色边并联或串联的无向边（Y 或 Z 边），将该无向边短路或开路，将图展开为一个分支，转（4）。

（3）任意选定（或根据需要选定）一个 Y、Z 或 X 元件，依据该元件的展开模型，将该图展开为两个分支，得到各分支终端的子图。

（4）对于每一个分支的终端子图，判断其有效性。

① 若该子图是无效图（判据 3-1），该终端子图用叉号“×”表示，该分支运算无效并中止，转（5）。

② 若该子图只包含若干孤立的节点而不包含任何边，该子图用一个实心圆点“•”表示，该图已成为最终的末梢子图，该分支运算有效且终止，转（5）。

③ 若该子图是有效图且包含边，转（2），继续进行展开运算。

（5）继续指定另一个分支的终端子图作为父图，转（4）。

（6）当所有分支的有效终端子图都成为孤立节点时，展开结束。

注释：

① 可以任意选取展开元件的顺序，展开顺序不同，展开过程不同，但最终展开结果相同，而且运算的复杂度基本相同（每个子图进行有效项判断，每个运算步骤都按照运算法则，避免无效运算）。

② 展开过程，可以逐个元件平行展开，也可以沿一个分支前行，再追溯另一个分支，可以广度搜索，也可以深度搜索，具体算法可以另行设计。

③ 用空心圆圈表示根图或分支的子图（也可以直接省略），用“×”表示无效子图，用实心圆点表示末梢子图。

④ 无效子图和无效分支可以略去。

⑤ 当一个子图满足去色条件时，可进行去色运算，操作方法如前所述。注意去色运算符的正负号规则。

⑥ 共享子图。如果一个子图与其他路径上的某个子图完全相同，那么这个子图就可以共享那个子图的展开结果，而不需再重复展开。多个相同的子

图，只需展开其中的一个，其余子图共享这个子图的展开结果。

以图 2-2 所示的网络图 $G[Y_1, Y_2, Z_3, X_{4,6}, X_{5,7}]$ 为例，按照先 $X_{5,7}$（VCVS），再 $X_{4,6}$（CCCS），最后 Y_1、Y_2 和 Z_3 的顺序，逐个元件展开，其展开图如图 3-7(a) 所示。如果省略各中间节点的子图，仅保留相关的运算分支及分支的运算符，就可得到简化的展开图，如图 3-7(b) 所示。

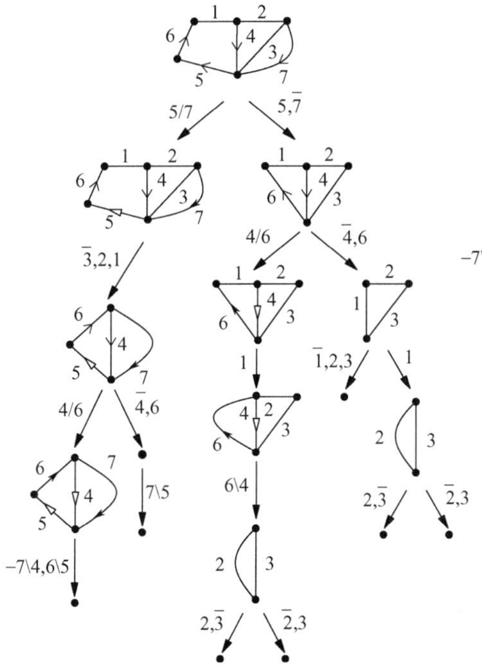

(a) G的展开图

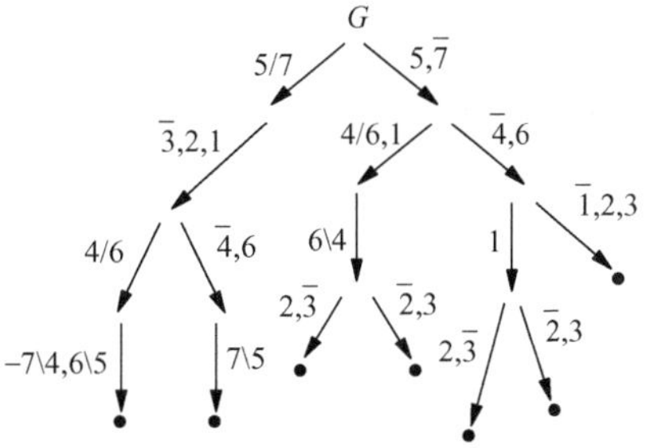

(b) G的简化展开图

图 3-7　图 2-2 的展开图及简化的展开图

网络图展开时以给定的网络图为根，逐个元件地逐级分支、逐级展开，直至每个终端子图成为仅包括孤立节点的末梢子图。这种倒置的树结构图就称为该网络图的展开图。展开图由分支和节点构成。节点表示图及子图，分支表示图的运算。分支用有箭头的线段及标注的运算符表示，节点可以用子图本身或空心圆圈表示，也可以省略。分支的始端节点为运算对象父图，分支的末端节点为运算结果子图。

3.3.2 网络展开图的表达式

按照展开图的结构，将每个展开分支的运算符用“和”与“积”组合成多项式的形式，整个展开图的各级各分支的运算符就构成网络图的展开表达式，简称为图 G 的展开式。图 G 的展开式用 $L[G]$ 表示，也可以直接用 G 表示。展开表达式有两种形式：一种是并列形式；另一种是分级形式。前者把根图到每一个末梢的路径的权作为一项，构成多项平铺并列的形式；后者按照分支分项、逐级展开的原则，构成逐级分支展开的分级形式。

图 3－7 所示的展开图，其分级形式的展开表达式为

$$\begin{aligned} L[G]=&5/7\cdot\bar{3}\cdot 2\cdot 1\cdot(4/6\cdot(-7\backslash 4)\cdot 6\backslash 5+(\bar{4}\cdot 6)\cdot 7\backslash 5)\\ &+(5\cdot\bar{7})\cdot(4/6\cdot 1\cdot 6\backslash 4\cdot(2\cdot\bar{3}+\bar{2}\cdot 3)\\ &+(\bar{4}\cdot 6)\cdot(\bar{1}\cdot 2\cdot 3+1\cdot(2\cdot\bar{3}+\bar{2}\cdot 3))) \end{aligned} \tag{3-25}$$

其并列形式的展开表达式为

$$\begin{aligned} L[G]=&5/7\cdot\bar{3}\cdot 2\cdot 1\cdot 4/6\cdot(-7\backslash 4)\cdot 6\backslash 5+5/7\cdot\bar{3}\cdot 2\cdot 1\cdot(\bar{4}\cdot 6)\cdot 7\backslash 5\\ &+(5\cdot\bar{7})\cdot 4/6\cdot 1\cdot 6\backslash 4\cdot 2\cdot\bar{3}+(5\cdot\bar{7})\cdot 4/6\cdot 1\cdot 6\backslash 4\cdot\bar{2}\cdot 3\\ &+(5\cdot\bar{7})\cdot(\bar{4}\cdot 6)\cdot\bar{1}\cdot 2\cdot 3+(5\cdot\bar{7})\cdot(\bar{4}\cdot 6)\cdot 1\cdot 2\cdot\bar{3}\\ &+(5\cdot\bar{7})\cdot(\bar{4}\cdot 6)\cdot 1\cdot\bar{2}\cdot 3 \end{aligned} \tag{3-26}$$

一个图完全展开，直至所有路径的末梢子图为实心圆点（只有孤立顶点而不包含边），由此就可以得到全部由运算符组成的展开表达式，这种展开称为完全展开。其实，有时也可以部分展开。这时，就可得到由子图与运算符构成的展开表达式。例如，由图 3－7(a) 可得到以下局部的图展开式。

$$G=5/7\cdot G(5/7)+5\cdot\bar{7}\cdot G(5,\bar{7}) \tag{3-27}$$

$$G(5,\bar{7})=4/6\cdot 1\cdot 6\backslash 4\cdot G_a+\bar{4}\cdot 6\cdot(\bar{1}\cdot 2\cdot 3+1\cdot G_a) \tag{3-28}$$

$$G_a=G(1,\bar{4},5,6,\bar{7})=2\cdot\bar{3}+\bar{2}\cdot 3 \tag{3-29}$$

在不致引起混淆的情况下，展开图表达式中的算符“L”可以省略。

3.4　网络展开图的权

3.4.1　运算符的权

（1）短路运算符“i”的权为导纳参数“Y_i”（导纳元件）或常数“1”（其他元件）。

（2）开路运算符“$\bar{i}$”的权为阻抗参数“Z_i”（阻抗元件）或常数“1”（其他元件）。

（3）边对 $i\&j$ 着色运算符“i/j”的权为受控电压源的参数“X_{ij}”，或包含负号的受控电流源参数“$-X_{ij}$”，或常数“1”（零任偶元件）。

（4）去色运算符“$\pm j\backslash i$”的权为算法 3－2 所求得的常数“1”或“－1”。

算法 3.2　去色运算符的权。

（1）不考虑去色符中的“±”号，先求去色符“$j\backslash i$”的权。若去色符“$j\backslash i$”的边对 $j\&i$ 与之前该路径中某个着色符“i/j”的边对 $i\&j$ 匹配（相同的一对边），或者该去色符和之前路径中若干去色符的边对与相同数目的着色符的边对整体匹配（整体相同的若干对边），则该去色符“$j\backslash i$”的权为常数“1”；否则该去色符“$j\backslash i$”的权为常数“－1”。

（2）若考虑带正负号的去色算符“$\pm j\backslash i$”，则其权只需再乘以该算符所包含的正 1 或负 1 即可。

注释：

（1）去色符取权的运算与之前的着色和去色运算有关，与之后的运算无关。每个去色符根据前面路径的着色符和去色符就可确定其权，不必等待后续的运算结果再定。这是展开图法与直接由定理 2－3 确定双树系数的主要区别。

（2）一个去色符与一个着色符匹配指的是去色符 $j\backslash i$ 正好与着色符 i/j 的边对相同，也可以理解为分子分母正好抵消（着色符 i/j 中 j 为分母、i 为分子；去色符 $j\backslash i$ 中 i 为分母、j 为分子）。若干去色符与相同数目的着色符整体匹配指的是若干去色符中的边对与相同数目的着色符中的边对总体对应一致，也可以理解为若干去色符和相同数目着色符分子和分母可以完全相互抵消。不匹配就是不能完全抵消。

例如，着色符为 a/b、c/d 和 e/f，去色符为下列不同组合。

（1）去色符依次为 $b\backslash a$、$d\backslash c$ 和 $f\backslash e$。去色符 $b\backslash a$ 与着色符 a/b 匹配，其权 $W[b\backslash a]=1$；去色符 $d\backslash c$ 与着色符 c/d 匹配，其权 $W[d\backslash c]=1$；去色符 $f\backslash e$ 与着色符 e/f 匹配，其权 $W[f\backslash e]=1$。

（2）去色符依次为 $b\backslash e$、$d\backslash c$ 和 $f\backslash a$。对于去色符 $b\backslash e$ 而言，无匹配着色符，其权 $W[b\backslash e]=-1$。对于去色符 $d\backslash c$ 而言，它与着色符 c/d 匹配，其权 $W[d\backslash c]=1$。对于去色符 $f\backslash a$ 而言，它和之前的去色符 $b\backslash e$ 共同与着色符 a/b 和 e/f 匹配，其权 $W[f\backslash a]=1$。这种匹配可以理解为 $b\backslash e\cdot f\backslash a\cdot a/b\cdot e/f=\frac{b}{e}\cdot\frac{f}{a}\cdot\frac{a}{b}\cdot\frac{e}{f}=1$。

（3）去色符依次为 $b\backslash e$、$d\backslash a$ 和 $f\backslash c$。对于去色符 $b\backslash e$ 而言，无匹配的着色符，其权 $W[b\backslash e]=-1$。对于去色符 $d\backslash a$ 而言，无匹配的着色符，即使加上之前的去色符 $b\backslash e$，也不能与某两个着色符匹配，其权 $W[d\backslash a]=-1$。对于去色符 $f\backslash c$ 而言，加上前面的去色符 $b\backslash e$ 和 $d\backslash a$，它们与 3 个着色符整体匹配，可以理解为 $b\backslash e\cdot d\backslash a\cdot f\backslash c\cdot a/b\cdot c/d\cdot e/f=1$，其权 $W[f\backslash c]=1$。

3.4.2 路径的权

从图 G 到某个子图 G' 路径的权等于该路径上各个运算符权之积。

设 G 是一个图，a、b、c、d、e 和 f 是 G 中的边，它们的参数分别是 Y_a、Z_b、g_{cd} 和 r_{ef}。在 G 中依次短路边 a、开路边 b、着色边对 c/d 和 e/f，再去色 $f\backslash c$ 和“$-d\backslash e$”，得到 G 的末梢子图 G'。该过程构成如下的一条路径：$G\xrightarrow{a}\circ\xrightarrow{\bar{b}}\circ\xrightarrow{c/d}\circ\xrightarrow{e/f}\circ\xrightarrow{f\backslash c}\circ\xrightarrow{-d\backslash e}G'$。

该路径的终端子图为 $G'=G(a,\bar{b},c/d,e/f,f\backslash c,d\backslash e)$，它是只有孤立节点的末梢。末梢子图的权为常数“1”。

该路径的表达式为

$$L=a\cdot\bar{b}\cdot c/d\cdot e/f\cdot f\backslash c\cdot(-d\backslash e)$$

其中各运算符的权为 $W[a]=Y_a$，$W[\bar{b}]=Z_b$，$W[c/d]=-g_{c,d}$，$W[e/f]=r_{e,f}$，$W[f\backslash c]=-1$（无匹配），$W[d\backslash e]=1$（$d\backslash e\cdot f\backslash c\cdot c/d\cdot e/f=1$），$W[-d\backslash e]=-1$。

故该路径的权为

$$W[L]=Y_a\cdot Z_b\cdot(-g_{c,d})\cdot r_{e,f}\cdot(-1)\cdot(-1)=-Y_aZ_bg_{c,d}r_{e,f}$$

若路径表达式改变为 $L=\bar{a}\cdot\bar{b}\cdot c/d\cdot e/f\cdot(-f\backslash e)\cdot d\backslash c$，则 $W[\bar{a}]=1$，$W[\bar{b}]=Z_b$，$W[c/d]=-g_{c,d}$，$W[e/f]=r_{e,f}$，$W[-f\backslash e]=-1$，$W[d\backslash c]=1$。从而有

$$W[L]=1\cdot Z_b\cdot(-g_{c,d})\cdot r_{e,f}\cdot(-1)\cdot 1=Z_bg_{c,d}r_{e,f}$$

3.4.3　网络展开图的权

图的展开式有并列和分级两种形式，将展开式中的运算符用运算符的权代替，就可以得到并列和分级两种形式的权表达式，简称为展开图的权，记为 $W[G]$。从而有如下的结果。

网络展开图的权等于网络展开图中从根图到所有末梢子图路径权之和，即

$$W[G]=\sum_{\text{all }k}W[L_k] \tag{3-30}$$

图 3-7 展开图分级形式的表达式为

$$\begin{aligned}L[G]=&5/7\cdot\bar{3}\cdot 2\cdot 1\cdot(4/6\cdot(-7\backslash 4)\cdot 6\backslash 5+(\bar{4}\cdot 6)\cdot 7\backslash 5)\\&+(5\cdot\bar{7})\cdot(4/6\cdot 1\cdot 6\backslash 4\cdot(2\cdot\bar{3}+\bar{2}\cdot 3)\\&+(\bar{4}\cdot 6)\cdot(1\cdot(2\cdot\bar{3}+\bar{2}\cdot 3)+\bar{1}\cdot 2\cdot 3))\end{aligned} \tag{3-31}$$

将各个运算符用其权替换，可得展开图分级形式的权表达式为

$$\begin{aligned}W[G]=&\mu_{5,7}\cdot 1\cdot 1\cdot 1\cdot((-\beta_{4,6})\cdot 1\cdot 1+1\cdot 1)\\&+1\cdot((-\beta_{4,6})\cdot 1\cdot 1\cdot(1\cdot 1+Z_2\cdot Y_3)\\&+1\cdot(1\cdot(1\cdot 1+Z_2\cdot Y_3)+Z_1\cdot 1\cdot Y_3))\\=&\mu_{5,7}(-\beta_{4,6}+1)-\beta_{4,6}(1+Z_2Y_3)+(1+Z_2Y_3+Z_1Y_3)\end{aligned} \tag{3-32}$$

图 G 的并列展开式如式(3-26)，各路径及其权如表 3-1 所示。

表 3-1　图 3-7 并列展开式各路径的权与有效项

k	L_k	$W[L_k]$	d_k
1	$5/7\cdot\bar{3}\cdot 2\cdot 1\cdot 4/6\cdot(-7\backslash 4)\cdot 6\backslash 5$	$\mu_{5,7}\cdot 1\cdot 1\cdot 1\cdot(-\beta_{4,6})\cdot 1\cdot 1$	$-\mu_{5,7}\beta_{4,6}$
2	$5/7\cdot\bar{3}\cdot 2\cdot 1\cdot(\bar{4}\cdot 6)\cdot 7\backslash 5$	$\mu_{5,7}\cdot 1\cdot 1\cdot 1\cdot 1\cdot 1$	$\mu_{5,7}$
3	$(5\cdot\bar{7})\cdot 4/6\cdot 1\cdot 6\backslash 4\cdot 2\cdot\bar{3}$	$1\cdot(-\beta_{4,6})\cdot 1\cdot 1\cdot 1\cdot 1$	$-\beta_{4,6}$
4	$(5\cdot\bar{7})\cdot 4/6\cdot 1\cdot 6\backslash 4\cdot\bar{2}\cdot 3$	$1\cdot(-\beta_{4,6})\cdot 1\cdot 1\cdot Z_2\cdot Y_3$	$-Z_2Y_3\beta_{4,6}$
5	$(5\cdot\bar{7})\cdot(\bar{4}\cdot 6)\cdot 1\cdot 2\cdot\bar{3}$	$1\cdot 1\cdot 1\cdot 1\cdot 1$	1
6	$(5\cdot\bar{7})\cdot(\bar{4}\cdot 6)\cdot 1\cdot\bar{2}\cdot 3$	$1\cdot 1\cdot 1\cdot Z_2\cdot Y_3$	Z_2Y_3
7	$(5\cdot\bar{7})\cdot(\bar{4}\cdot 6)\cdot\bar{1}\cdot 2\cdot 3$	$1\cdot 1\cdot Z_1.\cdot 1\cdot Y_3$	Z_1Y_3

由表 3-1 可得，该展开图的权为

$$W[G]=-\mu_{5,7}\beta_{4,6}+\mu_{5,7}-\beta_{4,6}-\beta_{4,6}Z_2Y_3+1+Z_2Y_3+Z_1Y_3 \quad (3-33)$$

3.5　网络展开图与网络多项式

网络展开图就是依据双树的定义和定理，通过图的运算寻找全部有效树和有效双树，并同时确定其参数和系数的过程。因而，展开图的权表达式就是该网络的固有多项式，从而有如下定理。

定理 3-1　网络多项式等于网络展开图的权表达式，即

$$\Delta=D[G]=W[G] \quad (3-34)$$

证明：见第 6～9 章。

依据定理 3-1，图 3-7 网络展开图的权表达式(3-33) 和式 (3-32) 就是图 2-2 所示网络并列和分级形式的固有多项式。

第 4 章　基于展开图的网络拓扑分析

4.1　网络响应的拓扑公式

设单输入-单输出网络如图 4－1(a) 所示，端口 1－1′为输入端，输入变量为 η_i（独立电压源 U_i或独立电流源 I_i），端口 2－2′为输出端，输出变量为 ξ_j（开路电压 U_j或短路电流 I_j）。包括端口在内的网络图如图 4－1(b) 所示。注意端口的参考方向与输入和输出变量的关系。对于输入端口而言，电压源 U_i的正向（电压降）与边 i 方向相反，这是因为构成封闭网络时 $\eta_i=-X_{ij}\xi_j$ 所致。电流源 I_i的正向与边 i 的方向一致，这是因为构成封闭网络时 $\eta_i=-X_{ij}\xi_j$，以及有效双树的系数公式(2－8) 中受控电流源个数 n_c会增加一个，出现两次负号。对于输出端口而言，U_j 和 I_j 的正向与边 j 的方向一致，因而输入和输出 4 种组合的拓扑图可以统一，如图 4－1(b) 所示。

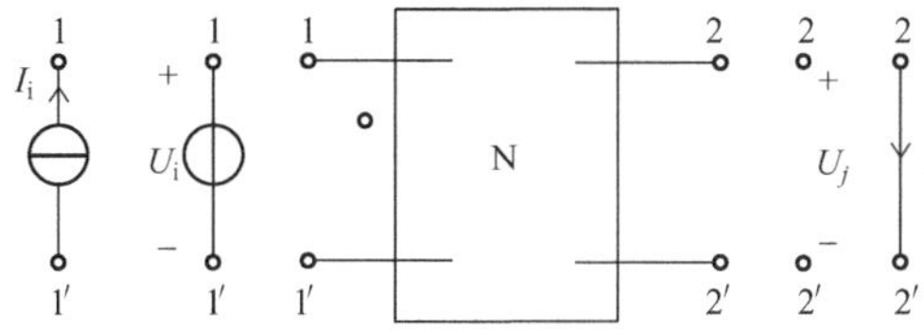

(a) 单输入-单输出系统

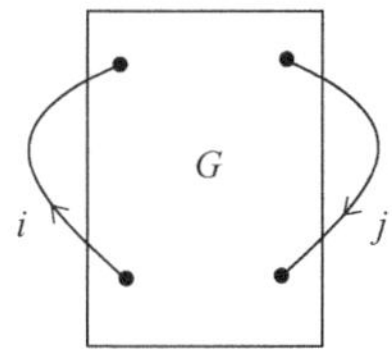

(b) 包含端口边的图G

图 4－1　单输入-单输出系统及其图 G

根据输入量和输出量，用等效受控源替代独立电源，构成增广封闭网络 G_a，即

$$\eta_i=-X_{ij}\xi_j \tag{4-1}$$

它的图为图 4－1(b)。

求得 G_a的网络多项式为

$$\Delta_a=P+X_{ij}Q=0 \tag{4-2}$$

由此可得

$$\frac{Q}{P}=-\frac{1}{X_{ij}}=\frac{\xi_j}{\eta_i} \tag{4-3}$$

故

$$\xi_j=\frac{Q}{P}\eta_i \tag{4-4}$$

由于 P 是不含受控源参数 X_{ij} 的所有项之和，它就是将输入端短路（VS 边）或开路（CS 边）、以及将输出端短路（CC 边）或开路（VC 边）所得子图 G_0 的多项式 Δ_0。由于 $X_{ij}Q$ 是包含受控源参数 X_{ij} 的所有项之和。这样，Q 就是将输入端 i 和输出端 j 着色后子图 $G(i/j)$ 的多项式 $\Delta_{i/j}$。由此可得求解网络响应的拓扑公式为

$$\xi_j=\frac{\Delta_{i/j}}{\Delta_0}\eta_i \tag{4-5}$$

式中，ξ_j 为输出量；η_i 为输入量，$\Delta_{i/j}$ 是将输入、输出边对 $i\&j$ 着色所得子图 $G(i/j)$ 的多项式，Δ_0 为输入 VS 边短路或 CS 边开路、输出 VC 边开路或 CC 边短路所得子图 G_0 的多项式。

有了拓扑公式，求解网络就不需要用等效受控源替代独立源构成增广封闭网络了，直接由图 4－1(b) 分别求得 Δ_0 和 $\Delta_{i/j}$，就可由式(4－5) 得到电路的响应。但要注意给定网络端口变量方向与拓扑图中端口方向的对应关系。值得一提的是 4 种形式的网络响应都统一为一个公式，解决了传统树列举法求解不同类型的网络响应公式不统一的问题。

例 4－1　求图 4－2(a) 电路的 U_0

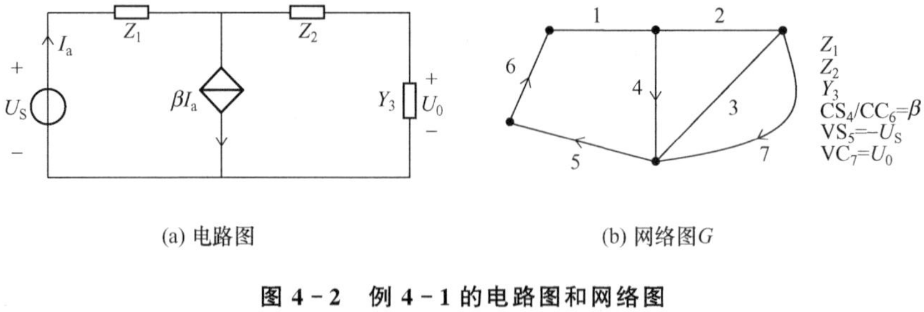

图 4－2　例 4－1 的电路图和网络图

解：该电路输入量为 U_s，输出量为 U_0，其网络图如图 4－2(b) 所示，其

中边对 5 与 7 是输入-输出边对，且 $VS_5=-U_s$，$VC_7=U_0$。

图 G 的子图 $G_0=G(5,\bar{7})$，其展开图如图 4－3(a) 所示，展开式为式(4－6)，展开图的权为式(4－7)。

$$L[G_0]=G(5\cdot\bar{7})=4/6\cdot 1\cdot 6\backslash 4\cdot(2\cdot\bar{3}+\bar{2}\cdot 3)+\bar{4}\cdot 6\cdot(1\cdot(2\cdot\bar{3}+\bar{2}\cdot 3)+\bar{1}\cdot 2\cdot 3) \tag{4-6}$$

$$W[G_0]=-\beta_{4,6}\cdot 1\cdot 1\cdot(1\cdot 1+Z_2\cdot Y_3)+1\cdot 1\cdot(1\cdot(1\cdot 1+Z_2\cdot Y_3)+Z_1\cdot 1\cdot Y_3)=-\beta_{4,6}(1+Z_2Y_3)+(1+Z_2Y_3+Z_1Y_3)=\Delta_0 \tag{4-7}$$

图 G 的子图 $G_{5/7}=G(5/7)$，其展开图如图 4－3(b) 所示，展开式为式(4－8)，展开图的权为式(4－9)。

$$L[G_{5/7}]=\bar{3}\cdot 2\cdot 1\cdot(4/6\cdot(-7\backslash 4)\cdot 6\backslash 5+(\bar{4}\cdot 6)\cdot 7\backslash 5) \tag{4-8}$$

$$W[G(5/7)]=1\cdot 1\cdot 1\cdot(-\beta_{4,6}\cdot 1\cdot 1+1\cdot 1)=-\beta_{4,6}+1=\Delta_{5/7} \tag{4-9}$$

故

$$U_0=\frac{\Delta_{5/7}}{\Delta_0}\cdot U_s=\frac{-\beta_{4,6}+1}{-\beta_{4,6}(1+Z_2Y_3)+(1+Z_2Y_3+Z_1Y_3)}\cdot U_s \tag{4-10}$$

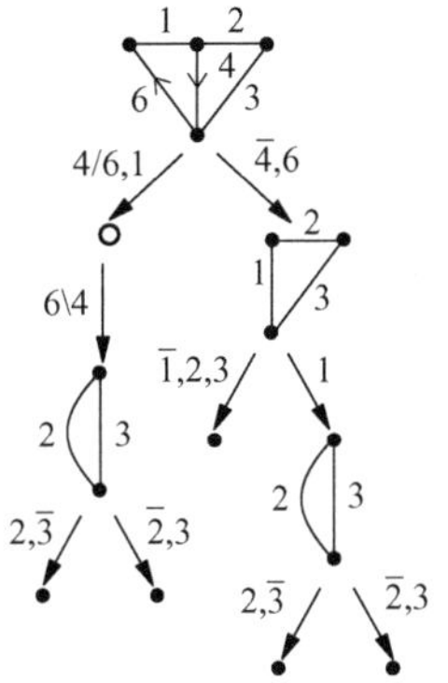

(a) $G_0=G(5,\bar{7})$的展开图

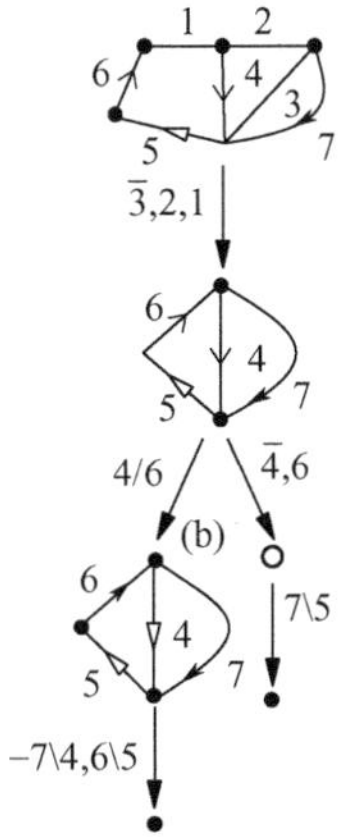

(b) $G_{5/7}=G(5/7)$的展开图

图 4－3　G_0 和 $G_{5/7}$ 的展开图

对于多输入-多输出线性系统来说，依据叠加原理，该拓扑公式仍可使用，

其中边 i 和 j 是某一对输入输出组合，$\Delta_{i/j}$是除边对 $i\&j$ 着色外其余所有 VS 和 CC 边短路、CS 和 VC 边开路所得子图 $G(i/j)$ 的多项式，Δ_0是所有 VS 和 CC 边短路、所有 CS 和 VC 边开路所得子图 G_0的多项式。

例 4－2 图 4－4(a) 所示双输入-双输出系统，输入量是U_s和I_s，求输出量U_0和 I_0。

解：该电路的拓扑图如图 4－4(b) 所示，各边为 Z_1、Z_2、Y_3、Y_4、E_5、J_6、V_7和 C_8，其中 5 和 6 是输入边，7 和 8 是输出边。

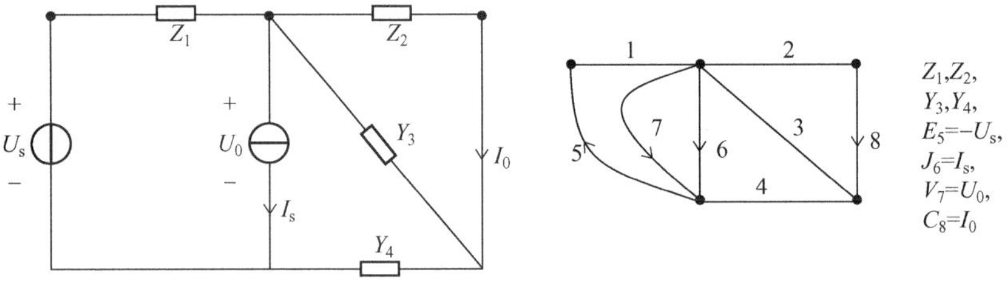

(a) 电路图　　　　(b) 网络图G

图 4－4　例 4－2 的电路图和网络图

图 G 的各有关子图及其展开式和多项式分别如下。

(1) $G_0=G$ (5，$\bar{6}$，$\bar{7}$，8) 的展开图如图 4－5(a) 所示，其展开式和多项式为

$$G_0=1\cdot G_f+\bar{1}\cdot 4\cdot(2\cdot\bar{3}+\bar{2}\cdot 3)=1\cdot(2\cdot\bar{3}\cdot\bar{4}+\bar{2}\cdot(3\cdot\bar{4}+\bar{3}\cdot 4))$$
$$+\bar{1}\cdot 4\cdot(2\cdot\bar{3}+\bar{2}\cdot 3)$$

$$\Delta_0=D[G_0]=1+Z_2(Y_3+Y_4)+Z_1Y_4(1+Z_2Y_3)$$

(2) $G_{5/7}=G(5/7，\bar{6}，8)=G_b$ 的展开图如图 4－5(b) 所示，其展开式和多项式为

$$G_{5/7}=1\cdot 7\backslash 5\cdot G_f=1\cdot 7\backslash 5\cdot(2\cdot\bar{3}\cdot\bar{4}+\bar{2}\cdot(3\cdot\bar{4}+\bar{3}\cdot 4))$$

$$\Delta_{5/7}=D[G_{5/7}]=1+Z_2(Y_3+Y_4)$$

(3) $G_{5/8}=G(5/8，\bar{6}，\bar{7})=G_c$ 的展开图如图 4－5(c) 所示，其展开式和多项式为

$$G_{5/8}=1\cdot 2\cdot \bar{3}\cdot 4\cdot 8\backslash 5$$

$$\Delta_{5/8}=D[G_{5/8}]=Y_4$$

（4）$G_{6/7}=G(6/7,\ 5,\ 8)=G_{\mathrm{d}}$ 的展开图如图 4－5(d) 所示，其展开式和多项式为

$$G_{6/7}=G_{\mathrm{d}}=\bar{1}\cdot(-7\backslash 6)\cdot G_f=\bar{1}\cdot(-7\backslash 6)\cdot(2\cdot\bar{3}\cdot\bar{4}+\bar{2}\cdot(3\cdot\bar{4}+\bar{3}\cdot 4))$$

$$\Delta_{6/7}=D[G_{6/7}]=Z_1\cdot(-1)\cdot D[G_{\mathrm{f}}]=-Z_1(1+Z_2(Y_3+Y_4))$$

（5）$G_{6/8}=G(6/8,\ 5,\ \bar{7})=G_{\mathrm{e}}$ 的展开图如图 4－5(e) 所示，其展开式和多项式为

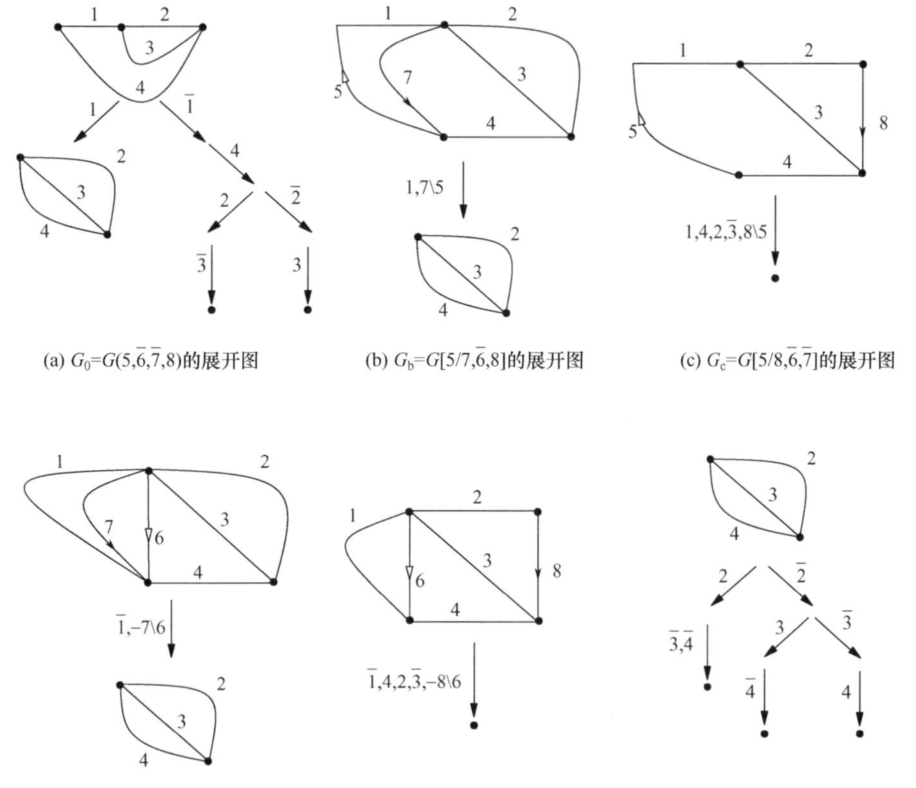

(a) $G_0=G(5,\bar{6},\bar{7},8)$的展开图　(b) $G_{\mathrm{b}}=G[5/7,\bar{6},8]$的展开图　(c) $G_{\mathrm{c}}=G[5/8,\bar{6},\bar{7}]$的展开图

(d) $G_{\mathrm{d}}=G[6/7,5,8]$的展开图　(e) $G_{\mathrm{e}}=G[6/8,5,\bar{7}]$的展开图　(f) G_{f}=的展开图

图 4－5　例 4－2 图各子网络的展开图

$$G_{6/8}=\overline{1}\cdot 2\cdot \overline{3}\cdot 4\cdot (-8\backslash 6)$$

$$\Delta_{6/8}=D[G_{6/8}]=-Z_1Y_4$$

(6) 上式中出现的共享子图 G_f 的展开图如图 4-5(f) 所示，其展开式为

$$G_f=2\cdot \overline{3}\cdot \overline{4}+\overline{2}\cdot (3\cdot \overline{4}+\overline{3}\cdot 4)$$

$$D[G_f]=1+Z_2(Y_3+Y_4)$$

从而可得

$$U_0=\frac{1}{\Delta_0}(\Delta_{5/7}U_s+\Delta_{6/7}I_s)=\frac{1+Z_2(Y_3+Y_4)}{1+Z_2(Y_3+Y_4)+Z_1Y_4(1+Z_2Y_3)}U_s$$

$$-\frac{Z_1(1+Z_2(Y_3+Y_4))}{1+Z_2(Y_3+Y_4)+Z_1Y_4(1+Z_2Y_3)}I_s$$

$$I_0=\frac{1}{\Delta_0}(\Delta_{5/8}U_s+\Delta_{6/8}I_s)=\frac{Y_4}{1+Z_2(Y_3+Y_4)+Z_1Y_4(1+Z_2Y_3)}U_s$$

$$-\frac{Z_1Y_4}{1+Z_2(Y_3+Y_4)+Z_1Y_4(1+Z_2Y_3)}I_s$$

4.2 网络函数的拓扑公式

4.2.1 单口网络的策动点函数

单口网络 N 如图 4-6 所示。

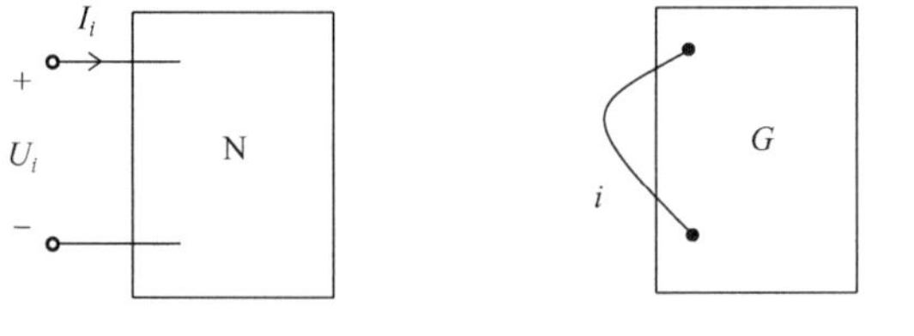

(a) 单口网络N　　(b) 包含端口边的图G

图 4-6　单口网络及单口网络的图

单口网络的策动点函数描述的是输入端口电压和电流的关系，它的增广元件是阻抗或导纳，因而不需要标注端口的参考方向。求得增广封闭网络的多项式，可得策动点函数的拓扑公式如下。

$$Y_{\text{in}}=\frac{I_i}{U_i}=\frac{D[G(\bar{i})]}{D[G(i)]}=\frac{\Delta_{\bar{i}}}{\Delta_i} \tag{4-11}$$

$$Z_{\text{in}}=\frac{U_i}{I_i}=\frac{D[G(i)]}{D[G(\bar{i})]}=\frac{\Delta_i}{\Delta_{\bar{i}}} \tag{4-12}$$

式中，Δ_i 是将端口边 i 短路后所得子图 $G(i)$ 的多项式；$\Delta_{\bar{i}}$ 是将端口边 i 开路后所得子图 $G(\bar{i})$ 的多项式。

例 4-3　求图 4-7(a) 所示单口网络输入端口 1-1′的入端阻抗和入端导纳。

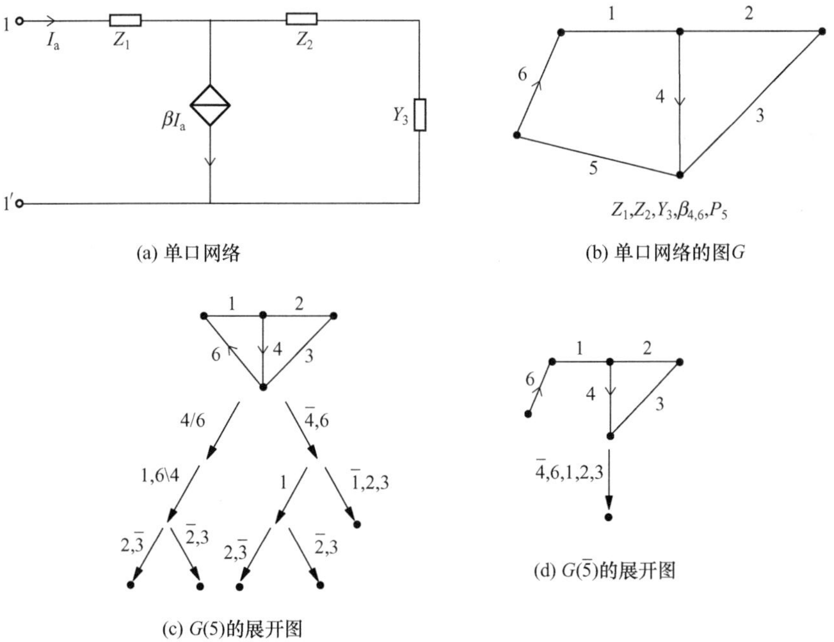

图 4-7　例 4-3 的单口网络及其子图的展开图

解：

该电路的图 G 如图 4-7(b) 所示，其中边 5 是输入端口，该网络元件参数为 Z_1、Z_2、Y_3 和 $X_{4,6}=\beta$。子图 $G(5)$和 $G(\bar{5})$的展开图如图 4-7(c)和(d)所示。由图可得

$$G(5)=4/6\cdot 1\cdot 6\backslash 4\cdot(2\cdot\bar{3}+\bar{2}\cdot 3)+(\bar{4}\cdot 6)$$

$$\cdot(1\cdot(2\cdot\bar{3}+\bar{2}\cdot 3)+\bar{1}\cdot 2\cdot 3)$$

$$\Delta_5 = D[G(5)] = (-X_{4,6})\cdot 1\cdot 1\cdot(1+Z_2\cdot Y_3)+1\cdot(1\cdot(1\cdot 1+Z_2\cdot Y_3)+Z_1\cdot 1\cdot Y_3) = -\beta(1+Z_2Y_3)+1+Z_2Y_3+Z_1Y_3$$

$$G(\bar{5}) = (\bar{4}\cdot 6)\cdot 1\cdot 2\cdot 3$$

$$\Delta_{\bar{5}} = D[G(\bar{5})] = 1\cdot 1\cdot 1\cdot Y_3 = Y_3$$

故

$$Z_{in} = \frac{U_i}{I_i} = \frac{\Delta_i}{\Delta_{\bar{i}}} = \frac{D[G(5)]}{D[G(\bar{5})]} = \frac{-\beta_{4,6}(1+Z_2Y_3)+1+Z_2Y_3+Z_1Y_3}{Y_3}$$

$$Y_{in} = \frac{I_i}{U_i} = \frac{\Delta_{\bar{i}}}{\Delta_i} = \frac{D[G(\bar{5})]}{D[G(5)]} = \frac{Y_3}{-\beta_{4,6}(1+Z_2Y_3)+1+Z_2Y_3+Z_1Y_3}$$

4.2.2 双口网络的传递函数

双口网络 N 如图 4-8(a) 所示，网络图 G 如图(b) 所示，注意输入和输出端口电压和电流参考方向的规定。

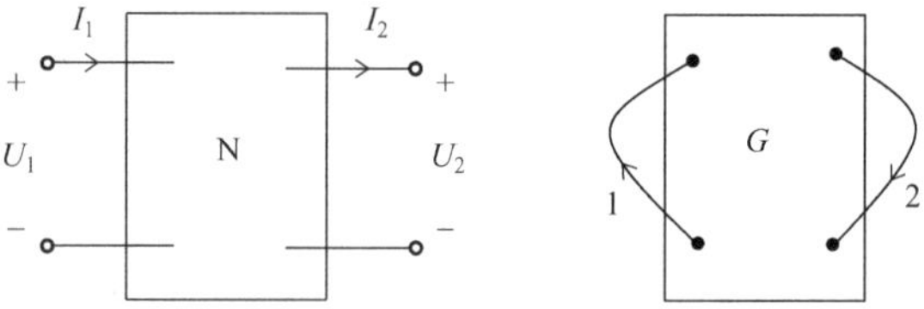

(a) 双口网络N　　(b) 双口网络的图G

图 4-8　求双口网络传递函数的网络图 G

双口网络的传递函数描述的是输出端口与输入端口的电压和电流的关系，有 4 种类型的传递函数。它们分别是转移阻抗 Z_T、转移导纳 Y_T、电压传递比 A_V和电流传递比 A_I。

$$Y_T = \frac{I_2}{U_1}\bigg|_{U_2=0} \quad (4-13)$$

$$Z_T = \frac{U_2}{I_1}\bigg|_{I_2=0} \quad (4-14)$$

$$A_V = \frac{U_2}{U_1}\bigg|_{I_2=0} \quad (4-15)$$

$$A_{\mathrm{I}}=\frac{I_2}{I_1}\Big|_{U_2=0} \tag{4-16}$$

对于这 4 种传递函数，可以按照网络响应的拓扑公式(4－5)，直接求得它们各自的拓扑公式如下。

$$Y_{\mathrm{T}}=\frac{I_2}{U_1}\Big|_{U_2=0}=\frac{\Delta_{1/2}}{\Delta_0}=\frac{D[G(1/2)]}{D[G(1,2)]}=\frac{\Delta_{1/2}}{\Delta_{1,2}} \tag{4-17}$$

$$Z_{\mathrm{T}}=\frac{U_2}{I_1}\Big|_{I_2=0}=\frac{\Delta_{1/2}}{\Delta_0}=\frac{D[G(1/2)]}{D[G(\bar{1},\bar{2})]}=\frac{\Delta_{1/2}}{\Delta_{\bar{1},\bar{2}}} \tag{4-18}$$

$$A_{\mathrm{V}}=\frac{U_2}{U_1}\Big|_{I_2=0}=\frac{\Delta_{1/2}}{\Delta_0}=\frac{D[G(1/2)]}{D[G(1,\bar{2})]}=\frac{\Delta_{1/2}}{\Delta_{1,\bar{2}}} \tag{4-19}$$

$$A_{\mathrm{I}}=\frac{I_2}{I_1}\Big|_{U_2=0}=\frac{\Delta_{1/2}}{\Delta_0}=\frac{D[G(1/2)]}{D[G(\bar{1},2)]}=\frac{\Delta_{1/2}}{\Delta_{\bar{1},2}} \tag{4-20}$$

式中，$\Delta_{1/2}$是以输入端口 1 为受控边、输出端口 2 为控制边，对其着色，所得子图 $G(1/2)$ 的多项式；$\Delta_{1,2}$、$\Delta_{\bar{1},\bar{2}}$、$\Delta_{1,\bar{2}}$和 $\Delta_{\bar{1},2}$分别是将边 1 和边 2 短路或开路所得子图的多项式。

例 4－4　图 4－9(a) 电路中，1－1′是输入端口，2－2′是输出端口，求 4 种传递函数。

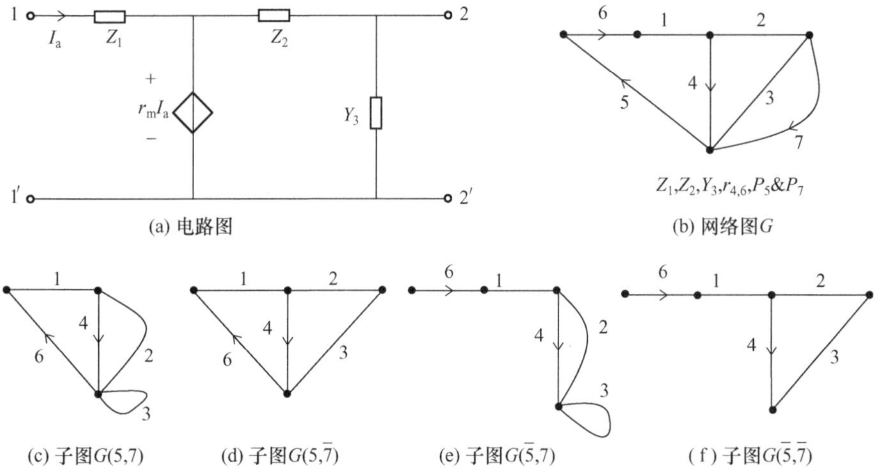

(a) 电路图　(b) 网络图 G

(c) 子图 $G(5,7)$　(d) 子图 $G(5,\bar{7})$　(e) 子图 $G(\bar{5},7)$　(f) 子图 $G(\bar{5},\bar{7})$

图 4－9　例 4－4 的电路图和网络图及其子图

解：图 4－9(a) 电路的网络图如图 4－9(b) 所示，其中边 5 和边 7 分别是输入边和输出边，各元件参数分别是 Z_1、Z_2、Y_3 和 $X_{4,6}=r_m$ (CCVS)。

依式(4－17)～式(4－20)，分别求各子图的展开图和多项式。

子图 G (5，7) 如图 4－9(c)，其展开式和多项式为：

$$L[G(5,7)]=\bar{3}\cdot(4/6\cdot 1\cdot\bar{2}\cdot 6\backslash 4+(4\cdot 6)\cdot\bar{1}\cdot\bar{2})$$

$$\Delta_{5,7}=D[G(5,7)]=1\cdot(X_{4,6}\cdot 1\cdot Z_2\cdot 1+1\cdot Z_1\cdot Z_2)=r_m Z_2+Z_1 Z_2$$

子图 $G(5,\bar{7})$ 如图 4－9(d) 所示，其展开式和多项式为

$$L[G(5,\bar{7})]=4/6\cdot 1\cdot 6\backslash 4\cdot(2\cdot\bar{3}+\bar{2}\cdot 3)+(4\cdot 6)\cdot\bar{1}\cdot(2\cdot\bar{3}+\bar{2}\cdot 3)$$

$$\begin{aligned}\Delta_{5,\bar{7}}=D[G(5,\bar{7})]&=X_{4,6}\cdot 1\cdot 1\cdot(1\cdot 1+Z_2Y_3)+1\cdot Z_1\cdot(1+Z_2Y_3)\\&=r_m(1+Z_2Y_3)+Z_1(1+Z_2Y_3)\end{aligned}$$

子图 $G(\bar{5},7)$ 如图 4－9(e) 所示，其展开式和多项式为

$$L[G(\bar{5},7)]=\bar{3}\cdot(4\cdot 6)\cdot\bar{2}\cdot 1$$

$$\Delta_{\bar{5},7}=D[G(\bar{5},7)]=1\cdot 1\cdot Z_2\cdot 1=Z_2$$

子图 G ($\bar{5}$，$\bar{7}$) 如图 4－9(f) 所示，其展开式和多项式为

$$L[G(\bar{5},\bar{7})]=(4\cdot 6)\cdot 1\cdot(2\cdot\bar{3}+\bar{2}\cdot 3)$$

$$\Delta_{\bar{5},\bar{7}}=D[G(\bar{5},\bar{7})]=1\cdot 1\cdot(1+Z_2\cdot Y_3)=1+Z_2Y_3$$

子图 $G(5/7)$ 已在图 4－3(b) 中出现，但其中元件参数不同，因而展开式也有所不同，该子图的多项式也就不同。本例的子图 $G(5/7)$ 的展开图如图 4－10所示。

$$L[G_{5/7}]=\bar{3}\cdot 2\cdot 1\cdot 4/6\cdot 6\backslash 5\cdot(-7\backslash 4)$$

$$\Delta_{5/7}=D[G(5/7)]=1\cdot 1\cdot 1\cdot X_{4,6}\cdot(-1)\cdot(-1)=r_m$$

综上可得

$$Y_T=\frac{D[G(5/7)]}{D[G(5,7)]}=\frac{r_m}{r_m Z_2+Z_1 Z_2}$$

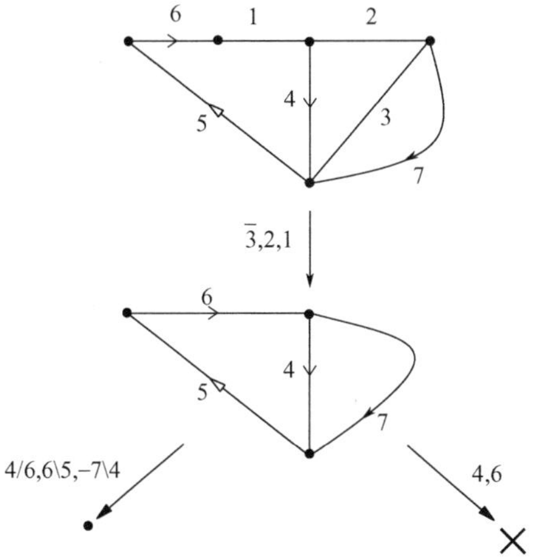

图 4－10　例 4－4 子图 $G(5/7)$ 的展开图

$$Z_T=\frac{D[G(5/7)]}{D[G(\bar{5},\bar{7})]}=\frac{r_m}{1+Z_2Y_3}$$

$$A_V=\frac{D[G(5/7)]}{D[G(5,\bar{7})]}=\frac{r_m}{r_m(1+Z_2Y_3)+Z_1(1+Z_2Y_3)}$$

$$A_I=\frac{D[G(5/7)]}{D[G(\bar{5},7)]}=\frac{r_m}{Z_2}$$

4.3　双口网络参数的拓扑公式

双口网络如图 4－11(a) 所示。用边 1 和 2 表示端口 1 和 2，其方向从 1 到 1′，从 2 到 2′，包含端口边的网络图如图 4－11(b) 所示。注意，端口 1 和 2 的正方向与端口电压和电流正向的关系，以及图 4－11(b) 与求传递函数时图 4－8(b) 的输入和输出端口方向的区别。

图 4－11(a) 是双口网络参数定义依据的图；图 4－11(b) 是求解双口网络参数拓扑公式依据的图；图 4－8(a) 是定义双口网络传递函数依据的图；图 4－8(b) 是求解双口网络传递函数拓扑公式依据的图。在推导双口网络参数拓扑公式时要注意端口方向的相互关系，正确处理正负号的选择。

值得一提的是，求双口网络的传递函数和网络参数时两种网络图的端口方向有所不同，之所以没有把二者统一起来的原因在于求传递函数时习惯于将端口 1 作为输入、将端口 2 作为输出，在图 4－8(b) 中规定输入端口的参考方向流入端子 1、输出端口的参考方向流出端子 2；而求网络参数时两个端口作用相同，没有区别，在图 4－11(b) 中规定端口 1 和端口 2 的参考方向都是流出端子 1 和端子 2。

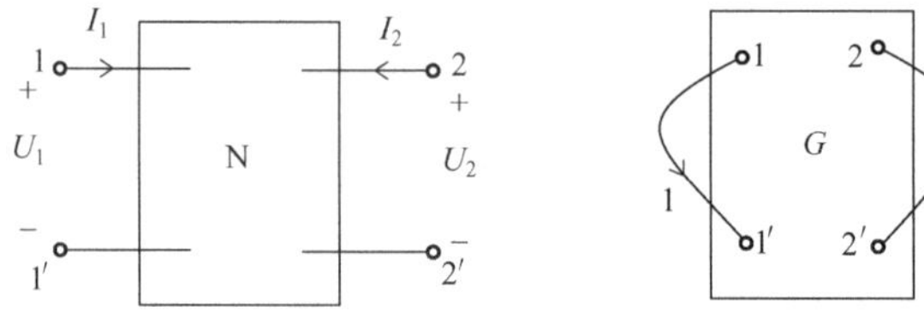

(a) 双口网络 N　　(b) 包含端口边的等效网络图

图 4－11　求双口网络参数的网络图

根据双口网络参数的定义以及前述的网络函数的拓扑公式，可以得到双口网络 $\boldsymbol{Y}$、$\boldsymbol{Z}$、$\boldsymbol{H}$ 和 $\boldsymbol{A}$ 参数的拓扑公式。

4.3.1　$\boldsymbol{Z}$ 参数

双口网络的 $\boldsymbol{Z}$ 参数方程为

$$\begin{bmatrix} U_1 \\ U_2 \end{bmatrix} = \begin{bmatrix} Z_{11} & Z_{12} \\ Z_{21} & Z_{22} \end{bmatrix} \begin{bmatrix} I_1 \\ I_2 \end{bmatrix} \tag{4-21}$$

1）$Z_{11} = \dfrac{U_1}{I_1}\Big|_{I_2=0}$

Z_{11} 等于端口 2 开路时端口 1 的入端阻抗，由式(4－12) 可得

$$Z_{11} = \frac{D[G(1,\bar{2})]}{D[G(\bar{1},\bar{2})]} = \frac{\Delta_{1,\bar{2}}}{\Delta_{\bar{1},\bar{2}}} \tag{4-22}$$

2）$Z_{21} = \dfrac{U_2}{I_1}\Big|_{I_2=0}$

在图 4－8(a) 中，以端口 1 作为输入端、I_1 为输入电流源，以端口 2 为输出端，输出端的开路电压为 U_2，依据式(4－18)，由图 4－8(b) 求得转移阻抗

$$Z_{\mathrm{T}} = \frac{U_2}{I_1}\Big|_{I_2=0} = \frac{\Delta_{1/2}}{\Delta_{\bar{1},\bar{2}}}。$$

图 4－11(a) 中输入电流源 I_1 和输出开路电压 U_2 的方向与图 4－8(a) 相同；图 4－11(b) 中端口 1 与图 4－8(b) 端口 1 的方向相反，故 $Z_{21}=-Z_T$。由此可得

$$Z_{21}=-\frac{D[G(1/2)]}{D[G(\bar{1},\bar{2})]}=-\frac{\Delta_{1/2}}{\Delta_{\bar{1},\bar{2}}} \tag{4-23}$$

3) $Z_{12}=\frac{U_1}{I_2}\Big|_{I_1=0}$

在图 4－8(a) 中，以端口 1 作为输入端、以端口 2 为输出端，据式(4－18)，由图 4－8(b) 求得转移阻抗

$$Z_T=\frac{U_2}{I_1}\Big|_{I_2=0}=\frac{\Delta_{1/2}}{\Delta_{\bar{1},\bar{2}}}。$$

将端口 1 和 2 对调，以端口 2 作为输入端、以 I_2 为输入电流源，以端口 1 为输出端，输出端的开路电压为 U_1，则反向转移阻抗

$$Z'_T=\frac{U_1}{I_2}\Big|_{I_1=0}=\frac{\Delta_{2/1}}{\Delta_{\bar{1},\bar{2}}}。$$

图 4－11(a) 中输入电流 I_2 和输出电压 U_1 的方向与对调后的图 4－8(a) 相同；图 4－11(b) 中端口 1 与图 4－8(b) 端口 1 的方向相反，故 $Z_{12}=-Z'_T$。由此可得

$$Z_{12}=-\frac{D[G(2/1)]}{D[G(\bar{1},\bar{2})]}=-\frac{\Delta_{2/1}}{\Delta_{\bar{1},\bar{2}}} \tag{4-24}$$

4) $Z_{22}=\frac{U_2}{I_2}\Big|_{I_1=0}$

Z_{22} 等于端口 1 开路时端口 2 的入端阻抗，由式(4－12) 可得

$$Z_{22}=\frac{D[G(\bar{1},2)]}{D[G(\bar{1},\bar{2})]}=\frac{\Delta_{\bar{1},2}}{\Delta_{\bar{1},\bar{2}}} \tag{4-25}$$

综上，可得 **Z** 参数矩阵的拓扑公式为

$$\boldsymbol{Z}=\begin{bmatrix} Z_{11} & Z_{12} \\ Z_{21} & Z_{22} \end{bmatrix}=\frac{1}{\Delta_{\bar{1},\bar{2}}}\begin{bmatrix} \Delta_{1,\bar{2}} & -\Delta_{2/1} \\ -\Delta_{1/2} & \Delta_{\bar{1},2} \end{bmatrix} \tag{4-26}$$

4.3.2 Y 参数

双口网络的 **Y** 参数方程为

$$\begin{bmatrix} I_1 \\ I_2 \end{bmatrix}=\begin{bmatrix} Y_{11} & Y_{12} \\ Y_{21} & Y_{22} \end{bmatrix}\begin{bmatrix} U_1 \\ U_2 \end{bmatrix} \tag{4-27}$$

1）$Y_{11}=\frac{I_1}{U_1}|_{U_2=0}$

Y_{11}等于端口 2 短路时端口 1 的入端导纳，由式(4－11）可得

$$Y_{11}=\frac{D[G(\bar{1},2)]}{D[G(1,2)]}=\frac{\Delta_{\bar{1},2}}{\Delta_{1,2}} \tag{4-28}$$

2）$Y_{12}=\frac{I_1}{U_2}|_{U_1=0}$

在图 4－8(a）中，端口 1 为输入端、U_1为输入电压源，端口 2 为输出端，输出端的短路电流为 I_2，依据式(4－17）求得转移导纳

$$Y_{\mathrm{T}}=\frac{I_2}{U_1}|_{U_2=0}=\frac{\Delta_{1/2}}{\Delta_{1,2}}$$

将输入和输出端口调换，即端口 2 为输入、端口 1 为输出，则

$$Y'_{\mathrm{T}}=\frac{I_1}{U_2}|_{U_1=0}=\frac{\Delta_{2/1}}{\Delta_{1,2}}。$$

图 4－11(a）的输出电流 I_1 与图 4－8(a）中输出电流 I_1 的方向相反；图 4－11(b）中端口 1 和图 4－8(b）中端口 1 的方向相反。故 $Y_{12}=Z'_{\mathrm{T}}$。由此可得

$$Y_{12}=\frac{D[G(2/1)]}{D[G(1,2)]}=\frac{\Delta_{2/1}}{\Delta_{1,2}} \tag{4-29}$$

3）$Y_{21}=\frac{I_2}{U_1}|_{U_2=0}$

图 4－8(a）中，端口 1 为输入端、U_1为输入电压源，端口 2 为输出端，输出端的短路电流为 I_2，依据式(4－17）求得转移导纳

$$Y_{\mathrm{T}}=\frac{I_2}{U_1}|_{U_2=0}=\frac{\Delta_{1/2}}{\Delta_{1,2}}$$

图 4－11(a）的输出电流 I_2 与图 4－8(a）中输出电流 I_2 的方向相反；

图 4－11(b) 中端口 1 和图 4－8(b) 中端口 1 的方向相反。故 $Y_{21}=Y_T$。由此可得

$$Y_{21}=\frac{D[G(1/2)]}{D[G(1,2)]}=\frac{\Delta_{1/2}}{\Delta_{1,2}} \tag{4-30}$$

4) $Y_{22}=\frac{I_2}{U_2}\Big|_{U_1=0}$

Y_{22} 等于端口 1 短路时端口 2 的入端导纳，故

$$\boldsymbol{Y}_{22}=\frac{D[G(1,\bar{2})]}{D[G(1,2)]}=\frac{\Delta_{1,\bar{2}}}{\Delta_{1,2}} \tag{4-31}$$

综上，可得 $\boldsymbol{Y}$ 参数矩阵的拓扑公式为

$$\boldsymbol{Y}=\begin{bmatrix} Y_{11} & Y_{12} \\ Y_{21} & Y_{22} \end{bmatrix}=\frac{1}{\Delta_{1,2}}\begin{bmatrix} \Delta_{\bar{1},2} & \Delta_{2/1} \\ \Delta_{1/2} & \Delta_{1,\bar{2}} \end{bmatrix} \tag{4-32}$$

4.3.3 *H* 参数

双口网络的 $\boldsymbol{H}$ 参数方程为

$$\begin{bmatrix} U_1 \\ I_2 \end{bmatrix}=\begin{bmatrix} H_{11} & H_{12} \\ H_{21} & H_{22} \end{bmatrix}\begin{bmatrix} I_1 \\ U_2 \end{bmatrix} \tag{4-33}$$

1) $H_{11}=\frac{U_1}{I_1}\Big|_{U_2=0}$

H_{11} 等于端口 2 短路时端口 1 的入端阻抗，由式(4－12) 可得

$$H_{11}=\frac{D[G(1,2)]}{D[G(\bar{1},2)]}=\frac{\Delta_{1,2}}{\Delta_{\bar{1},2}} \tag{4-34}$$

2) $H_{12}=\frac{U_1}{U_2}\Big|_{I_1=0}$

在图 4－8(a) 中，端口 1 为输入端、端口 2 为输出端，根据式(4－19)，由图 4－8(b) 求得电压传输比

$$A_V=\frac{U_2}{U_1}\Big|_{I_2=0}=\frac{\Delta_{1/2}}{\Delta_{1,\bar{2}}}。$$

将端口 1 和 2 对调，以端口 2 作为输入端、以端口 1 作为输出端，则反向电压传输比为

$$A'_V = \frac{U_1}{U_2}\Big|_{I_1=0} = \frac{\Delta_{2/1}}{\Delta_{\bar{1},2}}$$

图 4－11(a) 中电压 U_1 和 U_2 与图 4－8(a) 中电压 U_2 和 U_1 的方向相同；图 4－11(b) 中端口 1 与图 4－8(b) 端口 1 的方向相反，故 $H_{12}=-A'_V$。由此可得

$$H_{12} = -\frac{D[G(2/1)]}{D[G(\bar{1},2)]} = -\frac{\Delta_{2/1}}{\Delta_{\bar{1},2}} \tag{4-35}$$

3) $H_{21}=\frac{I_2}{I_1}\Big|_{U_2=0}$

图 4－8(a) 中，端口 1 为输入端、I_1 为输入电流，端口 2 为输出端，输出端的短路电流为 I_2，依据式(4－20) 求得电流传输比

$$A_I = \frac{I_2}{I_1}\Big|_{U_2=0} = \frac{\Delta_{1/2}}{\Delta_{\bar{1},2}}。$$

图 4－11(a) 的输出电流 I_2 与图 4－8(a) 中输出电流 I_2 的方向相反；图 4－11(b)中端口 1 和图 4－8(b) 中端口 1 的方向相反。故 $H_{21}=A_I$。由此可得

$$H_{21} = \frac{D[G(1/2)]}{D[G(\bar{1},2)]} = \frac{\Delta_{1/2}}{\Delta_{\bar{1},2}} \tag{4-36}$$

4) $H_{22}=\frac{I_2}{U_2}\Big|_{I_1=0}$

H_{22} 等于端口 1 开路时端口 2 的入端导纳。由式(4－11) 可得

$$H_{22} = \frac{D[G(\bar{1},\bar{2})]}{D[G(\bar{1},2)]} = \frac{\Delta_{\bar{1},\bar{2}}}{\Delta_{\bar{1},2}} \tag{4-37}$$

综上，$\boldsymbol{H}$ 参数矩阵的拓扑公式为

$$\boldsymbol{H} = \frac{1}{\Delta_{\bar{1},2}}\begin{bmatrix} \Delta_{1,2} & -\Delta_{2/1} \\ \Delta_{1/2} & \Delta_{\bar{1},\bar{2}} \end{bmatrix} \tag{4-38}$$

4.3.4 *A* 参数

双口网络的 $\boldsymbol{A}$ 参数方程为

$$\begin{bmatrix} U_1 \\ I_1 \end{bmatrix} = \begin{bmatrix} A_{11} & A_{12} \\ A_{21} & A_{22} \end{bmatrix}\begin{bmatrix} U_2 \\ -I_2 \end{bmatrix} \tag{4-39}$$

由此可知：

1）$A_{11}=\frac{U_1}{U_2}\big|_{I_2=0}$，则$\frac{1}{A_{11}}=\frac{U_2}{U_1}\big|_{I_2=0}$

以端口 1 为输入端、端口 2 为输出端，根据式(4－19)，由图 4－8(b) 求得电压传输比

$$A_V=\frac{U_2}{U_1}\Big|_{I_2=0}=\frac{\Delta_{1/2}}{\Delta_{1,\bar{2}}}$$

图 4－11(a) 中电压 U_1 和 U_2 与图 4－8(a) 中电压 U_1 和 U_2 的方向相同；图 4－11(b) 中端口 1 与图 4－8(b) 端口 1 的方向相反，故 $A_{11}=-1/A_V$。由此可得

$$A_{11}=-\frac{D[G(1,\bar{2})]}{D[G(1/2)]}=-\frac{\Delta_{1,\bar{2}}}{\Delta_{1/2}} \tag{4-40}$$

2）$A_{12}=\frac{U_1}{-I_2}\big|_{U_2=0}$，则$\frac{1}{A_{12}}=\frac{-I_2}{U_1}\big|_{U_2=0}$

以端口 1 为输入端、端口 2 为输出端，根据式(4－17)，由图 4－8 求得转移导纳

$$Y_T=\frac{I_2}{U_1}\Big|_{U_2=0}=\frac{\Delta_{1/2}}{\Delta_{1,2}}$$

图 4－11(a) 中电流“$-I_2$”和 U_1 与图 4－8(a) 中电流 I_2 和 U_1 的方向相同；图 4－11(b) 中端口 1 与图 4－8(b) 端口 1 的方向相反，故 $A_{12}=-1/Y_T$。由此可得

$$A_{12}=\frac{U_1}{-I_2}\Big|_{U_2=0}=-\frac{D[G(1,2)]}{D[G(1/2)]}=-\frac{\Delta_{1,2}}{\Delta_{1/2}} \tag{4-41}$$

3）$A_{21}=\frac{I_1}{U_2}\big|_{I_2=0}$，则$\frac{1}{A_{21}}=\frac{U_2}{I_1}\big|_{I_2=0}$

以端口 1 为输入端、端口 2 为输出端，根据式(4－18)，由图 4－8 求得转移阻抗

$$Z_T=\frac{U_2}{I_1}\Big|_{I_2=0}=\frac{\Delta_{1/2}}{\Delta_{\bar{1},\bar{2}}}$$

图 4－11(a) 中电流 U_2 和 I_1 与图 4－8(a) 中的方向相同；图 4－11(b) 中端口 1 与图 4－8(b) 端口 1 的方向相反，故 $A_{21}=-1/Z_T$。由此可得

$$A_{21}=\frac{I_1}{U_2}\Big|_{I_2=0}=-\frac{D[G(\bar{1},\bar{2})]}{D[G(1/2)]}=-\frac{\Delta_{\bar{1},\bar{2}}}{\Delta_{1/2}} \tag{4-42}$$

4）$A_{22}=\frac{I_1}{-I_2}\Big|_{U_2=0}$，则$\frac{1}{A_{22}}=\frac{-I_2}{I_1}\Big|_{U_2=0}$

以端口 1 为输入端、端口 2 为输出端，根据式(4-20)，由图 4-8 求得电流传输比

$$A_{\mathrm{I}}=\frac{I_2}{I_1}\Big|_{U_2=0}=\frac{\Delta_{1/2}}{\Delta_{\bar{1},2}}。$$

图 4-11(a) 中电流“$-I_2$”和 I_1 与图 4-8(a) 中 I_2 和 I_1 的方向相同；图 4-11(b) 中端口 1 与图 4-8(b) 端口 1 的方向相反，故 $A_{22}=-1/A_{\mathrm{I}}$。由此可得

$$A_{22}=\frac{I_1}{-I_2}\Big|_{U_2=0}=-\frac{D[G(\bar{1},2)]}{D[G(1/2)]}=-\frac{\Delta_{\bar{1},2}}{\Delta_{1/2}} \tag{4-43}$$

综上，**A** 参数矩阵的拓扑公式为

$$\boldsymbol{A}=\frac{-1}{\Delta_{1/2}}\begin{bmatrix}\Delta_{1,\bar{2}} & \Delta_{1,2}\\ \Delta_{\bar{1},\bar{2}} & \Delta_{\bar{1},2}\end{bmatrix} \tag{4-44}$$

注释：

(1) 确定双口网络参数正负号的依据是：双口网络参数的定义和拓扑运算依据图 4-11，双口网络传递函数的定义和拓扑公式依据图 4-8，综合考虑，依据每个输入和输出变量在图 4-8 和图 4-11 的同向或反向关系，从而确定双口参数的正负号。

(2) 上述正负号的确定方法和过程仅仅在推导公式时考虑，以后求双口网络参数时只需要按照图 4-11 端口方向的规定，直接应用拓扑公式(4-26)、式(4-32)、式(4-38) 和式 (4-44)，求得各子图的多项式，再代入相应的拓扑公式，即可求得各种类型的网络参数。

例 4-5 图 4-12(a) 的双口网络，求 **Y**、**Z**、**H** 和 **A** 参数。

解：双口网络 4-12(a) 的网络图如图 4-12(b) 所示。各子图的展开式及多项式如下。

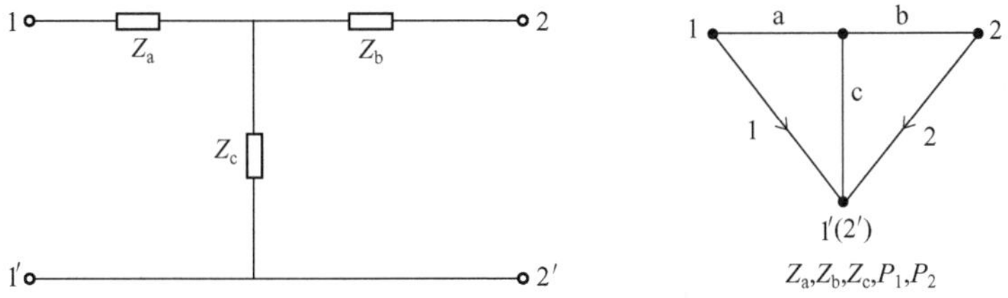

(a) 双口网络　　(b) 网络图 G

图 4－12　例 4－5 双口网络的电路图和网络图

$$L[G(1,2)]=a\cdot\bar{b}\cdot\bar{c}+\bar{a}\cdot(b\cdot\bar{c}+\bar{b}\cdot c)$$

$$\Delta_{1,2}=D[G(1,2)]=Z_bZ_c+Z_aZ_c+Z_aZ_b$$

$$L[G(1,\bar{2})]=b\cdot(a\cdot\bar{c}+\bar{a}\cdot c)$$

$$\Delta_{1,\bar{2}}=D[G(1,\bar{2})]=Z_c+Z_a$$

$$L[G(\bar{1},2)]=a\cdot(b\cdot\bar{c}+\bar{b}\cdot c)$$

$$\Delta_{\bar{1},2}=D[G(\bar{1},2)]=Z_c+Z_b$$

$$L[G(\bar{1},\bar{2})]=a\cdot b\cdot c$$

$$\Delta_{\bar{1},\bar{2}}=D[G(\bar{1},\bar{2})]=1$$

$$L[G(1/2)]=a\cdot b\cdot\bar{c}\cdot(-2\backslash 1)$$

$$\Delta_{1/2}=D[G(1/2)]=-Z_c$$

$$L[G(2/1)]=a\cdot b\cdot\bar{c}\cdot(-1\backslash 2)$$

$$\Delta_{2/1}=D[G(1/2)]=-Z_c$$

由这些子图的多项式，依据双口网络参数的拓扑公式，可得

$$\boldsymbol{Z}=\frac{1}{\Delta_{\bar{1},\bar{2}}}\begin{bmatrix}\Delta_{1,\bar{2}} & -\Delta_{2/1}\\ -\Delta_{1/2} & \Delta_{\bar{1},2}\end{bmatrix}=\begin{bmatrix}Z_c+Z_a & Z_c\\ Z_c & Z_c+Z_b\end{bmatrix}$$

$$\boldsymbol{Y}=\frac{1}{\Delta_{1,2}}\begin{bmatrix}\Delta_{\bar{1},2} & \Delta_{2/1}\\ \Delta_{1/2} & \Delta_{1,\bar{2}}\end{bmatrix}=\frac{1}{Z_bZ_c+Z_aZ_c+Z_aZ_b}\begin{bmatrix}Z_c+Z_b & -Z_c\\ -Z_c & Z_c+Z_a\end{bmatrix}$$

$$\boldsymbol{H}=\frac{1}{\Delta_{\bar{1},2}}\begin{bmatrix}\Delta_{1,2} & -\Delta_{2/1}\\ \Delta_{1/2} & \Delta_{\bar{1},\bar{2}}\end{bmatrix}=\frac{1}{Z_c+Z_b}\begin{bmatrix}Z_bZ_c+Z_aZ_c+Z_aZ_b & Z_c\\ -Z_c & 1\end{bmatrix}$$

$$\boldsymbol{A}=\frac{-1}{\Delta_{1/2}}\begin{bmatrix}\Delta_{1,\bar{2}} & \Delta_{1,2}\\ \Delta_{\bar{1},\bar{2}} & \Delta_{\bar{1},2}\end{bmatrix}=\frac{1}{Z_c}\begin{bmatrix}Z_c+Z_a & Z_bZ_c+Z_aZ_c+Z_aZ_b\\ 1 & Z_c+Z_b\end{bmatrix}$$

例 4-6 求图 4-13(a) 双口网络的 **Y**、**Z**、**H** 和 **A** 参数。

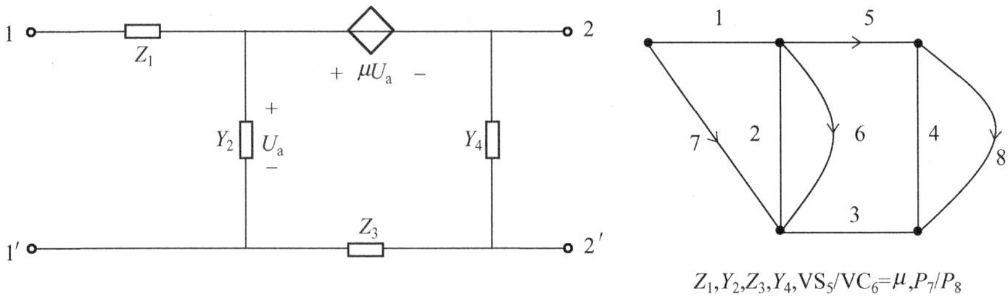

(a) 双口网络　　(b) 双口网络的图 G

图 4-13　例 4-6 的电路图和网络图

解：图 4-13(a) 双口网络的网络图如图 4-13(b) 所示，图中各边为 Z_1、Y_2、Z_3、Y_4、VS_5、VC_6、P_7 和 P_8。其中 VS_5 和 VC_6 构成 VCVS，P_7 和 P_8 是双口网络的两个端口，注意边 7 和 8 的方向。

G 的各子图如图 4-14(a) ～ (f) 所示。

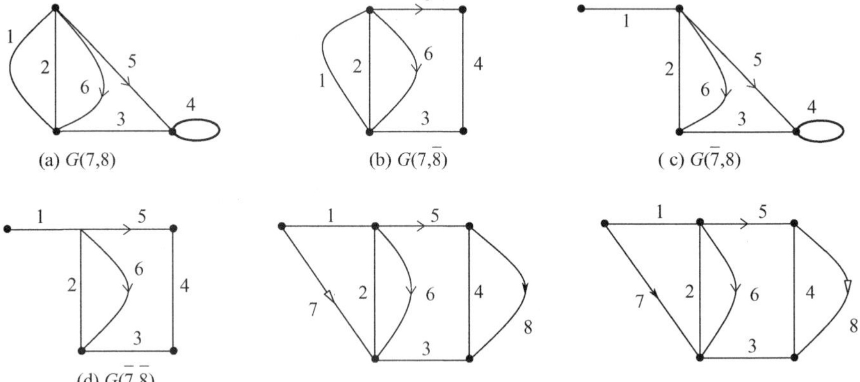

(a) $G(7,8)$　　(b) $G(7,\bar{8})$　　(c) $G(\bar{7},8)$

(d) $G(\bar{7},\bar{8})$　　(e) $G(7/8)$　　(f) $G(8/7)$

图 4-14　例 4-6 网络的各子图

展开各子图（展开图略），由展开图可得各子图的展开式及多项式分别如下。

（1）$G(7, 8)$，见图 4-14(a)。

$$L[G(7,8)]=\bar{4}\cdot(5/6\cdot\bar{1}\cdot\bar{2}\cdot 3\cdot(-6\backslash 5)+5\cdot\bar{6}\cdot(1\cdot\bar{2}\cdot\bar{3}+\bar{1}\cdot(2\cdot\bar{3}+\bar{2}\cdot 3)))$$

$$\Delta_{7,8}=D[G(7,8)]=\mu\cdot Z_1\cdot(-1)+Z_3+Z_1\cdot(Y_2\cdot Z_3+1)=Z_1+Z_1Y_2Z_3+Z_3-\mu Z_1$$

（2）$G(7, \bar{8})$，见图 4-14(b)。

$$L[G(7,\bar{8})]=5/6\cdot\bar{1}\cdot\bar{2}\cdot 3\cdot 4\cdot(-6\backslash 5)+5\cdot\bar{6}\cdot(3\cdot(1\cdot\bar{2}\cdot\bar{4}+\bar{1}\cdot(2\cdot\bar{4}+\bar{2}\cdot 4))+\bar{3}\cdot 4\cdot(1\cdot\bar{2}+\bar{1}\cdot 2))$$

$$\Delta_{7,\bar{8}}=D[G(7,\bar{8})]=\mu\cdot Z_1\cdot Y_4\cdot(-1)+1+Z_1\cdot(Y_2+Y_4)+Z_3\cdot Y_4\cdot(1+Z_1\cdot Y_2)=1+Z_1Y_2+Z_1Y_4+Z_3Y_4+Z_1Y_2Z_3Y_4-\mu Z_1Y_4$$

（3）$G(\bar{7}, 8)$，见图 4-14(c)。

$$L[G(\bar{7},8)]=1\cdot\bar{4}\cdot(5/6\cdot\bar{2}\cdot 3\cdot(-6\backslash 5)+5\cdot\bar{6}\cdot(2\cdot\bar{3}+\bar{2}\cdot 3))$$

$$\Delta_{\bar{7},8}=D[G(\bar{7},8)]=\mu\cdot(-1)+Y_2Z_3+1=1+Y_2Z_3-\mu$$

（4）$G(\bar{7}, \bar{8})$，见图 4-14(d)。

$$L[G(\bar{7},\bar{8})]=1\cdot(5/6\cdot\bar{2}\cdot 3\cdot 4\cdot(-6\backslash 5)+5\cdot\bar{6}\cdot(2\cdot(3\cdot\bar{4}+\bar{3}\cdot 4)+\bar{2}\cdot 3\cdot 4))$$

$$\Delta_{\bar{7},\bar{8}}=D[G(\bar{7},\bar{8})]=\mu\cdot Y_4\cdot(-1)+Y_2\cdot(1+Z_3Y_4)+Y_4=Y_2+Y_4+Y_2Z_3Y_4-\mu Y_4$$

（5）$G(7/8)$，见图 4-14(e)。

$$L[G(7/8)]=1\cdot\bar{2}\cdot 3\cdot\bar{4}\cdot(5/6\cdot(-6\backslash 7)\cdot 8\backslash 5+5\cdot\bar{6}\cdot(-8\backslash 7))$$

$$\Delta_{7/8}=D[G(7/8)]=\mu\cdot 1\cdot 1+(-1)=\mu-1$$

(6) $G(8/7)$，见图 4-14(f)。

$$L[G(8/7)]=1\cdot\bar{2}\cdot 3\cdot\bar{4}\cdot 5\cdot\bar{6}\cdot(-7\backslash 8)$$

$$\Delta_{8/7}=D[G(8/7)]=-1$$

依据双口网络参数的拓扑公式，可得

$$\boldsymbol{Z}=\frac{\begin{bmatrix}\Delta_{7,\bar{8}} & -\Delta_{8/7}\\ -\Delta_{7/8} & \Delta_{\bar{7},8}\end{bmatrix}}{\Delta_{\bar{7},\bar{8}}}$$

$$=\frac{\begin{bmatrix}1+Z_1Y_2+Z_1Y_4+Z_3Y_4+Z_1Y_2Z_3Y_4-\mu Z_1Y_4 & 1\\ 1-\mu & 1+Y_2Z_3-\mu\end{bmatrix}}{Y_2+Y_4+Y_2Z_3Y_4-\mu Y_4}$$

$$\boldsymbol{Y}=\frac{\begin{bmatrix}\Delta_{\bar{7},8} & \Delta_{8/7}\\ \Delta_{7/8} & \Delta_{7,\bar{8}}\end{bmatrix}}{\Delta_{7,8}}$$

$$=\frac{\begin{bmatrix}1+Y_2Z_3-\mu & -1\\ \mu-1 & 1+Z_1Y_2+Z_1Y_4+Z_3Y_4+Z_1Y_2Z_3Y_4-\mu Z_1Y_4\end{bmatrix}}{Z_1+Z_1Y_2Z_3+Z_3-\mu Z_1}$$

$$\boldsymbol{H}=\frac{\begin{bmatrix}\Delta_{7,8} & -\Delta_{8/7}\\ \Delta_{7/8} & \Delta_{\bar{7},\bar{8}}\end{bmatrix}}{\Delta_{\bar{7},8}}=\frac{\begin{bmatrix}Z_1+Z_1Y_2Z_3+Z_3-\mu Z_1 & 1\\ \mu-1 & Y_2+Y_4+Y_2Z_3Y_4-\mu Y_4\end{bmatrix}}{1+Y_2Z_3-\mu}$$

$$\boldsymbol{A}=-\frac{\begin{bmatrix}\Delta_{7,\bar{8}} & \Delta_{7,8}\\ \Delta_{\bar{7},\bar{8}} & \Delta_{\bar{7},8}\end{bmatrix}}{\Delta_{7/8}}$$

$$=\frac{\begin{bmatrix}1+Z_1Y_2+Z_1Y_4+Z_3Y_4+Z_1Y_2Z_3Y_4-\mu Z_1Y_4 & Z_1+Z_1Y_2Z_3+Z_3-\mu Z_1\\ Y_2+Y_4+Y_2Z_3Y_4-\mu Y_4 & 1+Y_2Z_3-\mu\end{bmatrix}}{1-\mu}$$

4.4 $H(s)$的生成

在拉普拉斯变换域，动态元件电容和电感的符号参数包含拉普拉斯算子 s，网络函数通常记为 $H(s)=B(s)/A(s)$，其中的分母多项式 $A(s)$ 和分子多

项式 $B(s)$ 可以直接由相应的网络拓扑公式求得。由于电容是导纳型元件，它的参数为 $Y=sC$；电感是阻抗型元件，它的参数为 $Z=sL$。通常的符号网络分析多基于节点分析法，其元件类型只限于导纳型元件，需要将电感（包括互感）转换为导纳型元件，网络元件参数和网络多项式中会出现 s 算子的倒数，这使 $H(s)$ 的生成和表达式复杂化。本书提出的双树理论和展开图法直接将阻抗和导纳同等对待，直接采用包含 s 算子的电容和电感元件参数，因而可以直接得到 $H(s)$ 的表达式。

例 4－7　求图 4－15(a) 所示网络的网络函数 $H(s)=U_2/U_1$。

解：图 4－15(a) 电路的图 G 如图 4－15(b) 所示，其中 $E_1=-U_1(s)$，$V_2=U_2(s)$，$Z_3=R_1$，$Y_4=sC_1$，$Z_5=R_2$，$Y_6=sC_2$，$Z_7=sL$，$Z_8=R_3$。依据传递函数 A_V 的拓扑公式(4－19) 可得

$$H(s)=\frac{U_2(s)}{U_1(s)}=\frac{B(s)}{A(s)}=\frac{\Delta_{1/2}}{\Delta_{1,\bar{2}}}$$

可见，网络函数的分母多项式 $A(s)$ 为图 4－15(c) 中 $G(1,\bar{2})$ 的多项式，分子多项式 $B(s)$ 为图 4－15(d) 中 $G(1/2)$ 的多项式。

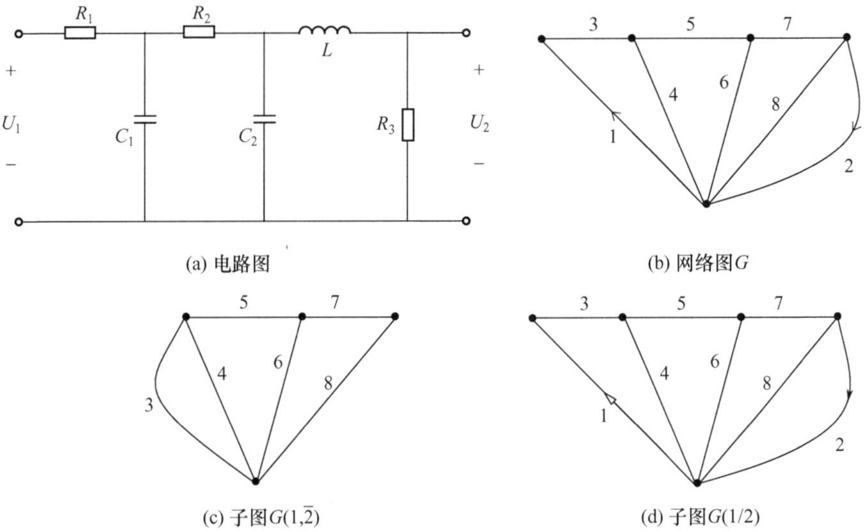

(a) 电路图　(b) 网络图 G

(c) 子图 $G(1,\bar{2})$　(d) 子图 $G(1/2)$

图 4－15　例 4－7 的网络图及其子图

图 4 - 15(c) 的 $G(1,\bar{2})$ 中所有边都是无向边，我们直接给出它的全部树：{3,5,7}、{3,5,8}、{3,6,7}、{3,6,8}、{3,7,8}、{4,5,7}、{4,5,8}、{4,6,7}、{4,6,8}、{4,7,8}、{5,6,7}、{5,6,8} 和 {5,7,8}，共 13 个。从而可得到 $A(s)$ 的全部 13 项。各项的计算过程和结果如表 4 - 1所示。

表 4 - 1 图 4 - 15(c) 子图 $G(1,\bar{2})$ 的全部树及 $A(s)$ 的有效项

k	T_k	V_k	$A(s)$
1	{3, 5, 7}	Z_8	R_3
2	{3, 5, 8}	Z_7	sL
3	{3, 6, 7}	$Z_5Y_6Z_8$	$sC_2R_2R_3$
4	{3, 6, 8}	$Z_5Y_6Z_7$	$s^2LC_2R_2$
5	{3, 7, 8}	Z_5	R_2
6	{4, 5, 7}	$Z_3Y_4Z_8$	$sC_1R_1R_3$
7	{4, 5, 8}	$Z_3Y_4Z_7$	$s^2LC_1R_1$
8	{4, 6, 7}	$Z_3Y_4Z_5Y_6Z_8$	$s^2C_1C_2R_1R_2R_3$
9	{4, 6, 8}	$Z_3Y_4Z_5Y_6Z_7$	$s^3LC_1C_2R_1R_2$
10	{4, 7, 8}	$Z_3Y_4Z_5$	$sC_1R_1R_2$
11	{5, 6, 7}	$Z_3Y_6Z_8$	$sC_2R_1R_3$
12	{5, 6, 8}	$Z_3Y_6Z_7$	$s^2LC_2R_1$
13	{5, 7, 8}	Z_3	R_1

从而有

$$A(s)=s^3LC_1C_2R_1R_2+s^2(LC_2R_2+LC_1R_1+C_1C_2R_1R_2R_3+LC_2R_1)+$$
$$+s(L+C_2R_2R_3+C_1R_1R_3+C_1R_1R_2+C_2R_1R_3)+R_1+R_2+R_3$$

至于 $B(s)$，由拓扑公式可知 $B(s)=D[G(1/2)]$，$G(1/2)$ 如图 4 - 15(d) 所示，其展开图只有一个路径，即

$$L[G(1/2)]=3\cdot\bar{4}\cdot 5\cdot\bar{6}\cdot 7\cdot\bar{8}\cdot 2\backslash 1$$

$$B(s)=D[G(1/2)]=Z_8=R_3$$

至此，可得 $H(s)=B(s)/A(s)$。

4.5　参数抽取

参数抽取是符号网络分析的又一种常用方法，在网络分析中有着广泛的应用。由于网络展开图就是按照网络元件逐个展开，而且可以任意选取展开元件的顺序和组合。也就是说，展开图法就是逐个参数抽取的过程，这样就可以采用展开图法任意抽取参数组合，可用于符号网络分析的多种用途。显然，前述求网络函数 $H(s)$ 的分母多项式 $A(s)$ 和分子多项式 $B(s)$ 中各项也可以用展开图法进行各幂次项的抽取。

例 4－8　图 4－16 是一个用于微波电路分析的场效应管小信号等效电路[28]。

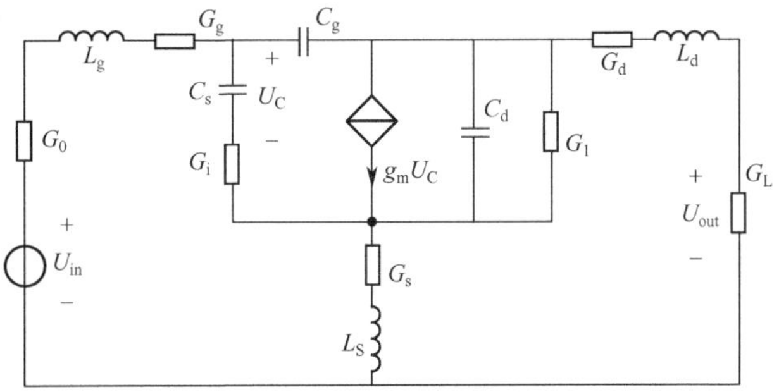

图 4－16　一个场效应管的小信号等效电路

文献［28］应用多项式插值算法求解该电路的散射参数（scattering parameter）S_{21}，其计算结果分母多项式 $A(s)$ 中的 A_4s^4（记为 A4）有 19 项[28]。

$$S_{21}=\frac{2U_{\text{out}}}{U_{\text{in}}}=\frac{B_0+B_1s+B_2s^2+B_3s^3+B_4s^4}{A_0+A_1s+A_2s^2+A_3s^3+A_4s^4+A_5s^5} \tag{4-45}$$

我们用双树法求解该电路的 S_{21} 函数，结果 A4 有 22 项。我们借用此例说明如何应用双树法实现参数抽取，以及双树法用于参数抽取时的算法。此例也进一步展示了用双树法求网络函数 $H(s)$ 的方法，不涉及文献［28］的算法过程和原因。

我们的计算结果多出的 3 项或者说文献［28］中缺少的 3 项是

$$A4'=s^4(C_gC_sC_dL_gG_gG_0G_dG_s+C_gC_sC_dL_gG_gG_0G_dG_L+C_gC_sC_dL_dG_gG_0G_dG_L) \tag{4-46}$$

问题之一：如何判断式(4－46）中的 3 项是否是分母多项式 $A(s)$ 中的有效项？

解：

(1) 绘制图 4－16 的网络图 G，如图 4－17(a) 所示。其中边 1 是输入电压源 U_{in}端口，边 2 是输出电压 U_{out}端口。$E_1=-U_{in}$，$V_2=U_{out}$，$g_{3,4}=g_m$，$Y_5=G_0$，$Z_6=sL_g$，$Y_7=G_g$，$Y_8=sC_s$，$Y_9=G_i$，$Y_{10}=sC_d$，$Y_{11}=G_1$，$Y_{12}=G_d$，$Z_{13}=sL_d$，$Y_{14}=G_L$，$Y_{15}=G_s$，$Z_{16}=sL_s$，$Y_{17}=sC_g$。

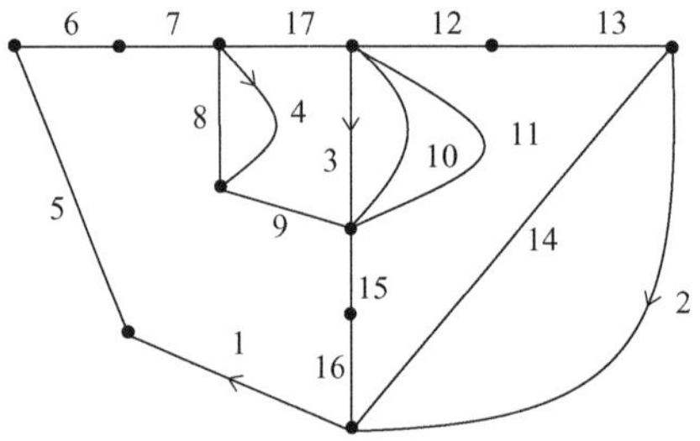

(a) 图G

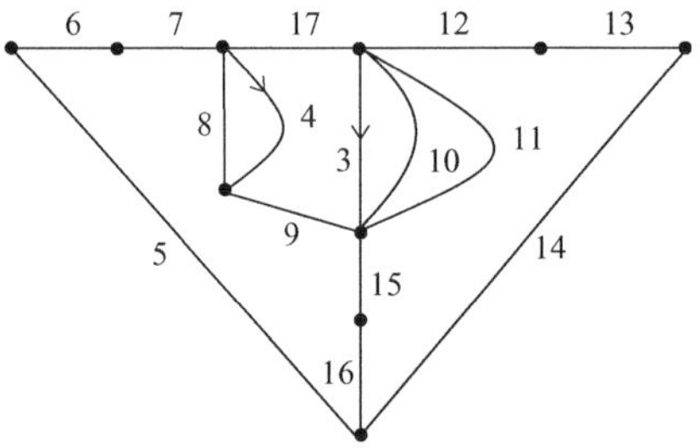

(b) 图$G(1,\bar{2})$

图 4－17　图 4－16 电路的网络图 G 和子图 $G(1,\bar{2})$

(2) 由双口网络电压传输比函数拓扑公式(4－19）可知

$$S_{21}=\frac{2U_{out}}{U_{in}}\bigg|_{I_2=0}=\frac{2D[G(1/2)]}{D[G(1,\bar{2})]}=\frac{2\Delta_{1/2}}{\Delta_{1,\bar{2}}}=\frac{B(s)}{A(s)} \tag{4-47}$$

(3) $A(s)=\Delta_{1,\bar{2}}=D[G(1,\bar{2})]$，子图 $G(1,\bar{2})$ 如图 4－17(b) 所示。按照有效双树参数定义，根据这 3 项的参数 p_k确定边集 T_k，如表 4－2所示。其中 p_k是 A_4'的 3 项参数，P_k是将 p_k转换为边的参数乘积，T_k由 P_k包含的 Y 边和不包含的 Z 边组成，最右列的"yes"表示 T_k是子图 $G(1,\bar{2})$ 的树。由于这 3 项都不包括受控源参数 g_m，所以 $T1_k=T2_k=T_k$。这 3 个 T_k都是图 $G(1,\bar{2})$ 的有效树，所以这 3 项都是 $A(s)$ 中的有效项。

表 4-2　A4′中 3 项的判断过程和结果

k	p_k	P_k	T_k	Y/N
1	$s^4C_gC_sC_dL_gG_gG_0G_sG_d$	$Y_{17}Y_8Y_{10}Z_6Y_7Y_5Y_{15}Y_{12}$	17,8,10,13,16,7,5,15,12	yes
2	$s^4C_gC_sC_dL_gG_gG_0G_LG_d$	$Y_{17}Y_8Y_{10}Z_6Y_7Y_5Y_{14}Y_{12}$	17,8,10,13,16,7,5,14,12	yes
3	$s^4C_gC_sC_dL_dG_gG_0G_LG_d$	$Y_{17}Y_8Y_{10}Z_{13}Y_7Y_5Y_{14}Y_{12}$	17,8,10,6,16,7,5,14,12	yes

问题之二：如何求得所有的 A4 项？

解：图 4-16 的电路有 6 个动态元件，包括 3 个电容和 3 个电感，即 $Y_8=sC_S$，$Y_{10}=sC_d$，$Y_{17}=sC_g$，$Z_6=sL_g$，$Z_{13}=sL_d$和 $Z_{16}=sL_S$。因为 A4 是 s 的 4 次幂，因而所有 A4 项应包括 4 个动态元件，共有 15 种组合。表 4-3 给出这 15 种组合的运算过程和结果。

表 4-3　求解 A4 全部项的过程和结果

k	C_8	C_{19}	C_{17}	L_6	L_{13}	L_{16}	G_k	T'_k	p_k
1	1	1	1	1	0	0	G_1	5,7,12,14	* $S^4C_sC_dC_gL_gG_0G_gG_dG_L$
								5,7,12,15	* $S^4C_sC_dC_gL_gG_0G_gG_dG_s$
								5,7,14,15	$S^4C_sC_dC_gL_gG_0G_gG_LG_s$
2	1	1	1	0	1	0	G_2	12,14,5,7	* $S^4C_sC_dC_gL_dG_dG_LG_0G_L$
								12,14,5,15	$S^4C_sC_dC_gL_dG_dG_LG_0G_s$
								12,14,7,15	$S^4C_sC_dC_gL_dG_dG_LG_gG_s$
3	1	1	1	0	0	1	G_3	15,5,7,12	$S^4C_sC_dC_gL_sG_sG_0G_gG_g$
								15,5,7,14	$S^4C_sC_dC_gL_sG_sG_0G_gG_L$
								15,5,12,14	$S^4C_sC_dC_gL_sG_sG_0G_dG_L$
								15,7,12,14	$S^4C_sC_dC_gL_sG_sG_gG_dG_L$
4	1	1	0	1	1	0	G_4	5,7,9,12,14,15	$S^4C_sC_dL_gL_dG_0G_gG_iG_dG_LG_s$
5	1	1	0	1	0	1	G_5	5,7,9,12,14,15	$S^4C_sC_dL_gL_sG_0G_gG_iG_dG_LG_s$
6	1	1	0	0	1	1	G_6	5,7,9,12,14,15	$S^4C_sC_gL_dL_sG_0G_gG_iG_dG_LG_s$
7	1	0	1	1	1	0	G_7	5,7,9,12,14,15	$S^4C_sC_gL_gL_dG_0G_gG_iG_dG_LG_s$
								5,7,11,12,14,15	$S^4C_sC_gL_gL_dG_0G_gG_1G_dG_LG_s$

续表

k	C_8	C_{19}	C_{17}	L_6	L_{13}	L_{16}	G_k	T'_k	p_k
8	1	0	1	1	0	1	G_8	5,7,9,12,14,15 5,7,11,12,14,15	$S^4C_sC_gL_gL_sG_0G_gG_iG_dG_LG_s$ $S^4C_sC_gL_gL_sG_0G_gG_1G_dG_LG_s$
9	1	0	1	0	1	1	G_9	5,7,9,12,14,15 5,7,11,12,14,15	$S^4C_sC_gL_dL_sG_0G_gG_iG_dG_LG_s$ $S^4C_sC_gL_dL_sG_0G_gG_1G_dG_LG_s$
10	0	1	1	1	1	0	G_{10}	5,7,9,12,14,15	$S^4C_dC_gL_gL_dG_0G_gG_iG_dG_LG_s$
11	0	1	1	1	0	1	G_{11}	5,7,9,12,14,15	$S^4C_dC_gL_gL_sG_0G_gG_iG_dG_LG_s$
12	0	1	1	0	1	1	G_{12}	5,7,9,12,14,15	$S^4C_dC_gL_dL_sG_0G_gG_iG_dG_LG_s$
13	1	0	0	1	1	1	×		
14	0	1	0	1	1	1	×		
15	0	0	1	1	1	1	×		

这 15 种组合中，包含 3 个电感和 1 个电容的 3 种组合是无效的，因为 3 个电感所在的边 6、13 和 16 构成割集，若包含 3 个电感，这 3 个电感边都要开路，则相应的子图不连通，不能继续进行找树的运算。其余 12 种组合有效，可以继续运算。

若子图是有效的，求得它的所有有效树和有效双树，从而得到相应的有效项。求解所有可能的组合，就得到 A4 的全部有效项。结果见表 4－3。

表 4－3 中，包含 4 个动态元件共有 15 种可能的组合，C_i和L_i列数值“1”表示参数 p_k包含该动态元件的导纳或阻抗，其中包含 3 个 L 元件的组合是无效组合；G_k表示将 $C_i=1$ 和 $L_i=0$ 的边短路、将 $C_i=0$ 和 $L_i=1$ 的边开路所得子图，各子图 G_k省略，没有给出图形，读者可以从图 4－17(b) 获得；T'_k表示 G_k中的树或双树；p_k表示该有效项的参数。结果共有 22 项，其中有“＊”标注的是式(4－46) 中的 3 项。

可见，采用展开图法计算 A4 的结果应该有 22 项，包括式(4－46) 的 3 项。

问题之三：为什么 A4 的 22 项都不包含受控源 VCCS 的参数 g_m呢？或者说，为什么这 22 项都是有效树，而没有有效双树呢？

解：A4 是 s 的 4 次幂项，应该包含 4 个动态元件。如前所述，3 个电感元件构成割集，不可能同时开路，因而 A4 最多包含 2 个电感元件，即最少包含 2 个电容元件。由图 4－16 和图 4－17(a) 可知，若 A4 包含电容 C_d，则 C_d所在边 10 应短路，因而受控电流 CS 边 3 只能开路；若 A4 包含电容 C_S，则 C_S所在边 8 应短路，因而控制电压 VC 边 4 应开路。不管是 CS 边 3 开路或 VC 边 4 开路，都导致边对 3 与 4 不能被着色，因而该受控源参数 g_m不可能被包含在 A4 中，而 g_m是该电路唯一的受控源，故 A4 不可能包括任何受控源，也不可能出现有效双树项。

第 5 章　多端元件的展开模型

电路的基本元件有 11 种，包括 4 种受控源和 Nullor。除此之外的其他电路元件需要转换为由基本元件组成的等效电路，才能应用双树理论和展开图法。本章推导并给出一些常用多端元件的展开模型，使得这些多端元件可以直接在网络图中展开，扩充了双树理论和展开图法的使用范围。本章的思路和方法还可以推广到更多的多端元件和子网络。

推导扩充元件展开模型的步骤如下：

（1）用基本元件构成扩充元件的等效电路图，等效电路中包含外接端子。

（2）根据等效电路图绘制网络图，其中外接端子用空心圆点表示。

（3）展开网络图，其末梢可以包括连接在两个端子之间不能化简运算的着色边。

（4）确定扩充元件每个分支终端子图端子的状态及该分支路径的增益（权）。

（5）总结并得到扩充元件展开模型。扩充元件的展开模型一般为多个分支。

5.1　常用元件的展开模型

5.1.1　理想变压器

理想变压器的电路如图 5－1(a) 所示，其 VAR 为

$$\begin{cases} U_2 = nU_1 \\ I_1 = -nI_2 \end{cases} \tag{5-1}$$

理想变压器的等效电路如图 5－1(b) 所示，等效电路的网络图 G 及其展开图如图 5－1(c) 所示，其中两个端口的端点采用空心圆点，表示它们可能还有外接网络；展开图每个路径的末端表明了端口的状态；展开图中各运算符的权直接在括号内标出。

该网络图的展开式为

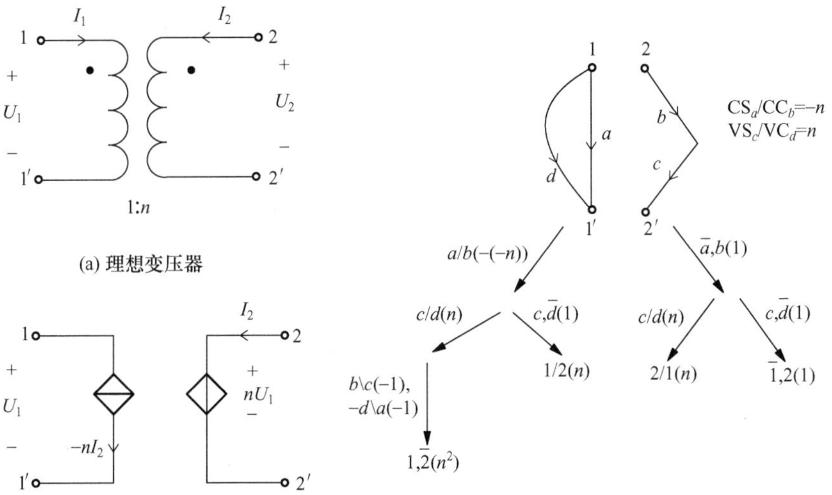

(a) 理想变压器

(b) 理想变压器的等效电路

(c) 等效电路的网络展开图

图 5-1　理想变压器的等效电路及其展开图

$$G=a/b\cdot c/d\cdot b\backslash c\cdot(-d\backslash a)\cdot G(1,\bar{2})+a/b\cdot c\cdot\bar{d}\cdot G(1/2)$$

$$+\bar{a}\cdot b\cdot c/d\cdot G(2/1)+\bar{a}\cdot b\cdot c\cdot\bar{d}\cdot G(\bar{1},2) \qquad (5-2)$$

式中，着色运算符“a/b”的权是 $W[a/b]=[-(-n)]=n$，原因是$X_{ab}=-n$，以及 X_{ab} 是受控电流源。式中去色符“$-d\backslash a$”的权是［$-(1)$］$=-1$，原因是 $d\backslash a$ 和 $b\backslash c$ 与 a/b 和 c/d 完成匹配，其权 $W[d\backslash a]=1$。

式(5-2) 中直接用图的符号“G”作为网络展开式的符号，用于简化并代替“$L[G]$”。这样，式中子图符号 $G(1,\bar{2})$、$G(\bar{1},2)$、$G(1/2)$ 和 $G(2/1)$ 都可以直接使用，而且展开式表达的意义更明确。此外，展开式中 $G(1/2)$ 和 $G(2/1)$ 是不同的。$G(1/2)$ 中边 1 着红色、边 2 着黄色；$G(2/1)$ 中边 2 着红色、边 1 着黄色。

该展开图的多项式为

$$D[G]=(-(-n))\cdot n\cdot(-1)\cdot(-1)\cdot D[G(1,\bar{2})]+(-(-n))$$

$$\cdot 1\cdot D[G(1/2)]+1\cdot n\cdot D[G(2/1)]+1\cdot 1\cdot D[G(\bar{1},2)]$$

$$=n^2\cdot D[G(1\cdot\bar{2})]+n\cdot D[G(1/2)]+n\cdot D[G(2/1)]$$

$$+1 \cdot D[G(\bar{1},2)] \qquad (5-3)$$

由此可得理想变压器的展开模型，如图 5 - 2 所示。

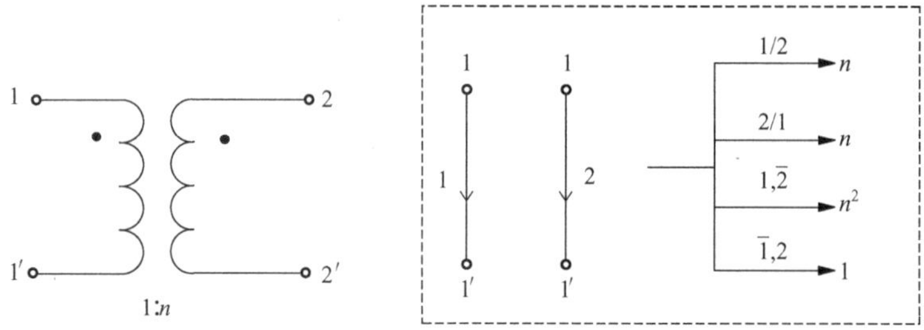

(a) 理想变压器　　(b) 展开模型

图 5 - 2　理想变压器的展开模型

例 5 - 1　求图 5 - 3(a) 所示电路的响应 U_0。

解：该电路的网络图如图 5 - 3(b) 所示，其中边 1 和 2 是理想变压器的端口边。

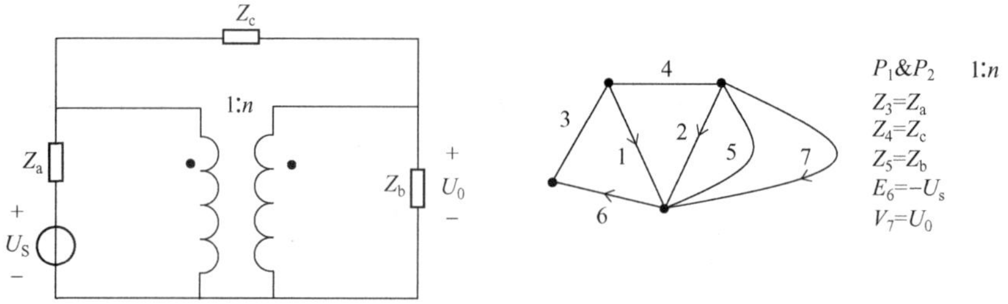

(a) 例5-1的电路　　(b) 等效电路的网络图

图 5 - 3　例 5 - 1 含理想变压器电路及网络图

由网络函数拓扑公式(4 - 19) 可知

$$U_0 = \frac{D[G(6/7)]}{D[G(6,\bar{7})]} U_s \qquad (5-4)$$

$G(6/7)$ 和 $G(6,\bar{7})$ 的展开图分别如图 5 - 4(a) 和(b) 所示。

由图 5 - 4(a) 可得 $G(6/7)$ 的展开式为

$$L[G(6/7)] = 3 \cdot \bar{5} \cdot 2/1 \cdot 1\backslash 6 \cdot (-7\backslash 2) \cdot \bar{4}$$

由图 5 - 2(b) 理想变压器的展开模型可知，$W[2/1] = n$。此外，$W[1\backslash 6] =$

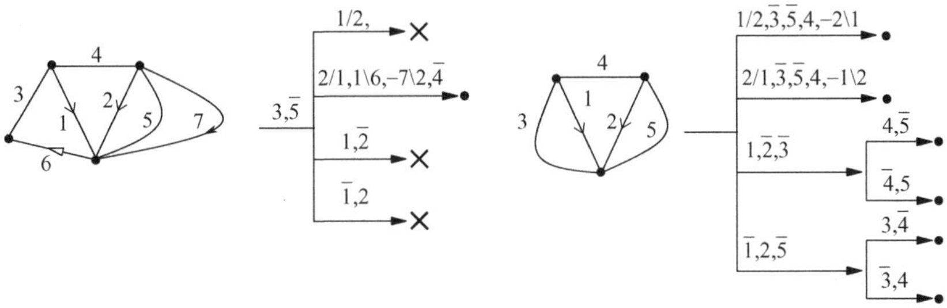

(a) $G(6/7)$的展开图　　(b) $G(6,\bar{7})$的展开图

图 5-4　例 5-1 含理想变压器的网络展开图

-1，$W[-7\backslash 2]=-1$。故

$$D[G(6/7)]=1\cdot Z_5\cdot n\cdot(-1)\cdot(-1)\cdot Z_4=nZ_bZ_c$$

由图 5-4(b) 可得 $G(6,\bar{7})$ 的展开式为

$$L[G(6,\bar{7})]=1/2\cdot\bar{3}\cdot\bar{5}\cdot 4\cdot(-2\backslash 1)+2/1\cdot\bar{3}\cdot\bar{5}\cdot 4\cdot(-1\backslash 2)$$
$$+(1\cdot\bar{2})\cdot\bar{3}\cdot(4\cdot\bar{5}+\bar{4}\cdot 5)+(\bar{1}\cdot 2)\cdot\bar{5}\cdot(3\cdot\bar{4}+\bar{3}\cdot 4)$$

由图 5-2(b) 的展开模型可知，$W[1/2]=n$，$W[2/1]=n$，$W[1,\bar{2}]=n^2$，$W[\bar{1},2]=1$。故

$$D[G(6,\bar{7})]=-nZ_3Z_5-nZ_3Z_5+n^2Z_3(Z_5+Z_4)+Z_5(Z_4+Z_3)$$
$$=n^2Z_a(Z_b+Z_c)-2nZ_aZ_b+Z_b(Z_c+Z_a)$$

则

$$U_0=\frac{D[G(6/7)]}{D[G(6,\bar{7})]}U_s=\frac{nZ_bZ_c}{n^2Z_a(Z_b+Z_c)-2nZ_aZ_b+Z_b(Z_c+Z_a)}U_s \quad (5-5)$$

5.1.2 耦合互感

耦合互感的电路如图 5-5(a) 所示，其 VAR 为

$$\begin{cases}U_1=sL_1I_1+sMI_2\\U_2=sMI_1+sL_2I_2\end{cases} \quad (5-6)$$

其等效电路如图 5-5(b) 所示，该等效电路的网络图 G 如图 5-5(c) 所示，其中 $X_{ab}=sM$，$X_{cd}=sM$，它们都是 CCVS，$Z_e=sL_1$，$Z_f=sL_2$。

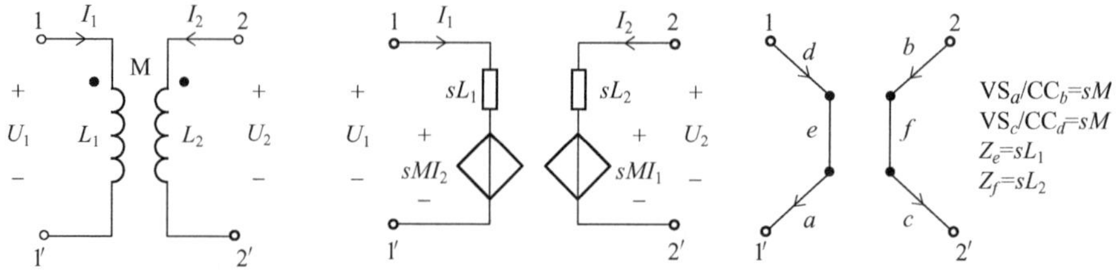

(a) 耦合互感　(b) 等效电路　(c) 等效电路的图G

图 5-5　耦合互感的电路图和网络图

图 5-5(c) 的展开图如图 5-6(a) 所示，该图的展开式为

$$G=a/b\cdot e\cdot f\cdot c/d\cdot(d\backslash a)\cdot(b\backslash c)\cdot G(\bar{1},\bar{2})+a/b\cdot e\cdot f\cdot c\cdot d\cdot G(1/2)$$
$$+a\cdot b\cdot c\backslash d\cdot e\cdot f\cdot G(2/1)+a\cdot b\cdot c\cdot d\cdot e\cdot f\cdot G(1,2)$$
$$+a\cdot b\cdot c\cdot d\cdot e\cdot \bar{f}\cdot G(1,\bar{2})+a\cdot b\cdot c\cdot d\cdot \bar{e}\cdot f\cdot G(\bar{1},2)$$
$$+a\cdot b\cdot c\cdot d\cdot \bar{e}\cdot \bar{f}\cdot G(\bar{1},\bar{2}) \tag{5-7}$$

该展开图的权表达式为

$$D[G]=sM\cdot sM\cdot(-1)\cdot(+1)\cdot G(\bar{1},\bar{2})+sM\cdot G(1/2)+sM\cdot G(2/1)$$
$$+1\cdot G(1,2)+sL_2\cdot G(1,\bar{2})+sL_1\cdot G(\bar{1},2)+sL_1\cdot sL_2\cdot G(\bar{1},\bar{2})$$
$$=sM\cdot G(1/2)+sM\cdot G(2/1)+G(1,2)+sL_2\cdot G(1,\bar{2})+sL_1\cdot G(\bar{1},2)$$
$$+s^2(L_1L_2-M^2)\cdot G(\bar{1},\bar{2}) \tag{5-8}$$

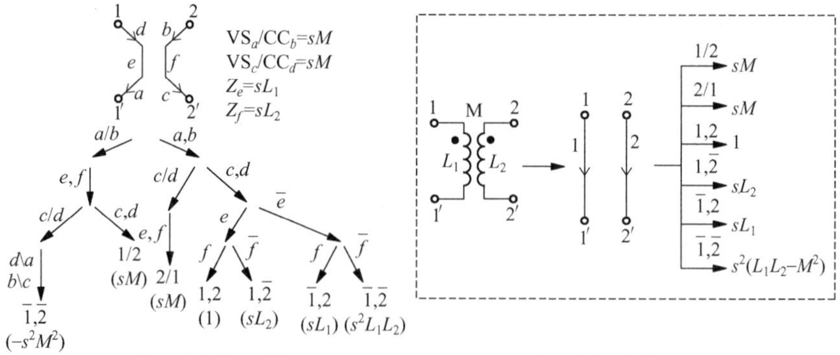

(a) 耦合互感的展开图　(b) 耦合互感的展开模型

图 5-6　耦合互感的展开图与展开模型

由此得到耦合互感的展开模型为图 5－6(b)。

例 5－2　使用互感的展开模型，求图 5－7(a) 电路的 U_0。

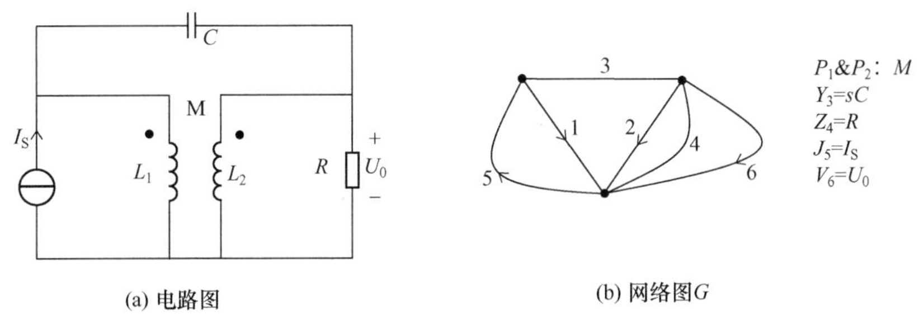

图 5－7　例 5－2 的电路图和网络图 G

解：用边对 1&2 代替互感元件，网络图如图 5－7(b) 所示，其中边 5 是输入电流源端口，边 6 是输出电压端口。依据转移阻抗 Z_T 的拓扑公式(4－18)，可知

$$U_0=\frac{D[G(5/6)]}{D[G(\bar{5},\bar{6})]}I_s \tag{5-9}$$

式中，$G(5/6)$ 的展开图如图 5－8(a) 所示；$G(\bar{5},\bar{6})$ 的展开图如图 5－8(b) 所示。

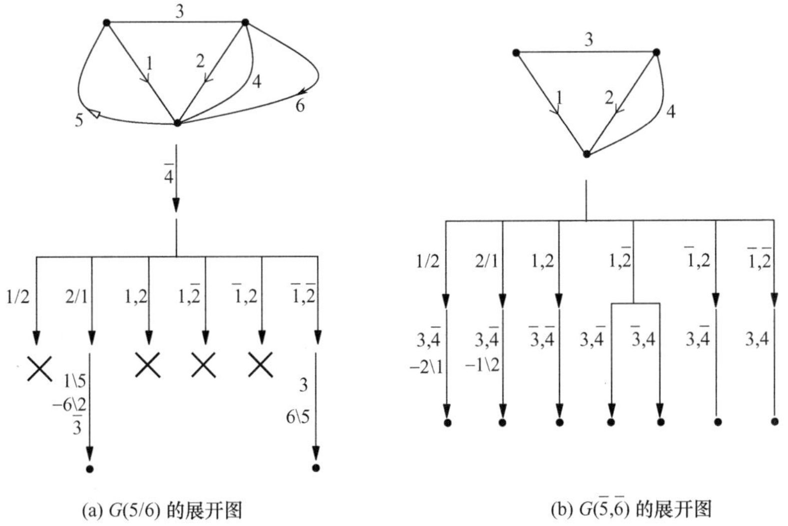

图 5－8　例 5－2 子图 $G(5/6)$ 和 $G(\bar{5},\bar{6})$ 的展开图

由图 5-8(a) 可得 $G(5/6)$ 的展开式为

$$L[G(5/6)]=\overline{4}\cdot(2/1\cdot 1\backslash 5\cdot(-6\backslash 2)\cdot\overline{3}+(\overline{1}\cdot\overline{2})\cdot 3\cdot 6\backslash 5)$$

式中，$W[2/1]=sM$，$W[\overline{1},\overline{2}]=s^2(L_1L_2-M^2)$。故

$$\begin{aligned}D[G(5/6)]&=Z_4\cdot(sM\cdot(-1)\cdot(-1)\cdot 1+s^2(L_1L_2-M^2)\cdot Y_3\cdot 1)\\&=s^3RC(L_1L_2-M^2)+sMR\end{aligned}$$

由图 5-8(b) 可得 $G(\overline{5},\overline{6})$ 的展开式为

$$\begin{aligned}L[G(\overline{5},\overline{6})]=&1/2\cdot 3\cdot\overline{4}\cdot(-2\backslash 1)+2/1\cdot 3\cdot\overline{4}\cdot(-1\backslash 2)\\&+(1\cdot 2)\cdot\overline{3}\cdot\overline{4}+(1\cdot\overline{2})\cdot(3\cdot\overline{4}+\overline{3}\cdot 4)\\&+(\overline{1}\cdot 2)\cdot 3\cdot\overline{4}+(\overline{1}\cdot\overline{2})\cdot 3\cdot 4\end{aligned}$$

式中，$W[1/2]=sM$，$W[2/1]=sM$，$W[1,2]=1$，$W[1,\overline{2}]=sL_2$，$W[\overline{1},2]=sL_1$，W $[\overline{1},\overline{2}]=s^2[L_1L_2-M^2]$。

故

$$\begin{aligned}D[G(\overline{5},\overline{6})]=&sM\cdot Y_3\cdot Z_4\cdot(-1)+sM\cdot Y_3\cdot Z_4\cdot(-1)\\&+1\cdot 1\cdot Z_4+sL_2\cdot(Y_3\cdot Z_4+1\cdot 1)+sL_1\cdot Y_3\cdot Z_4\\&+s^2(L_1L_2-M^2)\cdot Y_3\cdot 1=-s^2RCM-s^2RCM+R\\&+s^2RCL_2+sL_2+s^2RCL_1+s^3C(L_1L_2-M^2)\\=&s^3C(L_1L_2-M^2)+s^2RC(L_2+L_1-2M)+sL_2+R\end{aligned}$$

则

$$U_0=\frac{D[G(5/6)]}{D[G(\overline{5},\overline{6})]}I_s=\frac{s^3RC(L_1L_2-M^2)+sRM}{s^3C(L_1L_2-M^2)+s^2RC(L_2+L_1-2M)+sL_2+R}I_s \tag{5-10}$$

5.1.3 回转器

1) 导纳型回转器

图 5-9(a) 所示导纳型回转器的伏安关系为

$$\begin{bmatrix} I_1 \\ I_2 \end{bmatrix} = \begin{bmatrix} 0 & -g \\ g & 0 \end{bmatrix} \begin{bmatrix} U_1 \\ U_2 \end{bmatrix} \tag{5-11}$$

式中，g 为回转导纳。该回转器的等效电路如图 5-9(b) 所示，等效电路的图 G 如图 5-9(c) 所示，其展开图如图 5-9(d) 所示。

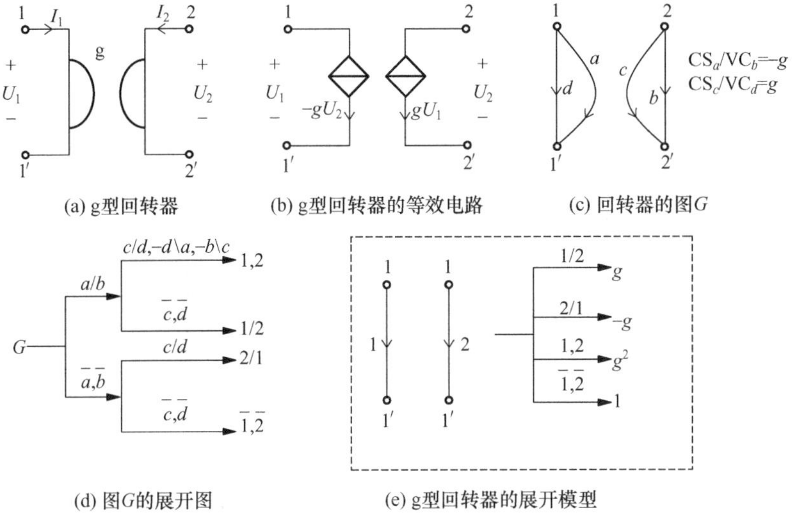

(a) g型回转器　(b) g型回转器的等效电路　(c) 回转器的图 G

(d) 图 G 的展开图　(e) g型回转器的展开模型

图 5-9　导纳型回转器的展开图和展开模型

由展开图 5-9(d) 可得展开式和多项式为

$$G = a/b \cdot (c/d \cdot (-d\backslash a) \cdot (-b\backslash c) \cdot G(1,2) + \bar{c} \cdot \bar{d} \cdot G(1/2))$$

$$+ \bar{a} \cdot \bar{b} \cdot (c/d \cdot G(2/1) + \bar{c} \cdot \bar{d} \cdot G(\bar{1},\bar{2}))$$

$$D[G] = (-(-g)) \cdot ((-g) \cdot 1 \cdot (-1) \cdot G(1,2) + 1 \cdot G(1/2))$$

$$+1 \cdot ((-g) \cdot G(2/1) + 1 \cdot G(\bar{1},\bar{2}))$$

$$= g^2 \cdot G(1,2) + g \cdot G(1/2) - g \cdot G(2/1) + 1 \cdot G(\bar{1},\bar{2}) \tag{5-12}$$

从而得到导纳型回转器的展开模型如图 5-9(e) 所示。

2）阻抗型回转器

图 5-10(a) 所示阻抗型回转器的伏安关系为

$$\begin{bmatrix} U_1 \\ U_2 \end{bmatrix} = \begin{bmatrix} 0 & -r \\ r & 0 \end{bmatrix} \begin{bmatrix} I_1 \\ I_2 \end{bmatrix} \tag{5-13}$$

式中，r 为回转阻抗。

该回转器的等效电路如图 5-10(b) 所示，等效电路的网络图 G 如图 5-10(c) 所示，其展开图如图 5-10(d) 所示。

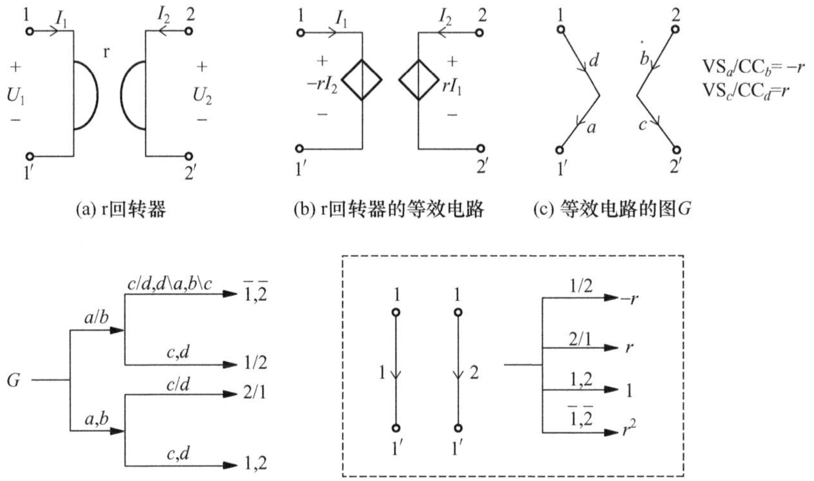

(a) r回转器　(b) r回转器的等效电路　(c) 等效电路的图G

(d) r回转器的展开图　(e) r回转器的展开模型

图 5-10　r 回转器的展开图和展开模型

由展开图可得展开式和多项式为

$$G=a/b\cdot(c/d\cdot d\backslash a\cdot b\backslash c\cdot G(\bar{1},\bar{2})+c\cdot d\cdot G(1/2))$$
$$+a\cdot b\cdot(c/d\cdot G(2/1)+c\cdot d\cdot G(1,2))$$

$$D[G]=(-r)\cdot(r\cdot(-1)\cdot 1\cdot G(\bar{1},\bar{2})+1\cdot G(1/2))$$
$$+1\cdot(r\cdot G(2/1)+1\cdot G(1,2))$$
$$=r^2\cdot G(\bar{1},\bar{2})-r\cdot G(1/2)+r\cdot G(2/1)+1\cdot G(1,2) \tag{5-14}$$

由此可得 r 回转器的展开模型如图 5-10(e) 所示。

5.1.4　运算放大器

反相有限增益运算放大器等效电路如图 5-11(a) 所示，它的网络图 G 及其展开图如(b) 所示。

由图 5-11(b) 展开图可得展开式为

$$G=a/b\cdot\bar{c}\cdot d\cdot G(2/1)+a\cdot\bar{b}\cdot c\cdot d\cdot G(1,2)+a\cdot\bar{b}\cdot c\cdot\bar{d}\cdot G(1,\bar{2})$$

$$+a\cdot\bar{b}\cdot\bar{c}\cdot d\cdot G(\bar{1},2)+a\cdot\bar{b}\cdot\bar{c}\cdot\bar{d}\cdot G(\bar{1},\bar{2})$$

由展开式可得展开图的权表达式为

$$D[G]=(-A)\cdot R_i\cdot G(2/1)+1\cdot G(1,2)+R_0\cdot G(1,\bar{2})$$

$$+R_i\cdot G(\bar{1},2)+R_0R_i\cdot G(\bar{1},\bar{2}) \tag{5-15}$$

综上可得，该运算放大器的展开模型如图 5-11(c) 所示。

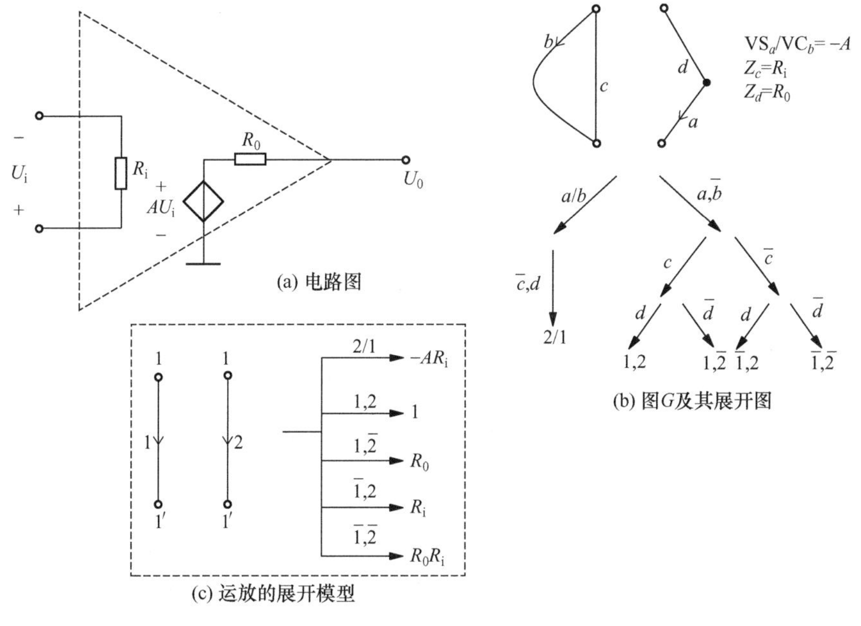

图 5-11　运算放大器的等效电路、展开图和展开模型

例 5-3　含运放的电路如图 5-12(a) 所示，其中运放为图 5-11(a) 的模块（含 A、R_i和 R_0参数）。求系统函数 $H(s)=U_0(s)/U_s(s)$。

解：该电路的网络图 G 如图 5-12(b) 所示，其中边对 1&2 是运放的等效端口，边 5 是输入电压源端口，边 6 是输出电压端口。

依据传递函数的拓扑公式(4-19)，系统函数为

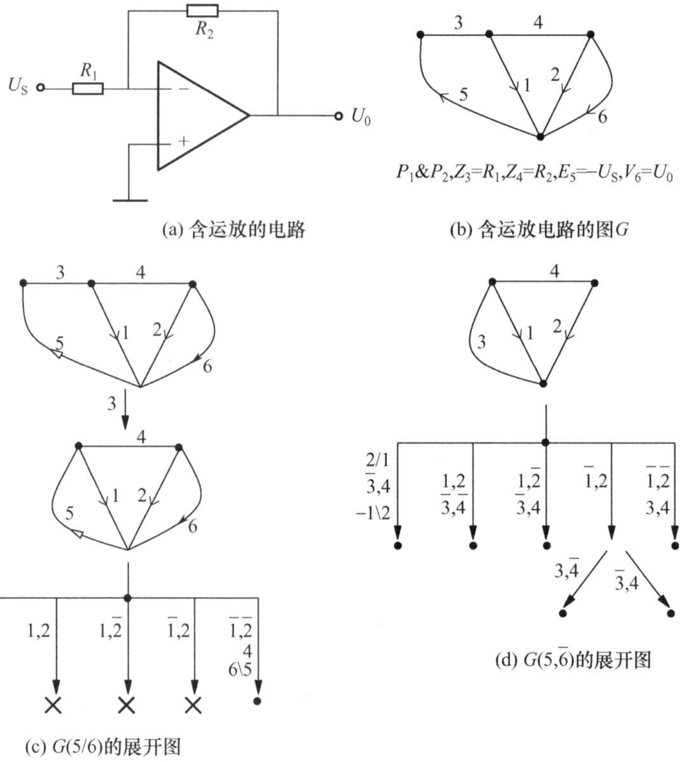

图 5－12　含运放网络的展开图分析

$$H(s)=\frac{U_0(s)}{U_s(s)}=\frac{\Delta_{5/6}}{\Delta_{5,\bar{6}}}=\frac{D[G(5/6)]}{D[G(5,\bar{6})]} \tag{5－16}$$

式中，$G(5/6)$ 的展开图如图 5－12(c) 所示，$G(5,\bar{6})$ 的展开图如图 5－12(d) 所示。展开图中直接采用了运放的展开模型。由展开图可得展开式及多项式分别为

$$L[G(5/6)]=3\cdot(2/1\cdot 1\backslash 5\cdot(-6\backslash 2)\cdot\bar{4}+(\bar{1}\cdot\bar{2})\cdot 4\cdot 6\backslash 5)$$

$$\begin{aligned}D[G(5/6)]&=1\cdot(-AR_i\cdot(-1)\cdot(-1)\cdot R_2+R_0R_i\cdot 1\cdot 1)\\&=-AR_iR_2+R_0R_i\end{aligned}$$

$$\begin{aligned}L[G(5,\bar{6})]=&2/1\cdot 4\cdot\bar{3}\cdot(-1\backslash 2)+1\cdot 2\cdot\bar{3}\cdot\bar{4}+1\cdot\bar{2}\cdot\bar{3}\cdot 4\\&+\bar{1}\cdot 2\cdot(3\cdot\bar{4}+\bar{3}\cdot 4)+\bar{1}\cdot\bar{2}\cdot 3\cdot 4\end{aligned}$$

$$D[G(5,\bar{6})]=AR_iR_1+R_1R_2+R_0R_1+R_i(R_2+R_1)+R_0R_i$$

故

$$H(s)=\frac{U_0(s)}{U_s(s)}=\frac{D[G(5/6)]}{D[G(5,\bar{6})]}=\frac{-AR_iR_2+R_0R_i}{AR_iR_1+R_1R_2+R_0R_1+R_iR_2+R_iR_1+R_0R_i} \tag{5-17}$$

5.2　双口网络的展开模型

用矩阵参数描述的双口网络，可以用基本元件构成它们的等效电路，根据等效电路的展开图可以得到双口网络展开的模型，从而可以利用这些模型直接求解包含双口网络器件的电路。表 5-1 给出双口网络 4 种参数的展开模型。

表 5-1　双口网络的展开模型

展开分支运算符	展开分支的权			
	Z 参数	**Y** 参数	**H** 参数	**A** 参数
1/2	Z_{12}	$-Y_{12}$	H_{12}	$A_{11}A_{22}-A_{12}A_{21}$
2/1	Z_{21}	$-Y_{21}$	$-H_{21}$	1
1,2	1	$Y_{11}Y_{22}-Y_{12}Y_{21}$	H_{22}	A_{21}
$1,\bar{2}$	Z_{22}	Y_{11}	1	A_{22}
$\bar{1},2$	Z_{11}	Y_{22}	$H_{11}H_{22}-H_{12}H_{21}$	A_{11}
$\bar{1},\bar{2}$	$Z_{11}Z_{22}-Z_{12}Z_{21}$	1	H_{11}	A_{12}

对于 **Z**、**Y** 和 **H** 参数描述的双口网络，仅用 4 种受控源就可构成等效电路，其展开图和展开模型的获得与前述元件类似。而 **A** 参数双口网络的等效电路除受控源外，还需要使用零任偶元件。下面给出 **A** 参数双口网络展开模型的推导过程。

如前所述，**A** 参数双口网络的 VAR 为

$$\begin{bmatrix}U_1\\I_1\end{bmatrix}=\begin{bmatrix}A_{11}&A_{12}\\A_{21}&A_{22}\end{bmatrix}\begin{bmatrix}U_2\\-I_2\end{bmatrix} \tag{5-18}$$

其等效电路如图 5-13(a) 所示，该等效电路的网络图 G 如图 5-13(b)。注意，U_2控制 2 个受控源，所以要用边 b 和边 f 并联表示；I_2控制 2 个受控源，所以要用边 d 和边 h 串联表示。

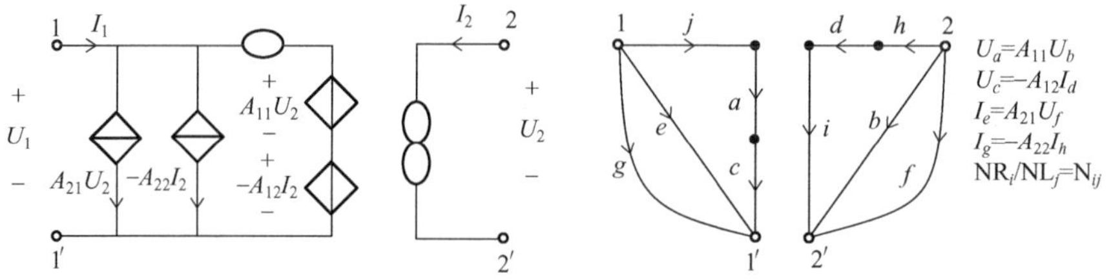

(a) 等效电路　　(b) 网络图G

图 5-13　A 参数双口网络的等效电路和网络图 G

G 的展开图如图 5-14(a) 所示，其中每个分支运算符的权都用括号直接在展开图中标出。这里要注意受控电流源着色符的权要改变其控制参数的正负号；去色符的权取决于去色符前的正负号（回路方向因子）和该去色符顺序因子（逆序数）。由展开图直接得到 **A** 参数双口网络的展开模型，如图 5-14(b) 所示。

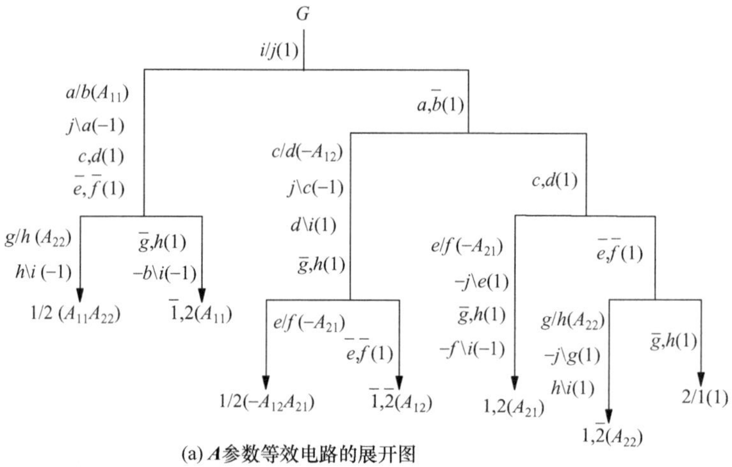

(a) A参数等效电路的展开图

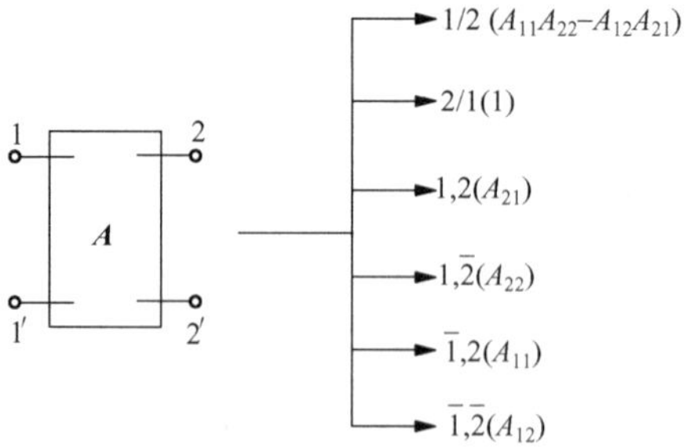

(b) A参数的展开模型

图 5-14　A 参数双口网络的展开图与展开模型

例 5－4　求图 5－15(a) 含 **A** 参数双口网络电路的传递函数 $A_I=I_0/I_s$。

解：图 5－15(a) 电路的网络图如(b) 所示。

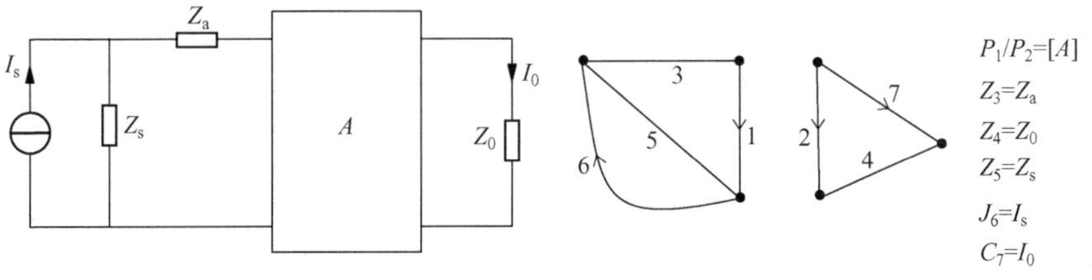

(a) 含*A*参数双口网络的电路　　　　(b) 网络图*G*

图 5－15　含 *A* 参数双口网络的电路和网络图 *G*

由传递函数的拓扑公式(4－20) 可知

$$H(s)=\frac{I_0(s)}{I_s(s)}=\frac{\Delta_{6/7}}{\Delta_{\bar{6},7}}=\frac{D[G(6/7)]}{D[G(\bar{6},7)]} \tag{5-19}$$

式(5－19) 中，$G(6/7)$ 的展开图如图 5－16(a) 所示，$G(\bar{6},7)$ 的展开图如图 5－16(b)所示。

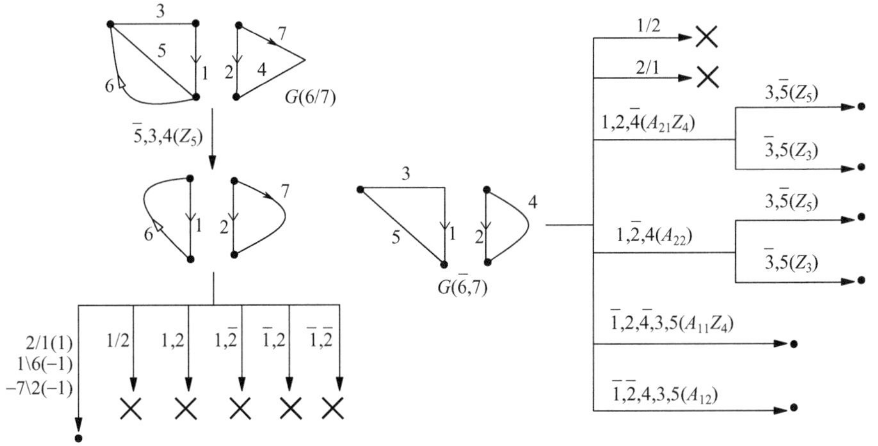

(a) $G(6/7)$的展开图　　　　(b) $G(\bar{6},7)$的展开图

图 5－16　子图 $G(6/7)$ 和 $G(\bar{6},7)$ 的展开图

由展开图可得各子图的展开式及多项式分别为

$$L[G(6/7)]=\bar{5}\cdot 3\cdot 4\cdot 2/1\cdot 1\backslash 6\cdot(-7\backslash 2)$$

$$D[G(6/7)]=Z_5$$

$$L[G(\bar{6},7)]=(1\cdot 2)\cdot\bar{4}\cdot(3\cdot\bar{5}+\bar{3}\cdot 5)+(1\cdot\bar{2})\cdot 4\cdot(3\cdot\bar{5}+\bar{3}\cdot 5)$$

$$+(\bar{1}\cdot 2)\cdot\bar{4}\cdot 3\cdot 5+(\bar{1}\cdot\bar{2})\cdot 4\cdot 3\cdot 5$$

$$D[G(\bar{6},7)]=A_{21}Z_4(Z_5+Z_3)+A_{22}(Z_5+Z_3)+A_{11}Z_4+A_{12}$$

由此可得

$$A_{\mathrm{I}}=\frac{D[G(6/7)]}{D[G(\bar{6},7)]}=\frac{Z_s}{A_{21}Z_0(Z_s+Z_a)+A_{22}(Z_s+Z_a)+A_{11}Z_0+A_{12}}$$

第 6 章　网络方程、网络矩阵和网络行列式

不同的电路分析方法基于不同形式的电路方程。为了推导和证明双树定理，我们需要引入 $2b$ 表格方程，并给出网络矩阵和网络行列式的概念。$2b$ 表格方程是网络方程中最一般和最直接的形式，因而基于 $2b$ 表格方程形成的双树理论和展开图法也是电路分析中最一般和最直接的方法。

6.1　基尔霍夫方程和网络关联矩阵

在图 G 中任意选择一个树 T 作参考树，其基本割集矩阵为 $\boldsymbol{Q}$，基本回路矩阵为 $\boldsymbol{B}$，建立基尔霍夫电流方程（KCL）如式(1－39)，建立基尔霍夫电压方程（KVL）如式(1－40)。将 KCL 和 KVL 方程联立，得

$$\begin{cases}\boldsymbol{QI}=\boldsymbol{0}\\ \boldsymbol{BU}=\boldsymbol{0}\end{cases} \tag{6－1}$$

式(6－1) 可以记作

$$\begin{bmatrix}\boldsymbol{Q} & \boldsymbol{0}\\ \boldsymbol{0} & \boldsymbol{B}\end{bmatrix}\begin{bmatrix}\boldsymbol{I}\\ \boldsymbol{U}\end{bmatrix}=\boldsymbol{0} \tag{6－2}$$

令

$$\boldsymbol{\xi}=\begin{bmatrix}\boldsymbol{I}\\ \boldsymbol{U}\end{bmatrix} \tag{6－3}$$

及

$$\boldsymbol{A}=\begin{bmatrix}\boldsymbol{Q} & \boldsymbol{0}\\ \boldsymbol{0} & \boldsymbol{B}\end{bmatrix} \tag{6－4}$$

则 KCL 和 KVL 方程可以合并记为

$$\boldsymbol{A\xi}=\boldsymbol{0} \tag{6－5}$$

称式(6－5) 为网络 G 的基尔霍夫定律方程，简称为 KL 方程；称 $\boldsymbol{A}$ 为网络 G

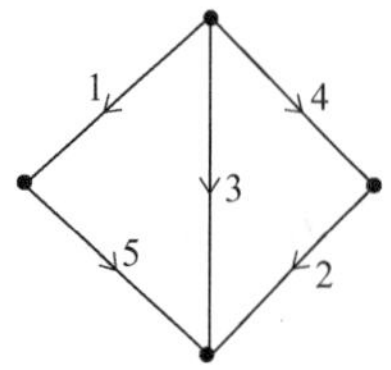

图 6-1 一个网络图 G

的基本关联矩阵，简称为关联矩阵。设 G 有 b 个边，n 个独立的顶点（n 个独立 KCL 方程），m 个独立的回路（m 个独立的 KVL 方程），则 $b=n+m$。这样，基本割集矩阵 $\boldsymbol{Q}$ 是 $n\times b$ 阶，基本回路矩阵 $\boldsymbol{B}$ 是 $m\times b$ 阶，基本关联矩阵 $\boldsymbol{A}$ 是 $b\times 2b$ 阶。

以图 6-1 为例，选 $T=\{1,2,3\}$ 为参考树，关联矩阵 $\boldsymbol{A}$ 为

$$\boldsymbol{A}=\begin{bmatrix}\boldsymbol{Q} & \boldsymbol{0}\\ \boldsymbol{0} & \boldsymbol{B}\end{bmatrix}=\begin{array}{c}\begin{array}{ccccc:ccccc}1 & 2 & 3 & 4 & 5 & 1 & 2 & 3 & 4 & 5\end{array}\\ \left[\begin{array}{ccccc:ccccc}1 & 0 & 0 & 0 & -1 & 0 & 0 & 0 & 0 & 0\\ 0 & 1 & 0 & -1 & 0 & 0 & 0 & 0 & 0 & 0\\ 0 & 0 & 1 & 1 & 1 & 0 & 0 & 0 & 0 & 0\\ 0 & 0 & 0 & 0 & 0 & 0 & 1 & -1 & 1 & 0\\ 0 & 0 & 0 & 0 & 0 & 1 & 0 & -1 & 0 & 1\end{array}\right]\end{array} \tag{6-6}$$

其中

$$\boldsymbol{Q}=[\boldsymbol{E}_{\mathrm{t}}\quad \boldsymbol{Q}_{\mathrm{c}}]=\begin{array}{c}\begin{array}{ccccc}1 & 2 & 3 & 4 & 5\end{array}\\ \begin{bmatrix}1 & 0 & 0 & 0 & -1\\ 0 & 1 & 0 & -1 & 0\\ 0 & 0 & 1 & 1 & 1\end{bmatrix}\end{array} \tag{6-7}$$

$$\boldsymbol{B}=[\boldsymbol{B}_{\mathrm{t}}\quad \boldsymbol{E}_{\mathrm{c}}]=\begin{array}{c}\begin{array}{ccccc}1 & 2 & 3 & 4 & 5\end{array}\\ \begin{bmatrix}0 & 1 & -1 & 1 & 0\\ 1 & 0 & -1 & 0 & 1\end{bmatrix}\end{array} \tag{6-8}$$

如果支路编号不符合先树支后连支的顺序，则可能出现 KCL 和 KVL 方程混排的情况。仍以图 6-1 为例，若选 $T=\{2, 3, 5\}$ 为参考树，且 KL 方程仍按支路顺序列写，则关联矩阵 $\boldsymbol{A}$ 为

$\boldsymbol{A}=$

$T=\{2,3,5\}$	1	2	3	4	5	1	2	3	4	5
1	0	0	0	0	0	1	0	−1	0	1
2	0	1	0	−1	0	0	0	0	0	0
3	1	0	1	1	0	0	0	0	0	0
4	0	0	0	0	0	0	1	−1	1	0
5	−1	0	0	0	1	0	0	0	0	0

(6-9)

这里 $\boldsymbol{A}$ 的左半块中 2、3、5 行构成 $\boldsymbol{Q}$ 矩阵，右半块中 1、4 行构成 $\boldsymbol{B}$ 矩阵。作为一般形式，我们将 $\boldsymbol{A}$ 记为

$$\boldsymbol{A}=[\boldsymbol{Q}\quad \boldsymbol{B}] \tag{6-10}$$

称式(6－10) 为关联矩阵 $\boldsymbol{A}$ 的一般形式，而将式(6－4) 称为关联矩阵 $\boldsymbol{A}$ 的标准形式。

关联矩阵 $\boldsymbol{A}$ 的两种形式是统一的，可以互相转换，二者的区别仅仅是参考树不同，$\boldsymbol{Q}$ 和 $\boldsymbol{B}$ 矩阵在 $\boldsymbol{A}$ 矩阵中行和列的位置不同。

值得强调的是，式(6－10) 中 $\boldsymbol{Q}$ 和 $\boldsymbol{B}$ 形式上是并列的，但二者不可能同行存在，每行必有其一且仅有其一。具体到 $\boldsymbol{A}$ 的某一行，该行或者为 Q 行，B 元素全为零；或者为 B 行，Q 元素全为零。同一行中不可能同时出现非零 Q 元素和非零 B 元素，因为 KCL 和 KVL 不可能出现在同一个方程中。

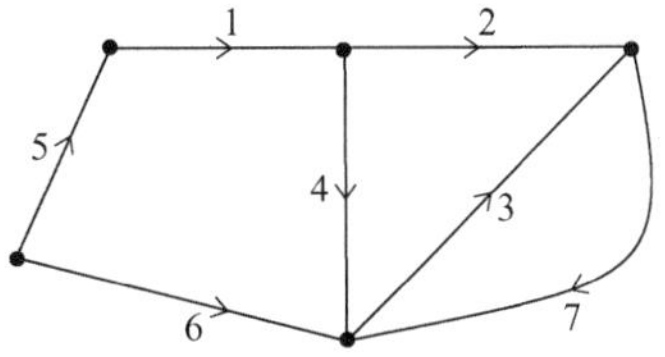

图 6－2　网络图 G

再以图 6－2 为例，若选 $T=\{1,3,4,6\}$ 为参考树，则关联矩阵

$$\boldsymbol{A}=\begin{array}{c}
\begin{array}{ccccccc:ccccccc}
1 & 2 & 3 & 4 & 5 & 6 & 7 & 1 & 2 & 3 & 4 & 5 & 6 & 7
\end{array}\\
\left[\begin{array}{ccccccc:ccccccc}
1 & 0 & 0 & 0 & -1 & 0 & 0 & 0 & 0 & 0 & 0 & 0 & 0 & 0\\
0 & 0 & 0 & 0 & 0 & 0 & 0 & 0 & 1 & -1 & -1 & 0 & 0 & 0\\
0 & 1 & 1 & 0 & 0 & 0 & -1 & 0 & 0 & 0 & 0 & 0 & 0 & 0\\
0 & 1 & 0 & 1 & -1 & 0 & 0 & 0 & 0 & 0 & 0 & 0 & 0 & 0\\
0 & 0 & 0 & 0 & 0 & 0 & 0 & 1 & 0 & 0 & 1 & 1 & -1 & 0\\
0 & 0 & 0 & 0 & 1 & 1 & 0 & 0 & 0 & 0 & 0 & 0 & 0 & 0\\
0 & 0 & 0 & 0 & 0 & 0 & 0 & 0 & 0 & 1 & 0 & 0 & 0 & 1
\end{array}\right]
\end{array} \tag{6-11}$$

6.2　元件约束方程和网络参数矩阵

网络基本元件有 11 种，其中 Y、Z、E、J、V 和 C 属于单口元件，VCCS、CCCS、VCVS、CCVS 和 N 属于双口元件。单口元件的端口支路构成 G 的一个边，有一个端口伏安关系方程（VAR）。双口元件的端口支路构成 G 的两个边，有两个 VAR 方程。若 G 有 b 个边，则 G 有 b 个 VAR 方程。将

这 b 个 VAR 方程联立，令 $\boldsymbol{\xi}=\begin{bmatrix}\boldsymbol{I}\\ \boldsymbol{U}\end{bmatrix}$为网络变量列向量，$\boldsymbol{\eta}$ 为激励源列向量，$\boldsymbol{H}$ 为包含网络元件参数的 $b\times 2b$ 矩阵，则

$$\boldsymbol{H\xi}=\boldsymbol{\eta} \tag{6-12}$$

称式(6－12）为网络的支路约束（支路 VAR）方程，简称网络的 BR 方程。在式(6－12）的线性代数方程组中，$\boldsymbol{H}$ 是变量 $\boldsymbol{\xi}$ 的系数矩阵，因为 $\boldsymbol{H}$ 包含元件符号参数，本书称 $\boldsymbol{H}$ 为网络参数矩阵。

为了便于叙述，我们将 $\boldsymbol{H}$ 矩阵分块为

$$\boldsymbol{H}=[\boldsymbol{R}\quad \boldsymbol{S}] \tag{6-13}$$

则 BR 方程(6－12）可分块表示为

$$\boldsymbol{H\xi}=[\boldsymbol{R}\quad \boldsymbol{S}]\begin{bmatrix}\boldsymbol{I}\\ \boldsymbol{U}\end{bmatrix}=\boldsymbol{RI}+\boldsymbol{SU}=\boldsymbol{\eta} \tag{6-14}$$

称 $\boldsymbol{R}$ 为电流参数矩阵，称 $\boldsymbol{S}$ 为电压参数矩阵。

单口元件的 VAR 占据一行。例如，若 i 是阻抗 Z 边，其参数为 Z_i，其 VAR 方程为 $U_i=Z_iI_i$，式(6－14）中 $R_{ii}=-Z_i$，$S_{ii}=1$，$\eta_i=0$，该行其余元素为零。若 i 是独立电流源 J 边，其电流等于 I_s，其 VAR 方程为 $I_i=I_s$，$R_{ii}=1$，$S_{ii}=0$，$\eta_i=I_s$。若 i 是开路电压 V 边，其 VAR 方程为 $I_i=0$，$R_{ii}=1$，$S_{ii}=0$，$\eta_i=0$。Y 边、E 边和 C 边与此类似。

双口元件的 VAR 占据两行。例如，受控源 VCCS，i 是受控电流（CS）边，j 是控制电压（VC）边，其控制参数为 g_{ij}，其方程为 $I_i=g_{ij}U_j$ 及 $I_j=0$，则 $R_{ii}=1$，$S_{ij}=-g_{ij}$，$\eta_i=0$，以及 $R_{jj}=1$，$\eta_j=0$。受控源 CCCS，i 是受控电流（CS）边，j 是控制电流（CC）边，其控制参数为 β_{ij}，其方程为$I_i=\beta_{ij}I_j$ 及 $U_j=0$，则 $R_{ii}=1$，$R_{ij}=-\beta_{ij}$，$\eta_i=0$，以及 $S_{jj}=1$，$\eta_j=0$。受控源 VCVS 和 CCVS 与此类似。零任偶 N_{ij}，i 是 NR 边（norator），j 是 NL 边（nullator），其方程为 $I_j=0$ 及 $U_j=0$，则 $R_{ij}=1$，$\eta_i=0$，以及 $S_{jj}=1$，$\eta_j=0$。

图 6－3(a）是一个电路，它的网络图 G 如图 6－3(b）所示。

各元件的 VAR 方程为式(6－15)。

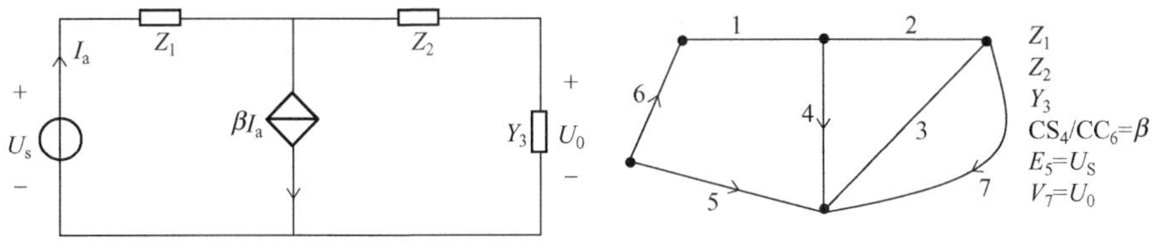

(a) 电路图　　　(b) 网络图G

图 6－3　电路图和网络图 G

$$\begin{cases} -Z_1 I_1 + U_1 = 0 \\ -Z_2 I_2 + U_2 = 0 \\ I_3 - Y_3 U_3 = 0 \\ I_4 - \beta I_6 = 0 \\ U_5 = U_s \\ U_6 = 0 \\ I_7 = 0 \end{cases} \tag{6-15}$$

以 $\boldsymbol{H}$ 为系数矩阵的 BR 方程如式(6－16)。

$$\boldsymbol{H\xi}=\left[\begin{array}{ccccccc:ccccccc} -Z_1 & 0 & 0 & 0 & 0 & 0 & 0 & 1 & 0 & 0 & 0 & 0 & 0 & 0 \\ 0 & -Z_2 & 0 & 0 & 0 & 0 & 0 & 0 & 1 & 0 & 0 & 0 & 0 & 0 \\ 0 & 0 & 1 & 0 & 0 & 0 & 0 & 0 & 0 & -Y_3 & 0 & 0 & 0 & 0 \\ 0 & 0 & 0 & 1 & 0 & -\beta & 0 & 0 & 0 & 0 & 0 & 0 & 0 & 0 \\ 0 & 0 & 0 & 0 & 0 & 0 & 0 & 0 & 0 & 0 & 0 & 1 & 0 & 0 \\ 0 & 0 & 0 & 0 & 0 & 0 & 0 & 0 & 0 & 0 & 0 & 0 & 1 & 0 \\ 0 & 0 & 0 & 0 & 0 & 0 & 1 & 0 & 0 & 0 & 0 & 0 & 0 & 0 \end{array}\right] \begin{bmatrix} I_1 \\ I_2 \\ I_3 \\ I_4 \\ I_5 \\ I_6 \\ I_7 \\ U_1 \\ U_2 \\ U_3 \\ U_4 \\ U_5 \\ U_6 \\ U_7 \end{bmatrix} = \begin{bmatrix} 0 \\ 0 \\ 0 \\ 0 \\ 0 \\ 0 \\ 0 \\ 0 \\ 0 \\ 0 \\ 0 \\ U_s \\ 0 \\ 0 \end{bmatrix} \tag{6-16}$$

其中 $\boldsymbol{H}$ 矩阵为式(6-17)。

$$\boldsymbol{H}=[\boldsymbol{R}\quad \boldsymbol{S}]=\left[\begin{array}{ccccccc:ccccccc} -Z_1 & 0 & 0 & 0 & 0 & 0 & 0 & 1 & 0 & 0 & 0 & 0 & 0 & 0 \\ 0 & -Z_2 & 0 & 0 & 0 & 0 & 0 & 0 & 1 & 0 & 0 & 0 & 0 & 0 \\ 0 & 0 & 1 & 0 & 0 & 0 & 0 & 0 & 0 & -Y_3 & 0 & 0 & 0 & 0 \\ 0 & 0 & 0 & 1 & 0 & -\beta & 0 & 0 & 0 & 0 & 0 & 0 & 0 & 0 \\ 0 & 0 & 0 & 0 & 0 & 0 & 0 & 0 & 0 & 0 & 0 & 1 & 0 & 0 \\ 0 & 0 & 0 & 0 & 0 & 0 & 0 & 0 & 0 & 0 & 0 & 0 & 1 & 0 \\ 0 & 0 & 0 & 0 & 0 & 0 & 1 & 0 & 0 & 0 & 0 & 0 & 0 & 0 \end{array}\right] \tag{6-17}$$

注释：$\boldsymbol{H}$ 矩阵的特点如下。

（1）$\boldsymbol{H}$ 矩阵中的非零元素由常数 1 和元件参数 P_{ij} 构成，若将常数 1 称为 F 元素，将元件参数 P_{ij} 称为 P 元素，则网络参数矩阵 $\boldsymbol{H}$ 也可以记为 $\boldsymbol{H}=\boldsymbol{F}+\boldsymbol{P}$，其中 $\boldsymbol{F}$ 矩阵中非零元素全部是常数 1，$\boldsymbol{P}$ 矩阵中非零元素全部是带有负号的元件参数“$-P_{ij}$”。

（2）$\boldsymbol{H}$ 的每行仅有一个或两个非零元素，即仅有一个非零的 F 元素，或者有一个非零的 F 元素和一个非零的 P 元素。

（3）$\boldsymbol{H}$ 的每列最多有一个非零的元素（F 或 P 元素），也可能全部是零元素。

（4）$\boldsymbol{H}$ 是 $b\times 2b$ 阶矩阵，它的秩是 b。

（5）$\boldsymbol{H}$ 矩阵仅仅取决于网络结构本身及边的序号，与网络关联矩阵 $\boldsymbol{A}$ 无关。

6.3　2*b* 表格方程、网络矩阵和网络行列式

KL 和 BR 方程联立，构成 $2b$ 表格方程。

$$\begin{cases} \boldsymbol{A\xi}=\boldsymbol{0} \\ \boldsymbol{H\xi}=\boldsymbol{\eta} \end{cases} \tag{6-18}$$

记为

$$\boldsymbol{M\xi}=\boldsymbol{\eta} \tag{6-19}$$

其中

$$\boldsymbol{M}=\begin{bmatrix}\boldsymbol{A}\\ \boldsymbol{H}\end{bmatrix}=\begin{bmatrix}\boldsymbol{Q} & \boldsymbol{B}\\ \boldsymbol{R} & \boldsymbol{S}\end{bmatrix} \tag{6-20}$$

式中，关联矩阵 $\boldsymbol{A}$ 是 $b\times 2b$ 阶矩阵；参数矩阵 $\boldsymbol{H}$ 是 $b\times 2b$ 阶矩阵；$\boldsymbol{M}$ 是 $2b\times 2b$ 阶矩阵，也称为 $2b$ 表格。

式(6-19) 的 $2b$ 表格方程称为图 G 的网络方程，式(6-20) 中 $\boldsymbol{M}$ 矩阵称为图 G 的网络矩阵，网络矩阵 $\boldsymbol{M}$ 的行列式 det $\boldsymbol{M}$ 称为网络行列式。

以图 6-3 的电路为例，选 {1,3,4,6} 为参考树，其 $\boldsymbol{A}$ 矩阵如式(6-11)，其 $\boldsymbol{H}$ 矩阵如式(6-17)，则其 $\boldsymbol{M}$ 矩阵为式(6-21)。

$$\boldsymbol{M}=\begin{bmatrix}\boldsymbol{A}\\ \boldsymbol{H}\end{bmatrix}=\begin{bmatrix}\boldsymbol{Q} & \boldsymbol{B}\\ \boldsymbol{R} & \boldsymbol{S}\end{bmatrix}=$$

$$\left[\begin{array}{ccccccc|ccccccc}
1 & 0 & 0 & 0 & -1 & 0 & 0 & 0 & 0 & 0 & 0 & 0 & 0 & 0\\
0 & 0 & 0 & 0 & 0 & 0 & 0 & 0 & 1 & -1 & -1 & 0 & 0 & 0\\
0 & 1 & 1 & 0 & 0 & 0 & -1 & 0 & 0 & 0 & 0 & 0 & 0 & 0\\
0 & 1 & 0 & 1 & -1 & 0 & 0 & 0 & 0 & 0 & 0 & 0 & 0 & 0\\
0 & 0 & 0 & 0 & 0 & 0 & 0 & 1 & 0 & 0 & 1 & 1 & -1 & 0\\
0 & 0 & 0 & 0 & 1 & 1 & 0 & 0 & 0 & 0 & 0 & 0 & 0 & 0\\
0 & 0 & 0 & 0 & 0 & 0 & 0 & 0 & 0 & -1 & 0 & 0 & 0 & 1\\
\hline
-Z_1 & 0 & 0 & 0 & 0 & 0 & 0 & 1 & 0 & 0 & 0 & 0 & 0 & 0\\
0 & -Z_2 & 0 & 0 & 0 & 0 & 0 & 0 & 1 & 0 & 0 & 0 & 0 & 0\\
0 & 0 & 1 & 0 & 0 & 0 & 0 & 0 & 0 & -Y_3 & 0 & 0 & 0 & 0\\
0 & 0 & 0 & 1 & 0 & -\beta & 0 & 0 & 0 & 0 & 0 & 0 & 0 & 0\\
0 & 0 & 0 & 0 & 0 & 0 & 0 & 0 & 0 & 0 & 0 & 1 & 0 & 0\\
0 & 0 & 0 & 0 & 0 & 0 & 0 & 0 & 0 & 0 & 0 & 0 & 1 & 0\\
0 & 0 & 0 & 0 & 0 & 0 & 1 & 0 & 0 & 0 & 0 & 0 & 0 & 0
\end{array}\right] \tag{6-21}$$

依据行列式的定义，行列式可以展开为若干项之和，网络行列式 det $\boldsymbol{M}$ 等于 $\boldsymbol{M}$ 的每行每列取一个元素、行序号和列序号互不相同、$2b$ 个不同行不同列元素之积的代数和，即

$$\det\boldsymbol{M}=\sum_{\text{all } k} d_k=\sum_{\text{all } k}(-1)^{n_k}M_{1,j_1}\cdot M_{2,j_2}\cdot\cdots\cdot M_{2b-1,j_{2b-1}}\cdot M_{2b,j_{2b}} \tag{6-22}$$

式中，d_k 是行列式中的一项，k 是列序号的第 k 个可能的排列；$M_{i,j}$ 是 $\boldsymbol{M}$ 中第

i 行第 j 列元素，j_1，j_2、…，j_{2b-1}，j_{2b}是 1～2b 的 2b 个自然数任意顺序的排列，n_k是这 2b 个列序号的逆序数。由于元件参数只出现在 $\boldsymbol{H}$ 矩阵中，且 $\boldsymbol{H}$ 矩阵中每行每列最多只有一个符号参数，因而不同行、不同列的 2b 个元素 M_{ij} 之积就是若干符号参数 P_{ij} 之积且包含正负号。故

$$\begin{aligned} d_k &= (-1)^{n_k} M_{1,j_1} \cdot M_{2,j_2} \cdot \cdots \cdot M_{2b-1,j_{2b-1}} \cdot M_{2b,j_{2b}} \\ &= (-1)^{n_k+n_p} \prod P_{i,j} = \varepsilon_k p_k \end{aligned} \tag{6-23}$$

式中，d_k是行列式的一项；p_k是 2b 个 M_{ij} 中包含的符号参数之积，称为该项的参数；n_k是 2b 个 M_{ij} 元素列序号排列的逆序数；n_p是 2b 个 M_{ij} 元素中负元素的个数，称 $\varepsilon_k=(-1)^{n_k+n_p}$为该项的系数。当 ε_k非零时，d_k非零，是 det $\boldsymbol{M}$ 中的有效项，否则，d_k是无效项。对于有效项而言，$\varepsilon_k=\pm 1$。剔除所有的无效项，全部有效项之和构成行列式的展开式，即

$$\det\boldsymbol{M} = \sum_{all\ k} \varepsilon_k p_k = \sum_{all\ k} d_k \tag{6-24}$$

$$\varepsilon_k = (-1)^{n_k+n_p} \tag{6-25}$$

式中，k 是网络行列式 det$\boldsymbol{M}$ 中第 k 个有效项。

依据网络行列式的本质一致性，该行列式展开式可视为网络的固有多项式，简称为网络多项式。

第 7 章　网络关联矩阵的拓扑性质

7.1　关联矩阵的基本属性

7.1.1　A 矩阵的列属性

图 G，边集 T 为参考树，T 的余树为 C。G 的关联矩阵 $\boldsymbol{A}$ 由基本割集矩阵 $\boldsymbol{Q}$ 和基本回路矩阵 $\boldsymbol{B}$ 构成，$\boldsymbol{Q}$ 和 $\boldsymbol{B}$ 包括 $\boldsymbol{E}_t$、$\boldsymbol{Q}_c$、$\boldsymbol{E}_c$ 和 $\boldsymbol{B}_t$ 四个子块。

$$\boldsymbol{A}=\begin{bmatrix}\boldsymbol{Q} & \boldsymbol{0}\\ \boldsymbol{0} & \boldsymbol{B}\end{bmatrix}=\left[\begin{array}{cc:cc}\boldsymbol{E}_t & \boldsymbol{Q}_c & \boldsymbol{0} & \boldsymbol{0}\\ \hdashline \boldsymbol{0} & \boldsymbol{0} & \boldsymbol{B}_t & \boldsymbol{E}_c\end{array}\right] \tag{7-1}$$

式中，$\boldsymbol{E}_t$ 和 $\boldsymbol{E}_c$ 是单位矩阵；$\boldsymbol{Q}_c$ 是电流关联矩阵；$\boldsymbol{B}_t$ 是电压关联矩阵。

式(7-1) 可以记为如下的一般形式，

$$\boldsymbol{A}=[\boldsymbol{Q}\quad \boldsymbol{B}]=[\boldsymbol{E}_t\quad \boldsymbol{Q}_c\quad \boldsymbol{B}_t\quad \boldsymbol{E}_c] \tag{7-2}$$

式中，$\boldsymbol{E}_t$ 和 $\boldsymbol{E}_c$ 中的列称为 E 列；$\boldsymbol{Q}_c$ 和 $\boldsymbol{B}_t$ 中的列非 E 列称为 N 列。一般而言，关于 E 列和 N 列有如下定义。

定义 7-1　$\boldsymbol{A}$ 矩阵的 E 列和 N 列

$\boldsymbol{A}$ 矩阵由 $\boldsymbol{Q}$ 矩阵和 $\boldsymbol{B}$ 矩阵构成，$\boldsymbol{A}$ 矩阵的列或为 Q 列，或为 B 列。若 $Q_{ji}=\begin{cases}1 & j=i\\ 0 & j\neq i\end{cases}$，称 $\boldsymbol{Q}_i$ 列为 E 列；若 $B_{ji}=\begin{cases}1 & j=i\\ 0 & j\neq i\end{cases}$，称 $\boldsymbol{B}_i$ 列为 E 列；不满足 E 列条件的 $\boldsymbol{Q}_i$ 列和 $\boldsymbol{B}_i$ 列称为 N 列。

显然，$\boldsymbol{Q}$ 的 E 列就是参考树支列，$\boldsymbol{Q}$ 的 N 列就是参考连支列；$\boldsymbol{B}$ 的 E 列就是参考连支列，$\boldsymbol{B}$ 的 N 列就是参考树支列。对于 G 中每个边 i 来说，或者 $\boldsymbol{Q}_i$ 是 E 列而 $\boldsymbol{B}_i$ 是 N 列，或者 $\boldsymbol{Q}_i$ 是 N 列而 $\boldsymbol{B}_i$ 是 E 列，不可能 $\boldsymbol{Q}_i$ 和 $\boldsymbol{B}_i$ 同时是 E 列，也不可能 $\boldsymbol{Q}_i$ 和 $\boldsymbol{B}_i$ 同时是 N 列。

例如，图 7-1 网络 G。若以 $T=\{1,2,3\}$ 为参考树，则

$$
\begin{array}{cccccccccc}
1 & 2 & 3 & 4 & 5 & 1 & 2 & 3 & 4 & 5
\end{array}
$$

$$
\boldsymbol{A}=\left[\begin{array}{ccccc:ccccc}
1 & 0 & 0 & 0 & -1 & 0 & 0 & 0 & 0 & 0 \\
0 & 1 & 0 & -1 & 0 & 0 & 0 & 0 & 0 & 0 \\
0 & 0 & 1 & 1 & 1 & 0 & 0 & 0 & 0 & 0 \\
0 & 0 & 0 & 0 & 0 & 0 & 1 & -1 & 1 & 0 \\
0 & 0 & 0 & 0 & 0 & 1 & 0 & -1 & 0 & 1
\end{array}\right] \qquad (7-3)
$$

式中，$\boldsymbol{Q}_1$、$\boldsymbol{Q}_2$、$\boldsymbol{Q}_3$、$\boldsymbol{B}_4$和$\boldsymbol{B}_5$是E列，其余是N列。

若以 $T=\{2,4,5\}$ 为参考树，则

$$
\begin{array}{cccccccccc}
1 & 2 & 3 & 4 & 5 & 1 & 2 & 3 & 4 & 5
\end{array}
$$

$$
\boldsymbol{A}=\left[\begin{array}{ccccc:ccccc}
0 & 0 & 0 & 0 & 0 & 1 & -1 & 0 & -1 & 1 \\
1 & 1 & 1 & 0 & 0 & 0 & 0 & 0 & 0 & 0 \\
0 & 0 & 0 & 0 & 0 & 0 & -1 & 1 & -1 & 0 \\
1 & 0 & 1 & 1 & 0 & 0 & 0 & 0 & 0 & 0 \\
-1 & 0 & 0 & 0 & 1 & 0 & 0 & 0 & 0 & 0
\end{array}\right] \qquad (7-4)
$$

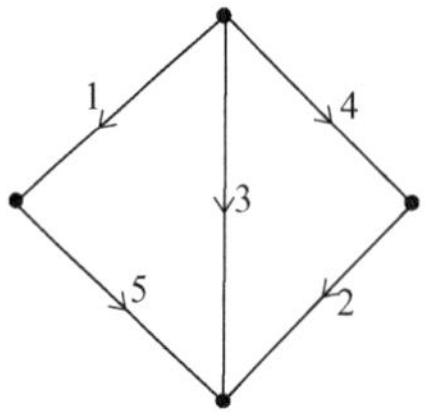

图7-1　一个网络图G

式中，$\boldsymbol{Q}_2$、$\boldsymbol{Q}_4$、$\boldsymbol{Q}_5$、$\boldsymbol{B}_1$和$\boldsymbol{B}_3$是E列，其余是N列。

为方便，图7-1的关联矩阵$\boldsymbol{A}$可用列向量表示，简记为

$$\boldsymbol{A}=[\boldsymbol{Q}_1 \quad \boldsymbol{Q}_2 \quad \boldsymbol{Q}_3 \quad \boldsymbol{Q}_4 \quad \boldsymbol{Q}_5 \;\vdots\; \boldsymbol{B}_1 \quad \boldsymbol{B}_2 \quad \boldsymbol{B}_3 \quad \boldsymbol{B}_4 \quad \boldsymbol{B}_5]$$

当参考树 $T=\{1,2,3\}$ 时，$\boldsymbol{Q}_1$、$\boldsymbol{Q}_2$、$\boldsymbol{Q}_3$和$\boldsymbol{B}_4$、$\boldsymbol{B}_5$为E列，此时$\boldsymbol{A}$也可记为

$$\boldsymbol{A}=[\boldsymbol{E}_1 \quad \boldsymbol{E}_2 \quad \boldsymbol{E}_3 \quad \boldsymbol{Q}_4 \quad \boldsymbol{Q}_5 \;\vdots\; \boldsymbol{B}_1 \quad \boldsymbol{B}_2 \quad \boldsymbol{B}_3 \quad \boldsymbol{E}_4 \quad \boldsymbol{E}_5]$$

7.1.2　A矩阵的正则性

定义7-2　关联矩阵$\boldsymbol{A}$的正则性

若关联矩阵$\boldsymbol{A}=[\boldsymbol{Q} \quad \boldsymbol{B}]$满足以下条件，则$\boldsymbol{A}$是正则的。

(1) 每一个边有1个E列和1个N列，或者$\boldsymbol{Q}_i$是E列、$\boldsymbol{B}_i$是N列，或者$\boldsymbol{Q}_i$是N列、$\boldsymbol{B}_i$是E列。

(2) 当$j\neq i$时，$B_{ji}=-Q_{ij}$。

对于图7-1来说，参考树 $T=\{1,2,3\}$ 时，关联矩阵$\boldsymbol{A}$如式(7-3)，满足定义7-2的条件，是正则关联矩阵；参考树 $T=\{2,3,5\}$ 时，关联矩阵$\boldsymbol{A}$

如式(7－4)，满足定义 7－2 的条件，也是正则关联矩阵。

一般来说，$\boldsymbol{Q}$ 是基本割集矩阵，$\boldsymbol{B}$ 是基本回路矩阵，而且 $\boldsymbol{Q}$ 和 $\boldsymbol{B}$ 基于同一个参考树，$\boldsymbol{Q}$ 和 $\boldsymbol{B}$ 的行序号和列序号均与边序号保持一致，这时标准形式和一般形式的 $\boldsymbol{A}$ 矩阵都满足正则性条件，$\boldsymbol{A}$ 总是正则关联矩阵。本书中的关联矩阵 $\boldsymbol{A}$ 是由基本割集矩阵和基本回路矩阵构成的，因而都是正则的。

7.1.3　A 矩阵的大子阵和大子式

基本割集矩阵 $\boldsymbol{Q}$ 是 $n\times b$ 阶矩阵，其秩等于 n，任意删去 $m=b-n$ 列，剩余 $n\times n$ 阶子矩阵 $\boldsymbol{Q}_k$，称 $\boldsymbol{Q}_k$ 为 $\boldsymbol{Q}$ 的大子阵，称 $\det \boldsymbol{Q}_k$ 为 $\boldsymbol{Q}$ 的大子式。

基本回路矩阵 $\boldsymbol{B}$ 是 $m\times b$ 阶矩阵，其秩等于 m，任意删去 $n=b-m$ 列，剩余 $m\times m$ 阶子矩阵 $\boldsymbol{B}_k$，称 $\boldsymbol{B}_k$ 为 $\boldsymbol{B}$ 的大子阵，称 $\det \boldsymbol{B}_k$ 为 $\boldsymbol{B}$ 的大子式。

关联矩阵 $\boldsymbol{A}$ 是 $b\times 2b$ 阶，其秩等于 b，任意删除 b 列，剩余的 b 列构成 $\boldsymbol{A}$ 的 $b\times b$ 阶子矩阵 $\boldsymbol{A}_k$，称 $\boldsymbol{A}_k$ 为 $\boldsymbol{A}$ 的大子阵，称 $\det \boldsymbol{A}_k$ 为 $\boldsymbol{A}$ 的大子式。

引理 7－1　设 $\boldsymbol{A}_k$ 是 $\boldsymbol{A}$ 的大子阵，则 $\boldsymbol{A}_k$ 非奇异的必要条件是 $\boldsymbol{A}_k$ 包括 n 个 Q 列和 m 个 B 列，这里 n 是 G 中树支数，m 是 G 中连支数，$n+m=b$，b 是 G 的边数。

证明：

$\boldsymbol{A}_k=\begin{bmatrix}\boldsymbol{Q}_k & \boldsymbol{0}\\ \boldsymbol{0} & \boldsymbol{B}_k\end{bmatrix}$，$\det \boldsymbol{A}_k=\det \boldsymbol{Q}_k \det \boldsymbol{B}_k$，可见，$\boldsymbol{A}_k$ 非奇异的必要条件是 $\boldsymbol{Q}_k$ 和 $\boldsymbol{B}_k$ 非奇异，而 $\boldsymbol{Q}_k$ 非奇异的必要条件是 $\boldsymbol{Q}_k$ 是 n 阶方阵，$\boldsymbol{B}_k$ 非奇异的必要条件是 $\boldsymbol{B}_k$ 是 m 阶方阵。从而证得引理 7－1。

7.1.4　A 矩阵的等值初等变换

下列运算为矩阵的行（列）初等变换。

（1）对换两行（列）；

（2）用常数 $a\neq 0$ 乘以某行（列）的所有元素；

（3）把某一行（列）的所有元素乘以常数 a（$a\neq 0$）加到另一行（列）的对应元素。

对矩阵的行初等变换稍加改变，得到关联矩阵 $\boldsymbol{A}$ 的等值行初等变换。

定义 7-3 下面的运算称为关联矩阵 $\boldsymbol{A}$ 的等值行初等变换，简称为等值初等变换。

(1) 把某一行的所有元素乘以常数 a ($a \neq 0$) 加到另一行的对应元素；

(2) 对换两行，且用常数 -1 乘以其中一行的所有元素；

(3) 用常数 a ($a \neq 0$) 乘以某行的所有元素，同时用 a 的倒数 ($1/a$) 乘以该行或另一行的所有元素。

定义 7-4 等值 $\boldsymbol{A}$ 矩阵。

采用等值行初等变换使关联矩阵 $\boldsymbol{A}$ 变换为关联矩阵 $\boldsymbol{A}^*$，则 $\boldsymbol{A}$ 和 $\boldsymbol{A}^*$ 是等值的，记为 $\boldsymbol{A}=\boldsymbol{A}^*$。

性质 7-1 $\boldsymbol{A}$ 矩阵的等值行初等变换不改变关联矩阵大子式 $\det \boldsymbol{A}_k$ 的值，也不改变网络行列式 $\det \boldsymbol{M}$ 的值。

证明：

由行列式性质可知，等值初等变换不改变行列式的值。

由式(6-20) 可知，对关联矩阵 $\boldsymbol{A}$ 的等值行初等变换就是对网络矩阵 $\boldsymbol{M}$ 的等值初等变换，也是对网络行列式 $\det \boldsymbol{M}$ 的等值初等变换，且只在 $\boldsymbol{A}$ 矩阵中进行，对网络参数矩阵 $\boldsymbol{H}$ 没有任何改变。因而 $\det(\boldsymbol{M})$ 的值不变。

在对关联矩阵 $\boldsymbol{A}$ 进行等值行初等变换时，关联矩阵的大子阵 $\boldsymbol{A}_k$ 也经历了相同的等值行初等变换，因而大子式 $\det \boldsymbol{A}_k$ 的值不变。

性质 7-1 证得。

显然，对于任何行列式进行等值初等变换，行列式值不变，这是行列式性质的直接应用。但是对于不是方阵的一般矩阵来说，“等值”的意义并不明确。仅仅对于关联矩阵 $\boldsymbol{A}$ 来说，由于性质 7-1 的存在，“等值”才有意义。也仅仅是为了计算 $\det \boldsymbol{A}_k$ 和展开 $\det \boldsymbol{M}$ 的需要，才定义了专用于 $\boldsymbol{A}$ 矩阵的等值行初等变换。而且，为了性质 7-1 的需要，这里只包括行初等变换，不包括列初等变换。

7.2 列属性和参考树的变换

7.2.1 列属性的变换

采用等值初等变换可以改变 $\boldsymbol{A}$ 矩阵中列的属性，并保持 $\boldsymbol{A}$ 的等值性和正则性不变。当然，改变列属性发生在相关的两列之间，一列从 E 列改变为 N 列，相应地另一列从 N 列改变为 E 列。

设图 G 的参考树为 T，T 的补树为 C，据此建立关联矩阵 $\boldsymbol{A}$，其中 $\boldsymbol{Q}$ 和 $\boldsymbol{B}$ 是图 G 的基本割集矩阵和基本回路矩阵。

$$\boldsymbol{A}=[\boldsymbol{Q}\quad \boldsymbol{B}]=\begin{bmatrix}\boldsymbol{E}_{\mathrm{t}} & \boldsymbol{Q}_{\mathrm{c}} & \boldsymbol{0} & \boldsymbol{0}\\ \boldsymbol{0} & \boldsymbol{0} & \boldsymbol{B}_{\mathrm{t}} & \boldsymbol{E}_{\mathrm{c}}\end{bmatrix},\quad \boldsymbol{B}_{\mathrm{t}}=-\boldsymbol{Q}_{\mathrm{c}}^{\mathrm{T}} \tag{7-5}$$

引理 7-2　关联矩阵 $\boldsymbol{A}=[\boldsymbol{Q}\quad \boldsymbol{B}]$，边 i 和边 j 既非自割边，也非自环边。设 i 是 T 的边、j 是 C 的边，则 $\boldsymbol{Q}_i$ 和 $\boldsymbol{B}_j$ 是 E 列，$\boldsymbol{Q}_j$ 和 $\boldsymbol{B}_i$ 列是 N 列。设 $B_{ji}=-Q_{ij}\neq 0$，则可以通过等值初等变换使 i 变为 C 的边、使 j 变为 T 的边，即 $\boldsymbol{Q}_i$ 和 $\boldsymbol{B}_j$ 变为 N 列，$\boldsymbol{Q}_j$ 和 $\boldsymbol{B}_i$ 变为 E 列。

证明：

由于边 i 为 T 的边，j 为 C 的边，则 $\boldsymbol{Q}_i$ 和 $\boldsymbol{B}_j$ 为 E 列，$\boldsymbol{Q}_j$ 和 $\boldsymbol{B}_i$ 为 N 列。

将行 i 和 j 及列 i 和 j 单独列出，其余行和列用下标 l 表示，则 $\boldsymbol{A}$ 分块如下。

$$\boldsymbol{A}=\left[\begin{array}{ccc:ccc} E_{ii} & Q_{ij} & Q_{il} & \boldsymbol{0} & \boldsymbol{0} & \boldsymbol{0}\\ \boldsymbol{0} & \boldsymbol{0} & \boldsymbol{0} & B_{ji} & E_{jj} & \boldsymbol{B}_{jl}\\ \boldsymbol{0} & \boldsymbol{Q}_{lj} & \boldsymbol{Q}_{ll} & \boldsymbol{B}_{li} & \boldsymbol{0} & \boldsymbol{B}_{ll}\end{array}\right] \tag{7-6}$$

因为 $B_{ji}=-Q_{ij}\neq 0$。分别选取 Q_{ij} 和 B_{ji} 作主元，采用等值行初等变换，列消元，得

$$\boldsymbol{A}=\left[\begin{array}{ccc:ccc} Q_{ii} & Q_{ij} & Q_{il} & \boldsymbol{0} & \boldsymbol{0} & \boldsymbol{0}\\ \boldsymbol{0} & \boldsymbol{0} & \boldsymbol{0} & B_{ji} & B_{jj} & \boldsymbol{B}_{jl}\\ \boldsymbol{Q}_{li} & \boldsymbol{0} & \boldsymbol{Q}_{ll} & \boldsymbol{0} & \boldsymbol{B}_{lj} & \boldsymbol{B}_{ll}\end{array}\right] \tag{7-7}$$

此时 $\boldsymbol{Q}_i$ 列和 $\boldsymbol{B}_j$ 列已不具备 E 列条件，因而将 E_{ii} 和 E_{jj} 改写为 Q_{ii} 和 B_{jj}。因 $B_{ji}=-Q_{ij}\neq 0$，故 Q_{ij} 和 B_{ji} 中必然有一个为“1”，另一个为“-1”。交换 i 行和 j 行，并将主元为“-1”的一行同乘以“-1”，则 $Q_{ij}=1$ 且位于 Q_{jj} 位置，成为 E_{jj}；同时 $B_{ji}=1$ 且位于 B_{ii} 位置，成为 E_{ii}。

$$\boldsymbol{A}=\left[\begin{array}{ccc:ccc} \boldsymbol{0} & \boldsymbol{0} & \boldsymbol{0} & E_{ii} & B_{ij} & \boldsymbol{B}_{il}\\ Q_{ji} & E_{jj} & Q_{jl} & \boldsymbol{0} & \boldsymbol{0} & \boldsymbol{0}\\ \boldsymbol{Q}_{li} & \boldsymbol{0} & \boldsymbol{Q}_{ll} & \boldsymbol{0} & \boldsymbol{B}_{lj} & \boldsymbol{B}_{ll}\end{array}\right] \tag{7-8}$$

这样 $\boldsymbol{Q}_j$ 和 $\boldsymbol{B}_i$ 成为 E 列，同时 $\boldsymbol{Q}_i$ 和 $\boldsymbol{B}_j$ 也随之成为 N 列，即边 i 从 T 边变为 C 边，同时边 j 从 C 边变为 T 边，边 i 和边 j 交换了属性。由于采用等值初等变换，因而边属性改变后，$\boldsymbol{A}$ 的正则性和等值性没有改变。

例如，图 7－1，$T=\{1,2,3\}$，$C=\{4,5\}$，$\boldsymbol{A}$ 为

$$\begin{array}{cc} & \begin{array}{ccccc:ccccc} 1&2&3&4&5&1&2&3&4&5 \end{array} \\ \boldsymbol{A}= & \left[\begin{array}{ccccc:ccccc} 1&0&0&0&-1&0&0&0&0&0 \\ 0&1&0&-1&0&0&0&0&0&0 \\ 0&0&1&1&1&0&0&0&0&0 \\ 0&0&0&0&0&0&1&-1&1&0 \\ 0&0&0&0&0&1&0&-1&0&1 \end{array}\right] \end{array} \tag{7-9}$$

式中，$\boldsymbol{Q}_1$ 和 $\boldsymbol{B}_5$ 是 E 列，$\boldsymbol{B}_1$ 和 $\boldsymbol{Q}_5$ 是 N 列。由于 $\boldsymbol{Q}_{1,5}=-1$，$B_{5,1}=1$，$B_{5,1}=-Q_{1,5}\neq 0$，故可以改变边 1 和边 5 的属性，即改变 $\boldsymbol{Q}_1$ 和 $\boldsymbol{Q}_5$ 列及 $\boldsymbol{B}_1$ 和 $\boldsymbol{B}_5$ 列的属性。算法如下：

（1）选主元：$Q_{1,5}=-1$，$B_{5,1}=1$。

（2）消元：$\boldsymbol{Q}_5$ 列消元，$\boldsymbol{B}_1$ 列消元，得式(7－10)。

$$\begin{array}{cc} & \begin{array}{ccccc:ccccc} 1&2&3&4&5&1&2&3&4&5 \end{array} \\ \boldsymbol{A}= & \left[\begin{array}{ccccc:ccccc} 1&0&0&0&-1&0&0&0&0&0 \\ 0&1&0&-1&0&0&0&0&0&0 \\ 1&0&1&1&0&0&0&0&0&0 \\ 0&0&0&0&0&0&1&-1&1&0 \\ 0&0&0&0&0&1&0&-1&0&1 \end{array}\right] \end{array} \tag{7-10}$$

（3）变号换行：1 行变号，1 行和 5 行交换，得式(7－11)。

$$\begin{array}{cc} & \begin{array}{ccccc:ccccc} 1&2&3&4&5&1&2&3&4&5 \end{array} \\ \boldsymbol{A}= & \left[\begin{array}{ccccc:ccccc} 0&0&0&0&0&1&0&-1&0&1 \\ 0&1&0&-1&0&0&0&0&0&0 \\ 1&0&1&1&0&0&0&0&0&0 \\ 0&0&0&0&0&0&1&-1&1&0 \\ -1&0&0&0&1&0&0&0&0&0 \end{array}\right] \end{array} \tag{7-11}$$

（4）$\boldsymbol{Q}_5$ 和 $\boldsymbol{B}_1$ 变为 E 列，$\boldsymbol{Q}_1$ 和 $\boldsymbol{B}_5$ 变为 N 列。也就是说，边 1 由参考树支变为参考连支，边 5 由参考连支变为参考树支。由于采用等值初等变换，变换后的 $\boldsymbol{A}$ 与变换前的 $\boldsymbol{A}$ 是等值的，而且变换后的 $\boldsymbol{A}$ 仍然满足正则条件。

7.2.2　参考树的变换

引理 7－3　基于一个参考树的 **A** 矩阵可以等值地变换为基于另一个参考树的 **A** 矩阵，即同一网络基于不同参考树的 **A** 矩阵都是等值的。

证明：由引理 7－2，逐对边地变换属性，就可改变参考树。由于全部过程都采用等值初等变换，因而不同参考树的 **A** 是等值的，而且不改变 **A** 的正则性。

例如，图 7－1，$T=\{1,2,3\}$，其 **A** 如式(7－9）所示；经过等值初等变换，改变了边 1 和边 5 的属性，边 1 从 T 的边变为了 C 的边，边 5 从 C 的边变为了 T 的边，**A** 等值地变换为式(7－11）。此时，参考树从 $\{1,2,3\}$ 变为 $\{2,3,5\}$，式(7－11）正好是以 $\{2,3,5\}$ 为参考树的 **A** 矩阵。

继续对式(7－11）进行如下的等值初等变换。

(1）选主元 $Q_{3,4}=1$ 及 $B_{4,3}=-1$，列消元，则

$$\mathbf{A}=\begin{array}{c}\begin{array}{cccccccccc}1&2&3&4&5&1&2&3&4&5\end{array}\\\left[\begin{array}{ccccc:ccccc}0&0&0&0&0&1&-1&0&-1&1\\1&1&1&0&0&0&0&0&0&0\\1&0&1&1&0&0&0&0&0&0\\0&0&0&0&0&0&1&-1&1&0\\-1&0&0&0&1&0&0&0&0&0\end{array}\right]\end{array}$$

(2）第 4 行变号并交换第 3 和第 4 行，则

$$\mathbf{A}=\begin{array}{c}\begin{array}{cccccccccc}1&2&3&4&5&1&2&3&4&5\end{array}\\\left[\begin{array}{ccccc:ccccc}0&0&0&0&0&1&-1&0&-1&1\\1&1&1&0&0&0&0&0&0&0\\0&0&0&0&0&0&-1&1&-1&0\\1&0&1&1&0&0&0&0&0&0\\-1&0&0&0&1&0&0&0&0&0\end{array}\right]\end{array}$$

此时，**A** 以 $\{2,4,5\}$ 为参考树，与式(7－4）直接列写的 **A** 矩阵相同。其中 $\boldsymbol{Q}_2$、$\boldsymbol{Q}_4$、$\boldsymbol{Q}_5$、$\boldsymbol{B}_1$ 和 $\boldsymbol{B}_3$ 是 E 列，$\boldsymbol{Q}_1$、$\boldsymbol{Q}_3$、$\boldsymbol{B}_2$、$\boldsymbol{B}_4$ 和 $\boldsymbol{B}_5$ 是 N 列，变换后 **A** 是正则的，且与变换前等值。

7.3 删列和消列运算

7.3.1 删列运算

运算：设边 i 是 G 中的一个边，删去关联矩阵 $\boldsymbol{A}$ 中的 $\boldsymbol{Q}_i$ 列或 $\boldsymbol{B}_i$ 列，得到所余的子矩阵。

记法：删去 $\boldsymbol{Q}_i$ 列的运算，记作 $\overline{\boldsymbol{Q}_i}$，所得子矩阵记作 $\boldsymbol{Q}(\bar{i})$；删去 $\boldsymbol{B}_i$ 列的运算，记作 $\overline{\boldsymbol{B}_i}$，所得子矩阵记作 $\boldsymbol{B}(\bar{i})$。

引理 7－4 删去 $\boldsymbol{Q}_i$ 列所得子矩阵 $Q(\bar{i})$，就是将图 G 中边 i 开路所得子图 $G(\bar{i})$ 的 $\boldsymbol{Q}$ 矩阵；删去 $\boldsymbol{B}_i$ 列所得子矩阵 $B(\bar{i})$，就是将图 G 中边 i 短路所得子图 $G(i)$ 的 $\boldsymbol{B}$ 矩阵。此引理可记为

$$\boldsymbol{Q}(\bar{i})=\boldsymbol{Q}[G(\bar{i})] \tag{7-12}$$

$$\boldsymbol{B}(\bar{i})=\boldsymbol{B}[G(i)] \tag{7-13}$$

证明：

删去 $\boldsymbol{Q}_i$ 列，相当于该列对应的支路电流 $I_i=0$，即边 i 开路，故 $\boldsymbol{Q}(\bar{i})=\boldsymbol{Q}[G(\bar{i})]$。

删去 $\boldsymbol{B}_i$ 列，相当于该列对应的支路电压 $U_i=0$，即边 i 短路，故 $\boldsymbol{B}(\bar{i})=\boldsymbol{B}[G(i)]$。

仍以图 7－1 为例，选 $T=\{1,2,3\}$ 为参考树，其 $\boldsymbol{Q}$ 和 $\boldsymbol{B}$ 如下。

$$\boldsymbol{Q}=\begin{array}{c}\begin{matrix}1 & 2 & 3 & 4 & 5\end{matrix}\\ \begin{bmatrix}1 & 0 & 0 & 0 & -1\\ 0 & 1 & 0 & -1 & 0\\ 0 & 0 & 1 & 1 & 1\end{bmatrix}\end{array} \tag{7-14}$$

$$\boldsymbol{B}=\begin{array}{c}\begin{matrix}1 & 2 & 3 & 4 & 5\end{matrix}\\ \begin{bmatrix}0 & 1 & -1 & 1 & 0\\ 1 & 0 & -1 & 0 & 1\end{bmatrix}\end{array} \tag{7-15}$$

若将 $\boldsymbol{Q}$ 和 $\boldsymbol{B}$ 表示为

$$\boldsymbol{Q}=[\boldsymbol{Q}_1\quad \boldsymbol{Q}_2\quad \boldsymbol{Q}_3\quad \boldsymbol{Q}_4\quad \boldsymbol{Q}_5]\text{及}\boldsymbol{B}=[\boldsymbol{B}_1\quad \boldsymbol{B}_2\quad \boldsymbol{B}_3\quad \boldsymbol{B}_4\quad \boldsymbol{B}_5] \tag{7-16}$$

则删除 $\boldsymbol{Q}_1$ 列、$\boldsymbol{Q}_4$ 列、$\boldsymbol{B}_1$ 列和 $\boldsymbol{B}_4$ 列的运算分别如下：

$$\overline{\boldsymbol{Q}_1}\to \boldsymbol{Q}(\bar{1})=[\boldsymbol{Q}_2\quad \boldsymbol{Q}_3\quad \boldsymbol{Q}_4\quad \boldsymbol{Q}_5]=\begin{bmatrix}0&0&0&-1\\1&0&-1&0\\0&1&1&1\end{bmatrix}=\boldsymbol{Q}[G(\bar{1})] \tag{7-17}$$

$$\overline{\boldsymbol{Q}_4}\to \boldsymbol{Q}(\bar{4})=[\boldsymbol{Q}_1\quad \boldsymbol{Q}_2\quad \boldsymbol{Q}_3\quad \boldsymbol{Q}_5]=\begin{bmatrix}1&0&0&-1\\0&1&0&0\\0&0&1&1\end{bmatrix}=\boldsymbol{Q}[G(\bar{4})] \tag{7-18}$$

$$\overline{\boldsymbol{B}_1}\to \boldsymbol{B}(\bar{1})=[\boldsymbol{B}_2\quad \boldsymbol{B}_3\quad \boldsymbol{B}_4\quad \boldsymbol{B}_5]=\begin{bmatrix}1&-1&1&0\\0&-1&0&1\end{bmatrix}=\boldsymbol{B}[G(1)] \tag{7-19}$$

$$\overline{\boldsymbol{B}_4}\to \boldsymbol{B}(\bar{4})=[\boldsymbol{B}_1\quad \boldsymbol{B}_2\quad \boldsymbol{B}_3\quad \boldsymbol{B}_5]=\begin{bmatrix}0&1&-1&0\\1&0&-1&1\end{bmatrix}=\boldsymbol{B}[G(4)] \tag{7-20}$$

7.3.2　消列运算

运算：在某列选取一个非零元素作主元；用消元法将该列其他非零元素变换为零元素；删去该主元所在的行和列，得到该主元的余子矩阵。

记法：以 Q_{ji} 为主元，消去 $\boldsymbol{Q}_i$ 列的运算符，记作 $\overline{Q_{ji}}$，所得余子矩阵记为 $Q(i)$；以 B_{ji} 为主元，消去 $\boldsymbol{B}_i$ 列的运算符，记作 $\overline{B_{ji}}$，所得余子矩阵记为 $\boldsymbol{B}(i)$。

引理 7－5　消除 $\boldsymbol{Q}_i$ 列所得的余子矩阵 $\boldsymbol{Q}(i)$ 就是将边 i 短路所得子图 $G(i)$ 的 $\boldsymbol{Q}$ 矩阵；消除 $\boldsymbol{B}_i$ 列所得的余子矩阵 $\boldsymbol{B}(i)$ 就是将边 i 开路所得子图 $G(\bar{i})$ 的 $\boldsymbol{B}$ 矩阵，即

$$\boldsymbol{Q}(i)=\boldsymbol{Q}[G(i)] \tag{7-21}$$

$$\boldsymbol{B}(i)=\boldsymbol{B}[G(\bar{i})] \tag{7-22}$$

证明：

将边 i 和 j 单列，其余边归入 l，得 $\boldsymbol{Q}$ 如下：

$$\boldsymbol{Q}=\begin{bmatrix}Q_{ii}&Q_{ij}&Q_{il}\\Q_{ji}&Q_{jj}&Q_{jl}\\Q_{li}&Q_{lj}&Q_{ll}\end{bmatrix} \tag{7-23}$$

以 Q_{ji} 为主元，采用消元法消去该列的非零 Q_{ii} 和 Q_{li}，得

$$\boldsymbol{Q}=\begin{bmatrix} 0 & Q_{ij} & Q_{il} \\ Q_{ji} & Q_{jj} & Q_{jl} \\ 0 & Q_{lj} & Q_{ll} \end{bmatrix} \tag{7-24}$$

此时 Q_{ji} 为“1”或“−1”，边 i 成为参考树支。将 $\boldsymbol{Q}$ 中第 j 行删去，就是将边 i 的 KCL 方程删去。如果在 G 中将边 i 短路，少一个树支，就不需要列写该树支的割集方程（KCL）。同时，对于其他行（i 行和 l 行）来说，$\boldsymbol{Q}$ 中第 i 列元素 Q_{ii} 和 Q_{li} 已经变为零，第 i 行和其余 l 行的 KCL 方程与边 i 的电流无关，因而短路边 i 对于所余子阵来说没有影响。可见，以 Q_{ji} 为主元，消去第 i 列的其余非零元素后，主元 Q_{ji} 所余的子矩阵就是将边 i 短路所得子图 $G(i)$ 的 $\boldsymbol{Q}$ 矩阵，即 $\boldsymbol{Q}(i)=\boldsymbol{Q}[G(i)]$。

类似地，将边 i 和 j 单列，其余边归入 l，得 $\boldsymbol{B}$ 如下：

$$\boldsymbol{B}=\begin{bmatrix} B_{ii} & B_{ij} & B_{il} \\ B_{ji} & B_{jj} & B_{jl} \\ B_{li} & B_{lj} & B_{ll} \end{bmatrix} \tag{7-25}$$

以 B_{ji} 为主元，采用消元法消去该列的非零 B_{ii} 和 B_{li}，得

$$\boldsymbol{B}=\begin{bmatrix} 0 & B_{ij} & B_{il} \\ B_{ji} & B_{jj} & B_{jl} \\ 0 & B_{lj} & B_{ll} \end{bmatrix} \tag{7-26}$$

此时 B_{ji} 为“1”或“−1”，将 $\boldsymbol{B}$ 中第 j 行删去，就是将边 i 的 KVL 方程删去，相当于在 G 中将边 i 开路，不必列写该行的 KVL 方程。此外，B_{ii} 和 B_{li} 都为零，与其他连支边的 KVL 方程无关，可以将边 i 开路而不影响所得余子矩阵。因而删去 B_{ji} 所在行和列后所余的子矩阵就是将边 i 开路所得子图 $G(\bar{i})$ 的 $\boldsymbol{B}$ 矩阵，即 $\boldsymbol{B}(i)=\boldsymbol{B}[G(\bar{i})]$。

至此，引理 7－5 证得。

注释：

（1）消除某列运算时可以选取该列任意一行的非零元素为主元，主元的位置不同，其主元数值及余子阵可能不同，但引理 7－5 同样适用。

(2) 列消除与列删除的区别：列删除直接删列，行不变；列消除必须先选取列主元、进行列消元，再删去主元所在列和行。

(3) 由网络矩阵 $\boldsymbol{M}$ 的表达式(6-20) 可知，若 $\boldsymbol{M}$ 的某主元素为 $\boldsymbol{H}$ 中的 R_{ij}，则该主元的余子矩阵 $\boldsymbol{A}_k$ 中，就会进行删除 $\boldsymbol{Q}_j$ 列的运算；若 $\boldsymbol{M}$ 的某主元素为 $\boldsymbol{H}$ 中的 S_{ij}，则该主元的余子矩阵 $\boldsymbol{A}_k$ 中，就会进行删除 $\boldsymbol{B}_j$ 列的运算；若 $\boldsymbol{M}$ 的某主元素为 $\boldsymbol{A}$ 中的 Q_{ij}，则该主元的余子矩阵 $\boldsymbol{A}_k$ 中，就会进行消除 $\boldsymbol{Q}_j$ 列的运算；若 $\boldsymbol{M}$ 的某主元素为 $\boldsymbol{A}$ 中的 B_{ij}，则该主元的余子矩阵 $\boldsymbol{A}_k$ 中，就会进行消除 $\boldsymbol{B}_j$ 列的运算。

仍以图 7-1 为例，参考树为 $T=\{1,2,3\}$，$\boldsymbol{Q}$ 和 $\boldsymbol{B}$ 为

$$\begin{array}{cc} & \begin{matrix}1 & 2 & 3 & 4 & 5\end{matrix} \\ \boldsymbol{Q}= & \begin{bmatrix}1 & 0 & 0 & 0 & -1 \\ 0 & 1 & 0 & -1 & 0 \\ 0 & 0 & 1 & 1 & 1\end{bmatrix}\end{array} \tag{7-27}$$

$$\begin{array}{cc} & \begin{matrix}1 & 2 & 3 & 4 & 5\end{matrix} \\ \boldsymbol{B}= & \begin{bmatrix}0 & 1 & -1 & 1 & 0 \\ 1 & 0 & -1 & 0 & 1\end{bmatrix}\end{array} \tag{7-28}$$

以 $Q_{1,1}$ 为主元，消除 Q_1 列：$\overline{Q_{1,1}}\to \boldsymbol{Q}(1)=\begin{array}{c}\begin{matrix}2 & 3 & 4 & 5\end{matrix}\\ \begin{bmatrix}1 & 0 & -1 & 0 \\ 0 & 1 & 1 & 1\end{bmatrix}\end{array}=\boldsymbol{Q}[G(1)]$

以 $Q_{1,5}$ 为主元，消除 Q_5 列：$\overline{Q_{1,5}}\to \boldsymbol{Q}(5)=\begin{array}{c}\begin{matrix}1 & 2 & 3 & 4\end{matrix}\\ \begin{bmatrix}0 & 1 & 0 & -1 \\ 1 & 0 & 1 & 1\end{bmatrix}\end{array}=\boldsymbol{Q}[G(5)]$

以 $Q_{3,5}$ 为主元，消除 Q_5 列：$\overline{Q_{3,5}}\to \boldsymbol{Q}(5)=\begin{array}{c}\begin{matrix}1 & 2 & 3 & 4\end{matrix}\\ \begin{bmatrix}1 & 0 & 1 & 1 \\ 0 & 1 & 0 & -1\end{bmatrix}\end{array}=\boldsymbol{Q}[G(5)]$

以 B_{21} 为主元，消除 $\boldsymbol{B}_1$ 列：$\overline{B_{2,1}}\to \boldsymbol{B}(1)=\begin{array}{c}\begin{matrix}2 & 3 & 4 & 5\end{matrix}\\ \begin{bmatrix}1 & -1 & 1 & 0\end{bmatrix}\end{array}=\boldsymbol{B}[G(\bar{1})]$

以 $B_{1,3}$ 为主元，消除 $\boldsymbol{B}_3$ 列：$\overline{B_{1,3}}\to \boldsymbol{B}(3)=\begin{array}{c}\begin{matrix}1 & 2 & 4 & 5\end{matrix}\\ \begin{bmatrix}1 & -1 & -1 & 1\end{bmatrix}\end{array}=\boldsymbol{B}[G(\bar{3})]$

以 $B_{2,3}$ 为主元，消除 $\boldsymbol{B}_3$ 列：$\overline{B_{2,3}}\to \boldsymbol{B}(3)=\begin{array}{c}\begin{matrix}1 & 2 & 4 & 5\end{matrix}\\ \begin{bmatrix}-1 & 1 & 1 & -1\end{bmatrix}\end{array}=\boldsymbol{B}[G(\bar{3})]$

7.4 大子式 det A_k 非零的充要条件

7.4.1 det Q_k 和 det B_k 非零的充要条件

引理 7－6 大子式 det $\boldsymbol{Q}_k$ 非零的充要条件是：$\boldsymbol{Q}_k$ 中所有列对应的边集合构成 G 的一个树。大子式 det $\boldsymbol{B}_k$ 非零的充要条件是：$\boldsymbol{B}_k$ 不包含的所有列对应的边集合构成 G 的一个树，或者说 $\boldsymbol{B}_k$ 中所有列对应的边集合构成 G 的一个余树。

证明：

$\boldsymbol{Q}_k$ 的所有列构成 G 的一个树，可通过等值初等变换将 $\boldsymbol{Q}_k$ 的所有列变换为 E 列，即 $\boldsymbol{Q}_k$ 转换为单位阵 $\boldsymbol{E}_t$，则 det $\boldsymbol{Q}_k$ = det $\boldsymbol{E}_t$ 非零；反之，det $\boldsymbol{Q}_k$ 非零，可通过等值初等变换将 $\boldsymbol{Q}_k$ 转换为单位阵 $\boldsymbol{E}_t$，则 $\boldsymbol{Q}_k$ 的所有列构成 G 的一个树。

$\boldsymbol{B}_k$ 的所有列构成余树，可通过等值初等变换将 $\boldsymbol{B}_k$ 所有列转换为 E 列，从而使 $\boldsymbol{B}_k$ 转换为单位阵 $\boldsymbol{E}_c$，则 det $\boldsymbol{B}_k$ = det $\boldsymbol{E}_c$ 非零；反之，det $\boldsymbol{B}_k$ 非零，可通过等值初等变换将 $\boldsymbol{B}_k$ 转换为单位阵 $\boldsymbol{E}_c$，则 $\boldsymbol{B}_k$ 的所有列构成 G 的一个余树，即不在 $\boldsymbol{B}_k$ 中的所有 B 列构成 G 的一个树。

至此，引理 7－6 证得。

例如，图 7－1，选 $T=\{1,2,3\}$ 为参考树，图 G 的 $\boldsymbol{Q}$ 和 $\boldsymbol{B}$ 如下。

$$\boldsymbol{Q}=\begin{array}{c}\begin{matrix}1 & 2 & 3 & 4 & 5\end{matrix}\\ \begin{bmatrix}1 & 0 & 0 & 0 & -1\\ 0 & 1 & 0 & -1 & 0\\ 0 & 0 & 1 & 1 & 1\end{bmatrix}\end{array},\quad \boldsymbol{B}=\begin{array}{c}\begin{matrix}1 & 2 & 3 & 4 & 5\end{matrix}\\ \begin{bmatrix}0 & 1 & -1 & 1 & 0\\ 1 & 0 & -1 & 0 & 1\end{bmatrix}\end{array}$$

$\boldsymbol{Q}$ 是 3×5 阶矩阵，有 5 列，任选其中的 3 列，构成 $\boldsymbol{Q}$ 的大子阵，共有 10 种组合。这 10 个大子阵中，$[\boldsymbol{Q}_1\boldsymbol{Q}_3\boldsymbol{Q}_5]$ 和 $[\boldsymbol{Q}_2\boldsymbol{Q}_3\boldsymbol{Q}_4]$ 是奇异的，因为 $\{1,3,5\}$ 和 $\{2,3,4\}$ 不是 G 的树。其余任意 3 个边都构成 G 的树，所以其余 8 个大子阵都是非奇异的。它们是：$[\boldsymbol{Q}_1\boldsymbol{Q}_2\boldsymbol{Q}_3]$，$[\boldsymbol{Q}_1\boldsymbol{Q}_2\boldsymbol{Q}_4]$，$[\boldsymbol{Q}_1\boldsymbol{Q}_2\boldsymbol{Q}_5]$，$[\boldsymbol{Q}_1\boldsymbol{Q}_3\boldsymbol{Q}_4]$，$[\boldsymbol{Q}_1\boldsymbol{Q}_4\boldsymbol{Q}_5]$，$[\boldsymbol{Q}_2\boldsymbol{Q}_3\boldsymbol{Q}_5]$，$[\boldsymbol{Q}_2\boldsymbol{Q}_4\boldsymbol{Q}_5]$ 和 $[\boldsymbol{Q}_3\boldsymbol{Q}_4\boldsymbol{Q}_5]$。这 8 个 $\boldsymbol{Q}_k$ 的列对应的边集都是 G 的树。

图 G 有 8 个树，$\boldsymbol{Q}$ 有 8 个非零大子式，它们是一一对应的。

$\boldsymbol{B}$ 是 2×5 阶矩阵，任选 5 列中的 2 列，构成 $\boldsymbol{B}$ 的大子阵，也有 10 种组合。其中 $[\boldsymbol{B}_2\boldsymbol{B}_4]$ 和 $[\boldsymbol{B}_1\boldsymbol{B}_5]$ 是奇异的，因为边集 $\{2,4\}$ 和 $\{1,5\}$ 不是 G 的余树，即 $\{1,3,5\}$ 和 $\{2,3,4\}$ 不是 G 的树。其余 8 个大子阵都是非奇异的，它们分别是 G 的 8 个树的余树。可见，$\boldsymbol{B}$ 的非零大子式与 G 的余树是一一对应的。

7.4.2　det $\boldsymbol{A}_k$ 非零的充要条件

引理 7－7　det $\boldsymbol{A}_k$ 非零的拓扑条件

大子式 det $\boldsymbol{A}_k$ 非零的充要条件是：$\boldsymbol{A}_k$ 中所有 Q 列对应的边集 $T1_k$ 构成 G 的一个树，且 $\boldsymbol{A}_k$ 中的所有 B 列对应的边集 $C2_k$ 的补集 $T2_k$ 也构成 G 的一个树。

证明：设 $\boldsymbol{A}_k=\begin{bmatrix}\boldsymbol{Q}_k & \boldsymbol{0}\\ \boldsymbol{0} & \boldsymbol{B}_k\end{bmatrix}$ 是 $\boldsymbol{A}$ 的大子阵，其大子式

$$\det\boldsymbol{A}_k=\det\boldsymbol{Q}_k\det\boldsymbol{B}_k \tag{7-29}$$

由此可知，det $\boldsymbol{A}_k$ 非零的充要条件是 det $\boldsymbol{Q}_k$ 和 det $\boldsymbol{B}_k$ 同时非零。再由引理 7－6可证得引理 7－7。

例如，图 7－1 的图 G，选 $T=\{1,2,3\}$ 为参考树，则关联矩阵

$$\boldsymbol{A}=[\boldsymbol{Q}_1\ \ \boldsymbol{Q}_2\ \ \boldsymbol{Q}_3\ \ \boldsymbol{Q}_4\ \ \boldsymbol{Q}_5 \ \vdots\ \boldsymbol{B}_1\ \ \boldsymbol{B}_2\ \ \boldsymbol{B}_3\ \ \boldsymbol{B}_4\ \ \boldsymbol{B}_5]$$

$$=\begin{array}{c}\begin{matrix}1&2&3&4&5&1&2&3&4&5\end{matrix}\\ \left[\begin{array}{ccccc:ccccc}1&0&0&0&-1&0&0&0&0&0\\0&1&0&-1&0&0&0&0&0&0\\0&0&1&1&1&0&0&0&0&0\\0&0&0&0&0&0&1&-1&1&0\\0&0&0&0&0&1&0&-1&0&1\end{array}\right]\end{array} \tag{7-30}$$

表 7－1 给出 $\boldsymbol{A}$ 的一些大子阵 $\boldsymbol{A}_k$。令所有 $\boldsymbol{Q}_k$ 列的边集合为 $T1_k$，所有 $\boldsymbol{B}_k$ 列边集合的补集为 $T2_k$，若 $T1_k$ 和 $T2_k$ 都是 G 的树，则 det $\boldsymbol{A}_k$ 非零；反之亦然。可以直接由式(7－30）计算这些大子式 det $\boldsymbol{A}_k$ 的值，验证引理 7－7 是正确的。

表 7-1　A 的一些大子式

k	$\boldsymbol{A}_k$	$T1_k$ （$\boldsymbol{Q}_k$）	$T2_k$ （$\overline{\boldsymbol{B}_k}$）	$T1_k$&$T2_k$	det $\boldsymbol{A}_k$
$\boldsymbol{A}_1$	$[\boldsymbol{Q}_1\boldsymbol{Q}_2\boldsymbol{Q}_3\boldsymbol{B}_4\boldsymbol{B}_5]$	{1,2,3}	{1,2,3}	yes	1
$\boldsymbol{A}_2$	$[\boldsymbol{Q}_2\boldsymbol{Q}_4\boldsymbol{Q}_5\boldsymbol{B}_1\boldsymbol{B}_3]$	{2,4,5}	{2,4,5}	yes	−1
$\boldsymbol{A}_3$	$[\boldsymbol{Q}_2\boldsymbol{Q}_4\boldsymbol{Q}_5\boldsymbol{B}_1\boldsymbol{B}_4]$	{2,4,5}	{2,3,5}	yes	1
$\boldsymbol{A}_4$	$[\boldsymbol{Q}_1\boldsymbol{Q}_4\boldsymbol{Q}_5\boldsymbol{B}_2\boldsymbol{B}_5]$	{1,4,5}	{1,3,4}	yes	−1
$\boldsymbol{A}_5$	$[\boldsymbol{Q}_3\boldsymbol{Q}_4\boldsymbol{Q}_5\boldsymbol{B}_3\boldsymbol{B}_5]$	{3,4,5}	{1,2,4}	yes	1
$\boldsymbol{A}_6$	$[\boldsymbol{Q}_1\boldsymbol{Q}_2\boldsymbol{Q}_5\boldsymbol{B}_2\boldsymbol{B}_3]$	{1,2,5}	{1,4,5}	yes	−1
$\boldsymbol{A}_7$	$[\boldsymbol{Q}_2\boldsymbol{Q}_3\boldsymbol{Q}_5\boldsymbol{B}_3\boldsymbol{B}_4]$	{2,3,5}	{1,2,5}	yes	−1
$\boldsymbol{A}_8$	$[\boldsymbol{Q}_1\boldsymbol{Q}_3\boldsymbol{Q}_4\boldsymbol{B}_3\boldsymbol{B}_4]$	{1,3,4,}	{1,2,5}	yes	1
$\boldsymbol{A}_9$	$[\boldsymbol{Q}_1\boldsymbol{Q}_2\boldsymbol{Q}_3\boldsymbol{B}_1\boldsymbol{B}_5]$	{1,2,3}	{2,3,4}	no	0
$\boldsymbol{A}_{10}$	$[\boldsymbol{Q}_1\boldsymbol{Q}_3\boldsymbol{Q}_5\boldsymbol{B}_2\boldsymbol{B}_5]$	{1,3,5}	{1,3,4}	no	0
$\boldsymbol{A}_{11}$	$[\boldsymbol{Q}_2\boldsymbol{Q}_3\boldsymbol{Q}_4\boldsymbol{B}_2\boldsymbol{B}_4]$	{2,3,4}	{1,3,5}	no	0
$\boldsymbol{A}_{12}$	$[\boldsymbol{Q}_1\boldsymbol{Q}_3\boldsymbol{Q}_5\boldsymbol{B}_2\boldsymbol{B}_4]$	{1,3,5}	{1,3,5}	no	0

7.5　大子式的拓扑公式

7.5.1　互补大子式 det $\boldsymbol{A}_k$

定义 7-5　$\boldsymbol{A}$ 的互补和非互补大子式。

若 $\boldsymbol{A}_k$ 中所有 $\boldsymbol{Q}_k$ 列对应的边集为 T_k，所有 $\boldsymbol{B}_k$ 列对应的边集为 C_k，若 C_k 恰好是 T_k 的补集，则称 $\boldsymbol{A}_k$ 为 $\boldsymbol{A}$ 的互补大子阵，det $\boldsymbol{A}_k$ 为 $\boldsymbol{A}$ 的互补大子式，否则称 $\boldsymbol{A}_k$ 为 $\boldsymbol{A}$ 的非互补大子阵，det $\boldsymbol{A}_k$ 为 $\boldsymbol{A}$ 的非互补大子式。

互补的 $\boldsymbol{A}_k$ 中，所有列都对应不同的一个边，列序号包括了所有的边序号，不重复、不遗漏，每个边仅出现 1 次。非互补的 $\boldsymbol{A}_k$ 中，有些边序号出现 2 次，有些边序号不出现。

图 7-1 的关联矩阵 $\boldsymbol{A}=[\boldsymbol{Q}_1\boldsymbol{Q}_2\boldsymbol{Q}_3\boldsymbol{Q}_4\boldsymbol{Q}_5\boldsymbol{B}_1\boldsymbol{B}_2\boldsymbol{B}_3\boldsymbol{B}_4\boldsymbol{B}_5]$，则 $[\boldsymbol{Q}_1\boldsymbol{Q}_2\boldsymbol{Q}_3\boldsymbol{B}_4\boldsymbol{B}_5]$、$[\boldsymbol{Q}_2\boldsymbol{Q}_4\boldsymbol{Q}_5\boldsymbol{B}_1\boldsymbol{B}_3]$、$[\boldsymbol{Q}_1\boldsymbol{Q}_4\boldsymbol{Q}_5\boldsymbol{B}_2\boldsymbol{B}_3]$、$[\boldsymbol{Q}_3\boldsymbol{Q}_4\boldsymbol{Q}_5\boldsymbol{B}_1\boldsymbol{B}_2]$、$[\boldsymbol{Q}_2\boldsymbol{Q}_3\boldsymbol{Q}_5\boldsymbol{B}_1\boldsymbol{B}_4]$、$[\boldsymbol{Q}_1\boldsymbol{Q}_2\boldsymbol{Q}_5\boldsymbol{B}_3\boldsymbol{B}_4]$ 等都是 $\boldsymbol{A}$ 的互补大子阵，且由引理 7-7 可知它们都是 $\boldsymbol{A}$ 的非奇异的大子阵。

设关联矩阵及其大子阵为

$$\boldsymbol{A}=\begin{bmatrix}\boldsymbol{Q} & \boldsymbol{0}\\ \boldsymbol{0} & \boldsymbol{B}\end{bmatrix} \tag{7-31}$$

$$\boldsymbol{A}_k=\begin{bmatrix}\boldsymbol{Q}_k & \boldsymbol{0}\\ \boldsymbol{0} & \boldsymbol{B}_k\end{bmatrix} \tag{7-32}$$

$\boldsymbol{A}_k$非奇异，$\boldsymbol{Q}_k$边集 T_k 构成 G 的一个树，$\boldsymbol{B}_k$边集 C_k 构成 G 的一个补树。因 $\boldsymbol{A}_k$互补，边集 C_k恰好是边集 T_k的补集。$\boldsymbol{Q}_k$边集 T_k是 G 的树，故 $\boldsymbol{Q}_k$的所有列可以 E 化；同时 $\boldsymbol{B}_k$边集 C_k是 T_k的补树，故 $\boldsymbol{B}_k$所有列也同时可以 E 化。

如果 $\boldsymbol{A}_k$所有列按边序号顺序排列，$\boldsymbol{A}_k$是正序排列，否则 $\boldsymbol{A}_k$是非正序排列。例如，互补 $[\boldsymbol{Q}_1\boldsymbol{Q}_2\boldsymbol{Q}_3\boldsymbol{B}_4\boldsymbol{B}_5]$ 是正序排列，互补 $[\boldsymbol{Q}_2\boldsymbol{Q}_4\boldsymbol{Q}_5\boldsymbol{B}_1\boldsymbol{B}_3]$、$[\boldsymbol{Q}_1\boldsymbol{Q}_4\boldsymbol{Q}_5\boldsymbol{B}_2\boldsymbol{B}_3]$、$[\boldsymbol{Q}_3\boldsymbol{Q}_4\boldsymbol{Q}_5\boldsymbol{B}_1\boldsymbol{B}_2]$、$[\boldsymbol{Q}_2\boldsymbol{Q}_3\boldsymbol{Q}_5\boldsymbol{B}_1\boldsymbol{B}_4]$、$[\boldsymbol{Q}_1\boldsymbol{Q}_2\boldsymbol{Q}_5\boldsymbol{B}_3\boldsymbol{B}_4]$ 都是非正序排列。对于非正序的 $\boldsymbol{A}_k$，可以通过交换列使其变为正序，称交换列的次数为 $\boldsymbol{A}_k$列序号的逆序数，记为 n_{ek}。例如：$[\boldsymbol{Q}_2\boldsymbol{Q}_4\boldsymbol{Q}_5\boldsymbol{B}_1\boldsymbol{B}_3]\rightarrow[\boldsymbol{B}_1\boldsymbol{Q}_2\boldsymbol{B}_3\boldsymbol{Q}_4\boldsymbol{Q}_5]$，$n_{ek}=3$；$[\boldsymbol{Q}_1\boldsymbol{Q}_4\boldsymbol{Q}_5\boldsymbol{B}_2\boldsymbol{B}_3]\rightarrow[\boldsymbol{Q}_1\boldsymbol{B}_2\boldsymbol{B}_3\boldsymbol{Q}_4\boldsymbol{Q}_5]$，$n_{ek}=2$；$[\boldsymbol{Q}_3\boldsymbol{Q}_4\boldsymbol{Q}_5\boldsymbol{B}_1\boldsymbol{B}_2]\rightarrow[\boldsymbol{B}_1\boldsymbol{B}_2\boldsymbol{Q}_3\boldsymbol{Q}_4\boldsymbol{Q}_5]$，$n_{ek}=4$ 等。

引理 7-8　$\boldsymbol{A}$ 的互补大子式 $\det\boldsymbol{A}_k$由式(7-33) 给出，其中 n_{ek}为 $\boldsymbol{A}_k$列序号的逆序数。

$$\det\boldsymbol{A}_k=(-1)^{n_{ek}} \tag{7-33}$$

证明：

因 $\boldsymbol{A}_k$是互补大子阵，故所有 $\boldsymbol{Q}_k$列和 $\boldsymbol{B}_k$列可以 E 化；如果 $\boldsymbol{A}_k$为正序排列，则 $\boldsymbol{Q}_k$和 $\boldsymbol{B}_k$都是单位阵，从而有

$$\boldsymbol{A}_k=\begin{bmatrix}\boldsymbol{Q}_k & \boldsymbol{0}\\ \boldsymbol{0} & \boldsymbol{B}_k\end{bmatrix}=\begin{bmatrix}\boldsymbol{E}_{\mathrm{t}} & \boldsymbol{0}\\ \boldsymbol{0} & \boldsymbol{E}_{\mathrm{c}}\end{bmatrix}$$

$$\det\boldsymbol{A}_k=\det\boldsymbol{E}_{\mathrm{t}}\cdot\det\boldsymbol{E}_{\mathrm{c}}=1 \tag{7-34}$$

如果 $\boldsymbol{A}_k$的列序号非正序排列，可以交换列 n_{ek}次使其正序化，得到正序互补的大子阵

$$\boldsymbol{A}_k^*=\begin{bmatrix}\boldsymbol{E}_{\mathrm{t}} & \boldsymbol{0}\\ \boldsymbol{0} & \boldsymbol{E}_{\mathrm{c}}\end{bmatrix}$$

则

$$\det \boldsymbol{A}_k=(-1)^{n_{ek}}\cdot\det \boldsymbol{A}_k^*=(-1)^{n_{ek}}\cdot\det \boldsymbol{E}_t\cdot\det \boldsymbol{E}_c=(-1)^{n_{ek}} \qquad (7-35)$$

其中，n_{ek}是$\boldsymbol{A}_k$列的逆序数。

至此，引理 7－8 证得。

仍以图 7－1 的 G 为例，$T=\{1,2,3\}$，关联矩阵 $\boldsymbol{A}=[\boldsymbol{Q}_1\boldsymbol{Q}_2\boldsymbol{Q}_3\boldsymbol{Q}_4\boldsymbol{Q}_5\boldsymbol{B}_1\boldsymbol{B}_2\boldsymbol{B}_3\boldsymbol{B}_4\boldsymbol{B}_5]$，

$$\boldsymbol{A}=\begin{array}{c}\begin{matrix}1&2&3&4&5&1&2&3&4&5\end{matrix}\\ \left[\begin{array}{ccccc:ccccc}1&0&0&0&-1&0&0&0&0&0\\0&1&0&-1&0&0&0&0&0&0\\0&0&1&1&1&0&0&0&0&0\\0&0&0&0&0&0&1&-1&1&0\\0&0&0&0&0&1&0&-1&0&1\end{array}\right]\end{array}$$

$\boldsymbol{A}_k=[\boldsymbol{Q}_2\boldsymbol{Q}_4\boldsymbol{Q}_5\boldsymbol{B}_1\boldsymbol{B}_3]$ 是 $\boldsymbol{A}$ 的一个非奇异互补大子阵，大子式 $\det \boldsymbol{A}_k$ 可以按下列步骤求得。

（1）对 $\boldsymbol{A}$ 进行等值初等变换，将 $\boldsymbol{A}_k$ 所有列 E 化，即 E 化 $\boldsymbol{Q}_2$、$\boldsymbol{Q}_4$、$\boldsymbol{Q}_5$、$\boldsymbol{B}_1$、$\boldsymbol{B}_3$ 列。因为 $\boldsymbol{A}_k$ 是非奇异互补，所以可行。结果为

$$\boldsymbol{A}=\begin{array}{c}\begin{matrix}1&2&3&4&5&1&2&3&4&5\end{matrix}\\ \left[\begin{array}{ccccc:ccccc}0&0&0&0&0&1&-1&0&-1&1\\1&1&1&0&0&0&0&0&0&0\\0&0&0&0&0&0&-1&1&-1&0\\1&0&1&1&0&0&0&0&0&0\\-1&0&0&0&1&0&0&0&0&0\end{array}\right]\end{array}$$

$$\boldsymbol{A}_k=[\boldsymbol{Q}_2\quad\boldsymbol{Q}_4\quad\boldsymbol{Q}_5\quad\boldsymbol{B}_1\quad\boldsymbol{B}_3]=\begin{bmatrix}0&0&0&1&0\\1&0&0&0&0\\0&0&0&0&1\\0&1&0&0&0\\0&0&1&0&0\end{bmatrix}$$

（2）$\boldsymbol{A}_k$的所有列虽然 E 化，但非零元素“1”并不在 $\boldsymbol{A}_k$ 的主对角线，即 $\boldsymbol{A}_k$还不是单位矩阵。换列 3 次，$n_{ek}=3$，使 $\boldsymbol{A}_k$ 的列序号与边序号一致，成为正序大子阵。

$$\boldsymbol{A}_k^* = [\boldsymbol{B}_1 \quad \boldsymbol{Q}_2 \quad \boldsymbol{B}_3 \quad \boldsymbol{Q}_4 \quad \boldsymbol{Q}_5] = \begin{bmatrix} 1 & 0 & 0 & 0 & 0 \\ 0 & 1 & 0 & 0 & 0 \\ 0 & 0 & 1 & 0 & 0 \\ 0 & 0 & 0 & 1 & 0 \\ 0 & 0 & 0 & 0 & 1 \end{bmatrix}$$

（3）换列后 $\boldsymbol{A}_k^*$ 是单位阵，故

$$\det \boldsymbol{A}_k = (-1)^{n_{ek}} \det \boldsymbol{A}_k^* = (-1)^3 = -1$$

可以用代数方法直接计算 $\det \boldsymbol{A}_k$，结果一致。

此例具体地演示了引理 7－8 的原理和证明过程。

引理 7－8 告诉我们，大子式 $\det \boldsymbol{A}_k$ 的值仅仅与 $\boldsymbol{A}_k$ 列序号的逆序数有关，引理 7－3 告诉我们关联矩阵 $\boldsymbol{A}$ 与参考树无关，引理 7－7 告诉大子式 $\det \boldsymbol{A}_k$ 非零的充要条件，定义 7－5 给出 $\boldsymbol{A}_k$ 是否互补的条件。由此可知，即使不列写 $\boldsymbol{A}$ 矩阵，仅仅给出 $\boldsymbol{A}_k$ 的列组成，就可以判断 $\boldsymbol{A}_k$ 是否非零互补。若 $\boldsymbol{A}_k$ 非零互补，则仅仅依据 $\boldsymbol{A}_k$ 的列序号就可得到 $\det \boldsymbol{A}_k$ 的值。

例如，图 7－1，可以仅仅由互补 $\boldsymbol{A}_k$ 的表达式直接得到 $\det \boldsymbol{A}_k$ 的值。

$\boldsymbol{A}_1 = [\boldsymbol{Q}_1\boldsymbol{Q}_2\boldsymbol{Q}_3\boldsymbol{B}_4\boldsymbol{B}_5]$，非奇异互补大子阵，$n_{ek}=0$，$\det \boldsymbol{A}_1 = (-1)^0 = 1$。

$\boldsymbol{A}_2 = [\boldsymbol{Q}_2\boldsymbol{Q}_4\boldsymbol{Q}_5\boldsymbol{B}_1\boldsymbol{B}_3]$，非奇异互补大子阵，$\boldsymbol{A}_2^* = [\boldsymbol{B}_1\boldsymbol{Q}_2\boldsymbol{B}_3\boldsymbol{Q}_4\boldsymbol{Q}_5]$，$n_{ek} = 3$，$\det \boldsymbol{A}_2 = (-1)^3 = -1$。

$\boldsymbol{A}_3 = [\boldsymbol{Q}_1\boldsymbol{Q}_4\boldsymbol{Q}_5\boldsymbol{B}_2\boldsymbol{B}_3]$，非奇异互补大子阵，$\boldsymbol{A}_3^* = [\boldsymbol{Q}_1\boldsymbol{B}_2\boldsymbol{B}_3\boldsymbol{Q}_4\boldsymbol{Q}_5]$，$n_{ek} = 2$，$\det \boldsymbol{A}_3 = (-1)^2 = 1$。

$\boldsymbol{A}_4 = [\boldsymbol{Q}_3\boldsymbol{Q}_4\boldsymbol{Q}_5\boldsymbol{B}_1\boldsymbol{B}_2]$，非奇异互补大子阵，$\boldsymbol{A}_4^* = [\boldsymbol{B}_1\boldsymbol{B}_2\boldsymbol{Q}_3\boldsymbol{Q}_4\boldsymbol{Q}_5]$，$n_{ek} = 4$，$\det \boldsymbol{A}_4 = (-1)^4 = 1$。

$\boldsymbol{A}_5 = [\boldsymbol{Q}_2\boldsymbol{Q}_3\boldsymbol{Q}_5\boldsymbol{B}_1\boldsymbol{B}_4]$，非奇异互补大子阵，$\boldsymbol{A}_5^* = [\boldsymbol{B}_1\boldsymbol{Q}_2\boldsymbol{Q}_3\boldsymbol{B}_4\boldsymbol{Q}_5]$，$n_{ek} = 4$，$\det \boldsymbol{A}_5 = (-1)^4 = 1$。

$\boldsymbol{A}_6 = [\boldsymbol{Q}_1\boldsymbol{Q}_2\boldsymbol{Q}_4\boldsymbol{B}_3\boldsymbol{B}_5]$，非奇异互补大子阵，$\boldsymbol{A}_6^* = [\boldsymbol{Q}_1\boldsymbol{Q}_2\boldsymbol{B}_3\boldsymbol{Q}_4\boldsymbol{B}_5]$，$n_{ek} = 1$，$\det \boldsymbol{A}_6 = (-1)^1 = -1$。

$\boldsymbol{A}_7 = [\boldsymbol{Q}_1\boldsymbol{Q}_4\boldsymbol{Q}_5\boldsymbol{B}_2\boldsymbol{B}_3]$，非奇异互补大子阵，$\boldsymbol{A}_7^* = [\boldsymbol{Q}_1\boldsymbol{B}_2\boldsymbol{B}_3\boldsymbol{Q}_4\boldsymbol{Q}_5]$，$n_{ek} = 2$，$\det \boldsymbol{A}_7 = (-1)^2 = 1$。

7.5.2 非互补大子式 det $\boldsymbol{A}_k$

非互补的 $\boldsymbol{A}_k$ 中，有些边仅出现 1 次（$\boldsymbol{Q}_i$ 列或 $\boldsymbol{B}_i$ 列），有些边出现 2 次（$\boldsymbol{Q}_i$ 列和 $\boldsymbol{B}_i$ 列），有些边不出现。仅出现 1 次的边仍可称为互补边，出现 2 次和不出现的边构成非互补边对。

例如，图 7-1 所示图的关联矩阵 $\boldsymbol{A}$ 中，大子阵 [$\boldsymbol{Q}_1\boldsymbol{Q}_2\boldsymbol{Q}_3\boldsymbol{B}_3\boldsymbol{B}_5$] 非互补，其中边 1、2 和 5 仅出现 1 次，故 $\boldsymbol{Q}_1$、$\boldsymbol{Q}_2$ 和 $\boldsymbol{B}_5$ 是互补列；边 3 出现 2 次，边 4 没有出现，故 $\boldsymbol{Q}_3$ 和 $\boldsymbol{B}_3$ 是非互补列，边 3 和 4 是非互补边对。其中非互补的 $\boldsymbol{Q}_3$ 列仍然位于 $\boldsymbol{A}_k$ 的第 3 列，但是非互补的 $\boldsymbol{B}_3$ 列位于 $\boldsymbol{A}_k$ 的第 4 列，因而边 4 和边 3 构成非互补边对。

此外，[$\boldsymbol{Q}_2\boldsymbol{Q}_4\boldsymbol{Q}_5\boldsymbol{B}_1\boldsymbol{B}_4$]、[$\boldsymbol{Q}_1\boldsymbol{Q}_2\boldsymbol{Q}_5\boldsymbol{B}_2\boldsymbol{B}_3$]、[$\boldsymbol{Q}_3\boldsymbol{Q}_4\boldsymbol{Q}_5\boldsymbol{B}_2\boldsymbol{B}_5$]、[$\boldsymbol{Q}_3\boldsymbol{Q}_4\boldsymbol{Q}_5\boldsymbol{B}_4\boldsymbol{B}_5$]、[$\boldsymbol{Q}_2\boldsymbol{Q}_3\boldsymbol{Q}_5\boldsymbol{B}_2\boldsymbol{B}_5$]、[$\boldsymbol{Q}_1\boldsymbol{Q}_2\boldsymbol{Q}_5\boldsymbol{B}_1\boldsymbol{B}_2$] 等都是 $\boldsymbol{A}$ 的非奇异非互补大子阵。

为了推导非互补大子式的计算公式，需要对 $\boldsymbol{A}_k$ 中的 $\boldsymbol{Q}_k$ 列和 $\boldsymbol{B}_k$ 列排序。我们规定，如果 $\boldsymbol{A}_k$ 中所有的 $\boldsymbol{Q}_k$ 列（互补和非互补的 Q 列）序号和所有互补的 $\boldsymbol{B}_k$ 列序号与边序号一致，则称此时的 $\boldsymbol{A}_k$ 为正序。如果非正序，可以通过交换列使其变为正序，交换列的次数称为 $\boldsymbol{A}_k$ 列序号的逆序数，记为 n_{ek}。

例如，非互补大子阵 [$\boldsymbol{Q}_1\boldsymbol{Q}_2\boldsymbol{Q}_3\boldsymbol{B}_3\boldsymbol{B}_5$] 是正序，因为 $\boldsymbol{Q}_1$、$\boldsymbol{Q}_2$、$\boldsymbol{Q}_3$ 和 $\boldsymbol{B}_5$ 列序号与边序号一致。为了明确表示非互补的 $\boldsymbol{B}_k$ 列所处位置，可以将这个正序的 $\boldsymbol{A}_k$ 记为 [$\boldsymbol{Q}_1\boldsymbol{Q}_2\boldsymbol{Q}_3\boldsymbol{B}_{3/4}\boldsymbol{B}_5$]，表明非互补的 $\boldsymbol{B}_3$ 列位于 $\boldsymbol{A}_k$ 的第 4 列位置，边 3 和 4 构成非互补边对 3&4。

前面列举的其他非互补 $\boldsymbol{A}_k$ 变换为正序的结果和记法分别如下。

$\boldsymbol{A}_k=$ [$\boldsymbol{Q}_2\boldsymbol{Q}_4\boldsymbol{Q}_5\boldsymbol{B}_1\boldsymbol{B}_4$] 非正序，$\boldsymbol{A}_k^*=$ [$\boldsymbol{B}_1\boldsymbol{Q}_2\boldsymbol{B}_4\boldsymbol{Q}_4\boldsymbol{Q}_5$] $=$ [$\boldsymbol{B}_1\boldsymbol{Q}_2\boldsymbol{B}_{4/3}\boldsymbol{Q}_4\boldsymbol{Q}_5$] 正序，$n_{ek}=3$；

$\boldsymbol{A}_k=$ [$\boldsymbol{Q}_1\boldsymbol{Q}_2\boldsymbol{Q}_5\boldsymbol{B}_2\boldsymbol{B}_3$] 非正序，$\boldsymbol{A}_k^*=$ [$\boldsymbol{Q}_1\boldsymbol{Q}_2\boldsymbol{B}_3\boldsymbol{B}_2\boldsymbol{Q}_5$] $=$ [$\boldsymbol{Q}_1\boldsymbol{Q}_2\boldsymbol{B}_3\boldsymbol{B}_{2/4}\boldsymbol{Q}_5$] 正序，$n_{ek}=1$；

$\boldsymbol{A}_k=$ [$\boldsymbol{Q}_3\boldsymbol{Q}_4\boldsymbol{Q}_5\boldsymbol{B}_2\boldsymbol{B}_5$] 非正序，$\boldsymbol{A}_k^*=$ [$\boldsymbol{B}_5\boldsymbol{B}_2\boldsymbol{Q}_3\boldsymbol{Q}_4\boldsymbol{Q}_5$] $=$ [$\boldsymbol{B}_{5/1}\boldsymbol{B}_2\boldsymbol{Q}_3\boldsymbol{Q}_4\boldsymbol{Q}_5$] 正序，$n_{ek}=3$；

$\boldsymbol{A}_k=[\boldsymbol{Q}_3\boldsymbol{Q}_4\boldsymbol{Q}_5\boldsymbol{B}_4\boldsymbol{B}_5]$ 非正序，$\boldsymbol{A}_k^*=[\boldsymbol{B}_5\boldsymbol{B}_4\boldsymbol{Q}_3\boldsymbol{Q}_4\boldsymbol{Q}_5]=[\boldsymbol{B}_{5/1}\boldsymbol{B}_{4/2}\boldsymbol{Q}_3\boldsymbol{Q}_4\boldsymbol{Q}_5]$ 正序，$n_{ek}=3$；

$\boldsymbol{A}_k=[\boldsymbol{Q}_2\boldsymbol{Q}_3\boldsymbol{Q}_5\boldsymbol{B}_2\boldsymbol{B}_5]$ 非正序，$\boldsymbol{A}_k^*=[\boldsymbol{B}_5\boldsymbol{Q}_2\boldsymbol{Q}_3\boldsymbol{B}_2\boldsymbol{Q}_5]=[\boldsymbol{B}_{5/1}\boldsymbol{Q}_2\boldsymbol{Q}_3\boldsymbol{B}_{2/4}\boldsymbol{Q}_5]$ 正序，$n_{ek}=3$；

$\boldsymbol{A}_k=[\boldsymbol{Q}_1\boldsymbol{Q}_3\boldsymbol{Q}_5\boldsymbol{B}_1\boldsymbol{B}_2]$ 非正序，$\boldsymbol{A}_k^*=[\boldsymbol{Q}_1\boldsymbol{B}_2\boldsymbol{Q}_3\boldsymbol{B}_1\boldsymbol{Q}_5]=[\boldsymbol{Q}_1\boldsymbol{B}_2\boldsymbol{Q}_3\boldsymbol{B}_{1/4}\boldsymbol{Q}_5]$ 正序，$n_{ek}=2$。

为了便于理解非互补大子式拓扑公式的推导思路和过程，我们先看一个实例。仍然是图 7－1 所示的网络，参考树 $T=\{1,2,3\}$，关联矩阵 $\boldsymbol{A}$ 为

$$\boldsymbol{A}=\begin{array}{c} \begin{array}{ccccc|ccccc} 1 & 2 & 3 & 4 & 5 & 1 & 2 & 3 & 4 & 5 \end{array} \\ \left[\begin{array}{ccccc|ccccc} 1 & 0 & 0 & 0 & -1 & 0 & 0 & 0 & 0 & 0 \\ 0 & 1 & 0 & -1 & 0 & 0 & 0 & 0 & 0 & 0 \\ 0 & 0 & 1 & 1 & 1 & 0 & 0 & 0 & 0 & 0 \\ 0 & 0 & 0 & 0 & 0 & 0 & 1 & -1 & 1 & 0 \\ 0 & 0 & 0 & 0 & 0 & 1 & 0 & -1 & 0 & 1 \end{array}\right] \end{array} \tag{7-36}$$

$$\boldsymbol{A}_k=\begin{array}{c} \begin{array}{ccc|cc} \boldsymbol{Q}_2 & \boldsymbol{Q}_4 & \boldsymbol{Q}_5 & \boldsymbol{B}_1 & \boldsymbol{B}_4 \end{array} \\ \left[\begin{array}{ccc|cc} 0 & 0 & -1 & 0 & 0 \\ 1 & -1 & 0 & 0 & 0 \\ 0 & 1 & 1 & 0 & 0 \\ \hline 0 & 0 & 0 & 0 & 1 \\ 0 & 0 & 0 & 1 & 0 \end{array}\right] \end{array} \tag{7-37}$$

$\boldsymbol{A}_k=[\boldsymbol{Q}_2\boldsymbol{Q}_4\boldsymbol{Q}_5\boldsymbol{B}_1\boldsymbol{B}_4]$ 是 $\boldsymbol{A}$ 的一个大子阵。由于 $\boldsymbol{Q}_k$ 的边集 $\{2,4,5\}$ 是 G 的一个树，$\boldsymbol{B}_k$ 的边集 $\{1,4\}$ 是 G 的一个补树，故 $\boldsymbol{A}_k$ 非奇异；由于边 4 出现 2 次，边 3 没有出现，故 $\boldsymbol{A}_k$ 非互补，其中边 1、2、5 是互补边，边 3 和 4 是非互补边对。

采用等值初等变换，使 $\boldsymbol{A}$ 中所有的 $\boldsymbol{Q}_k$ 列成为参考树，即 $T=\{2,4,5\}$ 成为参考树，$C=\{1,3\}$ 成为补树。这样，$\boldsymbol{Q}_2$、$\boldsymbol{Q}_4$、$\boldsymbol{Q}_5$、$\boldsymbol{B}_1$ 和 $\boldsymbol{B}_3$ 成为 E 列，$\boldsymbol{A}$ 等值变换为

$$A=\begin{array}{c} \begin{array}{cccccccccc} 1 & 2 & 3 & 4 & 5 & 1 & 2 & 3 & 4 & 5 \end{array} \\ \left[\begin{array}{ccccc:ccccc} 0 & 0 & 0 & 0 & 0 & 1 & -1 & 0 & -1 & 1 \\ 1 & 1 & 1 & 0 & 0 & 0 & 0 & 0 & 0 & 0 \\ 0 & 0 & 0 & 0 & 0 & 0 & -1 & 1 & -1 & 0 \\ 1 & 0 & 1 & 1 & 0 & 0 & 0 & 0 & 0 & 0 \\ -1 & 0 & 0 & 0 & 1 & 0 & 0 & 0 & 0 & 0 \end{array}\right] \end{array} \tag{7-38}$$

$$\boldsymbol{A}_k=[\boldsymbol{Q}_2\boldsymbol{Q}_4\boldsymbol{Q}_5\boldsymbol{B}_1\boldsymbol{B}_4]=\begin{array}{c} \begin{array}{ccccc} \boldsymbol{Q}_2 & \boldsymbol{Q}_4 & \boldsymbol{Q}_5 & \boldsymbol{B}_1 & \boldsymbol{B}_4 \end{array} \\ \left[\begin{array}{ccc:cc} 0 & 0 & 0 & 1 & -1 \\ 1 & 0 & 0 & 0 & 0 \\ 0 & 0 & 0 & 0 & -1 \\ 0 & 1 & 0 & 0 & 0 \\ 0 & 0 & 1 & 0 & 0 \end{array}\right] \end{array} \tag{7-39}$$

交换列的位置，使得所有 $\boldsymbol{Q}_k$ 列（$\boldsymbol{Q}_2$、$\boldsymbol{Q}_4$、$\boldsymbol{Q}_5$）和互补的 $\boldsymbol{B}_k$ 列（$\boldsymbol{B}_1$）的非零元素都位于 $\boldsymbol{A}_k$ 的主对角线位置，即所有 E 列的列序号与 $\boldsymbol{A}_k$ 的列序号一致，则

$$\boldsymbol{A}_k^*=[\boldsymbol{B}_1\boldsymbol{Q}_2\boldsymbol{B}_{4/3}\boldsymbol{Q}_4\boldsymbol{Q}_5]=\begin{array}{c} \begin{array}{ccccc} \boldsymbol{B}_1 & \boldsymbol{Q}_2 & \boldsymbol{B}_4 & \boldsymbol{Q}_4 & \boldsymbol{Q}_5 \end{array} \\ \begin{bmatrix} 1 & 0 & 0 & 0 & 0 \\ 0 & 1 & 0 & 0 & 0 \\ 0 & 0 & -1 & 0 & 0 \\ 0 & 0 & 0 & 1 & 0 \\ 0 & 0 & 0 & 0 & 1 \end{bmatrix} \end{array} \tag{7-40}$$

这里，交换列的次数（逆序数）$n_{ek}=3$。

由此可得

$$\det \boldsymbol{A}_k=(-1)^{n_{ek}}\cdot\det \boldsymbol{A}_k^*=(-1)^{n_{ek}}\cdot B_{11}\cdot Q_{22}\cdot B_{4/3}\cdot Q_{44}\cdot Q_{55}=(-1)^3\cdot(-1)=1 \tag{7-41}$$

式中，B_{11}、Q_{22}、Q_{44} 和 Q_{55} 都是被 E 化的常数“1”，$B_{4/3}$ 是非 E 化的边 3 和 4 关联的回路因子，它可能是常数“1”或“-1”。这样求得 $\det \boldsymbol{A}_k$ 的结果与用代数法直接计算式(7-37) 的结果一致。有了这个感性认识，按照同样的思路，下面给出求解非互补大子式的引理及其证明和推导过程。

引理 7-9 设 $\boldsymbol{A}_k$ 是关联矩阵 $\boldsymbol{A}$ 的非奇异非互补大子阵，其大子式 $\det \boldsymbol{A}_k$

的值为

$$\det(\boldsymbol{A}_k)=(-1)^{n_{ek}}\cdot \mathrm{BT}[G_d] \tag{7-42}$$

式中，n_{ek} 是大子阵 $\boldsymbol{A}_k$ 列序号的逆序数；G_d 是将 G 中所有互补的 $\boldsymbol{Q}_k$ 边短路，同时将所有互补的 $\boldsymbol{B}_k$ 边开路所得的由 $\boldsymbol{A}_k$ 中非互补边对（出现 2 次的边和出现 0 次的边）构成的树偶图，$\mathrm{BT}[G_d]$ 是树偶图 G_d 的 BT 值。

证明：

设 $\boldsymbol{A}_k=[\boldsymbol{Q}_k\ \boldsymbol{B}_k]$ 是 $\boldsymbol{A}=[\boldsymbol{Q}\ \boldsymbol{B}]$ 的一个非奇异非互补的大子阵。

$\boldsymbol{A}_k$ 非奇异，则 $\boldsymbol{Q}_k$ 非奇异，$\boldsymbol{Q}_k$ 的全部边集 T_k 就是 G 的一个树。不失一般性，以 T_k 为参考树，则 $\boldsymbol{A}$ 可以记为

$$\begin{aligned}\boldsymbol{A}&=[\boldsymbol{Q}\quad \boldsymbol{B}]=[\boldsymbol{E}_{\mathrm{t}}\quad \boldsymbol{Q}_{\mathrm{c}}\quad \boldsymbol{B}_{\mathrm{t}}\quad \boldsymbol{E}_{\mathrm{c}}]\\&=[\boldsymbol{E}_{\mathrm{t1}}\quad \boldsymbol{E}_{\mathrm{t2}}\quad \boldsymbol{Q}_{\mathrm{c1}}\quad \boldsymbol{Q}_{\mathrm{c2}}\quad \boldsymbol{B}_{\mathrm{t1}}\quad \boldsymbol{B}_{\mathrm{t2}}\quad \boldsymbol{E}_{\mathrm{c1}}\quad \boldsymbol{E}_{\mathrm{c2}}]\end{aligned} \tag{7-43}$$

$\boldsymbol{A}$ 矩阵可以由此分块为

$$\boldsymbol{A}=\begin{bmatrix}\boldsymbol{Q} & \boldsymbol{0}\\ \boldsymbol{0} & \boldsymbol{B}\end{bmatrix}=\left[\begin{array}{cc:cc}\boldsymbol{E}_{\mathrm{t}} & \boldsymbol{Q}_{\mathrm{c}} & \boldsymbol{0} & \boldsymbol{0}\\ \hdashline \boldsymbol{0} & \boldsymbol{0} & \boldsymbol{B}_{\mathrm{t}} & \boldsymbol{E}_{\mathrm{c}}\end{array}\right]$$

$$=\left[\begin{array}{cccc:cccc}\boldsymbol{E}_{\mathrm{t1}} & \boldsymbol{0} & \boldsymbol{Q}'_{\mathrm{c1}} & \boldsymbol{Q}'_{\mathrm{c2}} & \boldsymbol{0} & \boldsymbol{0} & \boldsymbol{0} & \boldsymbol{0}\\ \boldsymbol{0} & \boldsymbol{E}_{\mathrm{t2}} & \boldsymbol{Q}''_{\mathrm{c1}} & \boldsymbol{Q}''_{\mathrm{c2}} & \boldsymbol{0} & \boldsymbol{0} & \boldsymbol{0} & \boldsymbol{0}\\ \hdashline \boldsymbol{0} & \boldsymbol{0} & \boldsymbol{0} & \boldsymbol{0} & \boldsymbol{B}'_{\mathrm{t1}} & \boldsymbol{B}'_{\mathrm{t2}} & \boldsymbol{E}_{\mathrm{c1}} & \boldsymbol{0}\\ \boldsymbol{0} & \boldsymbol{0} & \boldsymbol{0} & \boldsymbol{0} & \boldsymbol{B}''_{\mathrm{t1}} & \boldsymbol{B}''_{\mathrm{t2}} & \boldsymbol{0} & \boldsymbol{E}_{\mathrm{c2}}\end{array}\right] \tag{7-44}$$

式中，$\boldsymbol{B}$ 矩阵为

$$\boldsymbol{B}=[\boldsymbol{B}_{\mathrm{t}}\quad \boldsymbol{E}_{\mathrm{c}}]=[\boldsymbol{B}_{\mathrm{t1}}\quad \boldsymbol{B}_{\mathrm{t2}}\quad \boldsymbol{E}_{\mathrm{c1}}\quad \boldsymbol{E}_{\mathrm{c2}}]=\begin{bmatrix}\boldsymbol{B}'_{\mathrm{t1}} & \boldsymbol{B}'_{\mathrm{t2}} & \boldsymbol{E}_{\mathrm{c1}} & \boldsymbol{0}\\ \boldsymbol{B}''_{\mathrm{t1}} & \boldsymbol{B}''_{\mathrm{t2}} & \boldsymbol{0} & \boldsymbol{E}_{\mathrm{c2}}\end{bmatrix} \tag{7-45}$$

因 $\boldsymbol{Q}_k$ 边都是 T 的边，故 $\boldsymbol{Q}_k$ 包含 $\boldsymbol{E}_{\mathrm{t}}$（$\boldsymbol{E}_{\mathrm{t1}}$ 和 $\boldsymbol{E}_{\mathrm{t2}}$）列而不含 $\boldsymbol{Q}_{\mathrm{c}}$（$\boldsymbol{Q}_{\mathrm{c1}}$ 和 $\boldsymbol{Q}_{\mathrm{c2}}$）列。由于 $\boldsymbol{A}_k$ 非互补，故 $\boldsymbol{B}_k$ 中包括一部分 T 列和一部分 C 列。设 $\boldsymbol{B}_k$ 包含 $\boldsymbol{B}_{\mathrm{t1}}$ 列和 $\boldsymbol{E}_{\mathrm{c1}}$ 列，而不包含 $\boldsymbol{B}_{\mathrm{t2}}$ 列和 $\boldsymbol{E}_{\mathrm{c2}}$ 列。则

$$\boldsymbol{A}_k=[\boldsymbol{Q}_k\quad \boldsymbol{B}_k]=[\boldsymbol{E}_{\mathrm{t1}}\quad \boldsymbol{E}_{\mathrm{t2}}\quad \boldsymbol{B}_{\mathrm{t1}}\quad \boldsymbol{E}_{\mathrm{c1}}] \tag{7-46}$$

可见，t_2 列和 c_1 列是互补列（只出现 1 次）；而 t_1 列（出现 2 次）和 c_2 列（出现 0 次）是非互补列。

为了推导 $\boldsymbol{A}_k$ 的计算公式，可以更具体地将 $\boldsymbol{A}_k$ 分块为

$$\boldsymbol{A}_k=\begin{bmatrix}\boldsymbol{Q}_k & \boldsymbol{0}\\ \boldsymbol{0} & \boldsymbol{B}_k\end{bmatrix}=\begin{bmatrix}\boldsymbol{E}_{t1} & \boldsymbol{0} & \boldsymbol{0} & \boldsymbol{0}\\ \boldsymbol{0} & \boldsymbol{E}_{t2} & \boldsymbol{0} & \boldsymbol{0}\\ \boldsymbol{0} & \boldsymbol{0} & \boldsymbol{B}'_{t1} & \mathrm{E}_{c1}\\ \boldsymbol{0} & \boldsymbol{0} & \boldsymbol{B}''_{t1} & \boldsymbol{0}\end{bmatrix} \tag{7-47}$$

交换列使 $\boldsymbol{E}_{t1}$、$\boldsymbol{E}_{t2}$ 和 $\boldsymbol{E}_{c1}$ 中的非零元素位于 $\boldsymbol{A}_k$ 的主对角线，即全部 $\boldsymbol{Q}_k$ 列和互补的 $\boldsymbol{B}_k$ 列位于 $\boldsymbol{A}_k$ 的主对角线且为单位矩阵。设换列次数（逆序数）为 n_{ek}，则式(7－47) 变为

$$\boldsymbol{A}_k^*=\begin{bmatrix}\boldsymbol{Q}_k & \boldsymbol{0}\\ \boldsymbol{0} & \boldsymbol{B}_k\end{bmatrix}=\left[\begin{array}{cc:cc}\boldsymbol{E}_{t1} & \boldsymbol{0} & \boldsymbol{0} & \boldsymbol{0}\\ \boldsymbol{0} & \boldsymbol{E}_{t2} & \boldsymbol{0} & \boldsymbol{0}\\ \hdashline \boldsymbol{0} & \boldsymbol{0} & \boldsymbol{E}_{c1} & \boldsymbol{B}'_{t1}\\ \boldsymbol{0} & \boldsymbol{0} & \boldsymbol{0} & \boldsymbol{B}''_{t1}\end{array}\right] \tag{7-48}$$

式中，$\boldsymbol{E}_{t1}$、$\boldsymbol{E}_{t2}$ 和 $\boldsymbol{E}_{c1}$ 都是单位矩阵，由此可得

$$\det \boldsymbol{A}_k=(-1)^{n_{ek}}\cdot\det \boldsymbol{A}_k^*=(-1)^{n_{ek}}\cdot\det \boldsymbol{E}_{t1}\cdot\det \boldsymbol{E}_{t2}\cdot$$
$$\det \boldsymbol{E}_{c1}\cdot\det \boldsymbol{B}''_{t1}=(-1)^{n_{ek}}\cdot\det \boldsymbol{B}''_{t1} \tag{7-49}$$

可见，计算 $\det \boldsymbol{A}_k$ 就是求解 $\boldsymbol{A}_k$ 列序号的逆序数 n_{ek} 和 $\det \boldsymbol{B}''_{t1}$，关键是如何求解式(7－49) 中的 $\det \boldsymbol{B}''_{t1}$。

由式(7－45) 可知，将 $\boldsymbol{B}_{t2}$ 列删除、将 $\boldsymbol{E}_{c1}$ 列消除，得

$$\boldsymbol{B}''_k=[\boldsymbol{B}''_{t1}\quad \boldsymbol{E}_{c2}] \tag{7-50}$$

删除 $\boldsymbol{B}_{t2}$ 列，相当于将 t_2 边（互补的 $\boldsymbol{Q}_k$ 边）短路（引理 7－4）；消除 $\boldsymbol{E}_{c1}$ 列，相当于将 c_1 边（互补的 $\boldsymbol{B}_k$ 边）开路（引理 7－5）。由式(7－50) 可知，$\boldsymbol{B}''_k$ 恰好是以 t_1 为参考树、以 c_2 为补树的树偶图的 $\boldsymbol{B}$ 矩阵，而 $\boldsymbol{B}''_{t1}$ 正是该树偶图的电压关联矩阵，$\det \boldsymbol{B}''_{t1}$ 恰好就是该树偶图的 BT 值。这里树偶图 $G_d=G(t_2, \overline{c_1}, t_1/c_2)$。

综上可得

$$\det \boldsymbol{A}_k=(-1)^{n_{ek}}\cdot\det(\boldsymbol{B}''_{t1})=(-1)^{n_{ek}}\cdot \mathrm{BT}[G_d] \tag{7-51}$$

至此，引理 7－9 证得。

重画图 7－1 如图 7－2(a) 所示，大子阵 $\boldsymbol{A}_k=[\boldsymbol{Q}_2\boldsymbol{Q}_4\boldsymbol{Q}_5\boldsymbol{B}_1\boldsymbol{B}_4]$，正序 $\boldsymbol{A}_k^*=[\boldsymbol{B}_1\boldsymbol{Q}_2\boldsymbol{B}_4\boldsymbol{Q}_4\boldsymbol{Q}_5]=[\boldsymbol{B}_1\boldsymbol{Q}_2\boldsymbol{B}_{4/3}\boldsymbol{Q}_4\boldsymbol{Q}_5]$，$n_{ek}=3$。短路互补的 $\boldsymbol{Q}_k$ 边 2 和 5，开路

互补的 $\boldsymbol{B}_k$ 边 1，剩余非互补边对 4&3 构成树偶图 G_{d}，即 $G_{\mathrm{d}}=G(2,5,\bar{1},4/3)$，如图 7-2(b) 所示。$\mathrm{BT}[G_{\mathrm{d}}]=B_{3,4}=-1$，故

$$\det \boldsymbol{A}_k=|\boldsymbol{Q}_2\ \boldsymbol{Q}_4\ \boldsymbol{Q}_5\ \boldsymbol{B}_1\ \boldsymbol{B}_4|=(-1)^{n_{ek}}\cdot \mathrm{BT}[G(2,5,\bar{1},4/3)]$$
$$=(-1)^3\cdot(-1)=1$$

与前述计算结果式(7-41)一致。这里只需要依据图 G 和 $\boldsymbol{A}_k$ 的构成，确定逆序数 n_{ek} 及树偶子图 G_{d}，并计算 G_{d} 的 BT 值，不需要给出 $\boldsymbol{A}$ 和 $\boldsymbol{A}_k$ 的完整矩阵表达式，甚至不需要指定参考树。

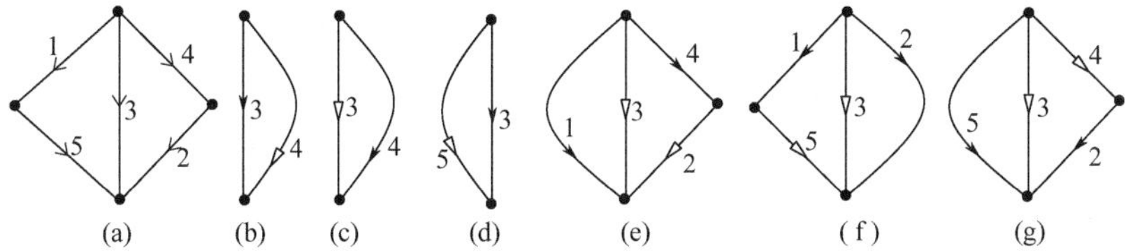

图 7-2　图 G 及其树偶子图

下面再给出几个非互补大子式的计算过程和结果。图 G 及树偶子图如图 7-2 所示。

(1) $\boldsymbol{A}_k=[\boldsymbol{Q}_1\boldsymbol{Q}_2\boldsymbol{Q}_3\boldsymbol{B}_3\boldsymbol{B}_5]$，$\boldsymbol{A}_k^*=[\boldsymbol{Q}_1\boldsymbol{Q}_2\boldsymbol{Q}_3\boldsymbol{B}_{3/4}\boldsymbol{B}_5]$，$n_{ek}=0$，$G_{\mathrm{d}}=G(1,2,\bar{5},3/4)$，如图 7-2(c) 所示，$\mathrm{BT}[G_{\mathrm{d}}]=B_{4,3}=-1$，则 $\det \boldsymbol{A}_k=(-1)^{n_{ek}}\cdot \mathrm{BT}[G(1,2,\bar{5},3/4)]=(-1)^0\cdot(-1)=-1$

(2) $\boldsymbol{A}_k=[\boldsymbol{Q}_1\boldsymbol{Q}_4\boldsymbol{Q}_5\boldsymbol{B}_2\boldsymbol{B}_5]$，$\boldsymbol{A}_k^*=[\boldsymbol{Q}_1\boldsymbol{B}_2\boldsymbol{B}_{5/3}\boldsymbol{Q}_4\boldsymbol{Q}_5]$，$n_{ek}=2$，$G_{\mathrm{d}}=G(1,4,\bar{2},5/3)$，如图 7-2(d) 所示，$\mathrm{BT}[G_{\mathrm{d}}]=B_{3,5}=-1$，则 $\det \boldsymbol{A}_k=(-1)^{n_{ek}}\cdot \mathrm{BT}[G(1,4,\bar{2},5/3)]=(-1)^2\cdot(-1)=-1$

(3) $\boldsymbol{A}_k=[\boldsymbol{Q}_2\boldsymbol{Q}_3\boldsymbol{Q}_5\boldsymbol{B}_2\boldsymbol{B}_3]$。

解 1：$\boldsymbol{A}_k^*=[\boldsymbol{B}_{3/1}\boldsymbol{Q}_2\boldsymbol{Q}_3\boldsymbol{B}_{2/4}\boldsymbol{Q}_5]$，$n_{ek}=3$，$G_{\mathrm{d}}=G(5,3/1,2/4)$，如图 7-2(e) 所示，其中 $B_{4,2}=1$，$B_{1,3}=-1$，$n_{dk}=0$，$\mathrm{BT}[G_{\mathrm{d}}]=B_{4,2}\cdot B_{1,3}=-1$，则

$$\det \boldsymbol{A}_k=(-1)^{n_{ek}}\cdot \mathrm{BT}[G(5,3/1,2/4)]=(-1)^3\cdot(-1)=1$$

解 2：采用不同的排序，$\boldsymbol{A}_k^*=[\boldsymbol{B}_{2/1}\boldsymbol{Q}_2\boldsymbol{Q}_3\boldsymbol{B}_{3/4}\boldsymbol{Q}_5]$，$n_{ek}=4$，$G_{\mathrm{d}}=G(5,2/1,3/4)$，如图 7-2(e) 所示，求得 $B_{4,2}=1$，$B_{1,3}=-1$，$n_{dk}=1$，$\mathrm{BT}[G_{\mathrm{d}}]=(-1)\cdot(1)\cdot(-1)=1$，则

$$\det \boldsymbol{A}_k=(-1)^{n_{ek}}\cdot \mathrm{BT}[G(5,\ 2/1,\ 3/4)]=(-1)^4\cdot(1)=1$$

(4) $\boldsymbol{A}_k=[\boldsymbol{Q}_3\boldsymbol{Q}_4\boldsymbol{Q}_5\boldsymbol{B}_3\boldsymbol{B}_5]$，$\boldsymbol{A}_k^*=[\boldsymbol{B}_{5/1}\boldsymbol{B}_{3/2}\boldsymbol{Q}_3\boldsymbol{Q}_4\boldsymbol{Q}_5]$，$n_{ek}=3$，$G_\mathrm{d}=G(4,5/1,3/2)$，如图 7-2(f) 所示，由图求得 $B_{2,3}=-1$，$B_{1,5}=1$，$n_{dk}=0$，$\mathrm{BT}[G_\mathrm{d}]=(-1)^0\cdot(-1)\cdot(1)=-1$，则

$$\det \boldsymbol{A}_k=(-1)^{n_{ek}}\cdot \mathrm{BT}[G_\mathrm{d}]=(-1)^3\cdot(-1)=1$$

(5) $\boldsymbol{A}_k=[\boldsymbol{Q}_1\boldsymbol{Q}_3\boldsymbol{Q}_4\boldsymbol{B}_3\boldsymbol{B}_4]$，$\boldsymbol{A}_k^*=[\boldsymbol{Q}_1\boldsymbol{B}_{3/2}\boldsymbol{Q}_3\boldsymbol{Q}_4\boldsymbol{B}_{4/5}]$，$n_{ek}=2$，$G_\mathrm{d}=G(1,3/2,4/5)$，如图 7-2(g) 所示，求得 $B_{5,3}=-1$，$B_{2,4}=1$，$n_{dk}=1$，$\mathrm{BT}[G_\mathrm{d}]=(-1)\cdot(-1)\cdot(1)=1$，则

$$\det \boldsymbol{A}_k=(-1)^{n_{ek}}\cdot \mathrm{BT}[G_\mathrm{d}]=(-1)^2\cdot 1=1$$

第 8 章　基本元件展开分析

网络矩阵

$$\boldsymbol{M}=\begin{bmatrix}\boldsymbol{A}\\ \boldsymbol{H}\end{bmatrix}=\begin{bmatrix}\boldsymbol{Q} & \boldsymbol{B}\\ \boldsymbol{R} & \boldsymbol{S}\end{bmatrix} \tag{8-1}$$

式中，关联矩阵 $\boldsymbol{A}=[\boldsymbol{Q}\quad \boldsymbol{B}]$，参数矩阵 $\boldsymbol{H}=[\boldsymbol{R}\quad \boldsymbol{S}]$。单口元件的 VAR 方程在 $\boldsymbol{H}$ 矩阵中占据一行，双口元件的 VAR 方程在 $\boldsymbol{H}$ 矩阵中占据两行。根据拉普拉斯行列式展开公式，可以按照每个元件占据的一行或两行逐个元件地展开行列式。不同类型的元件，得到不同的结果，构成不同的展开模型。

8.1　单口元件的展开

对于单口元件来说，其 VAR 方程一般形式为

$$R_{ii}I_i+S_{ii}U_i=\eta_i \tag{8-2}$$

将边 i 单列，不失一般性，$\boldsymbol{M}$ 可记为

$$\boldsymbol{M}=\left[\begin{array}{cc:cc} Q_{ii} & Q_{il} & B_{ii} & B_{il}\\ Q_{li} & Q_{ll} & B_{li} & B_{ll}\\ \hdashline R_{ii} & 0 & S_{ii} & 0\\ 0 & R_{ll} & 0 & S_{ll}\end{array}\right] \tag{8-3}$$

依据行列式的性质，按照矩阵 $\boldsymbol{H}$ 的第 i 行展开，行列式 $\det \boldsymbol{M}$ 可表示为两个行列式 $D1$ 和 $D2$ 之和，即

$$\det \boldsymbol{M}=\left|\begin{array}{cc:cc} Q_{ii} & Q_{il} & B_{ii} & B_{il}\\ Q_{li} & Q_{ll} & B_{li} & B_{ll}\\ \hdashline R_{ii} & 0 & S_{ii} & 0\\ 0 & R_{ll} & 0 & S_{ll}\end{array}\right|=\left|\begin{array}{cc:cc} Q_{ii} & Q_{il} & B_{ii} & B_{il}\\ Q_{li} & Q_{ll} & B_{li} & B_{ll}\\ \hdashline R_{ii} & 0 & 0 & 0\\ 0 & R_{ll} & 0 & S_{ll}\end{array}\right|$$

$$+\left|\begin{array}{cc:cc} Q_{ii} & Q_{il} & B_{ii} & B_{il}\\ Q_{li} & Q_{ll} & B_{li} & B_{ll}\\ \hdashline 0 & 0 & S_{ii} & 0\\ 0 & R_{ll} & 0 & S_{ll}\end{array}\right|=D1+D2 \tag{8-4}$$

1）$D1=\det \boldsymbol{M}1$

$$\boldsymbol{M}1=\left[\begin{array}{cc:cc} Q_{ii} & Q_{il} & B_{ii} & B_{il} \\ Q_{li} & Q_{ll} & B_{li} & B_{ll} \\ \hdashline R_{ii} & 0 & 0 & 0 \\ 0 & R_{ll} & 0 & S_{ll} \end{array}\right] \tag{8-5}$$

按照 R_{ii} 所在行展开 $\boldsymbol{M}1$，则 $\boldsymbol{Q}_i$ 列被删除、$\boldsymbol{B}_i$ 列保留可以 E 化，从而有

$$\boldsymbol{M}1=\left[\begin{array}{cc:cc} 0 & 0 & E_{ii} & B_{il} \\ 0 & Q_{ll} & 0 & B_{ll} \\ \hdashline R_{ii} & 0 & 0 & 0 \\ 0 & R_{ll} & 0 & S_{ll} \end{array}\right] \tag{8-6}$$

交换 R_{ii} 列和 E_{ii} 列 1 次，得

$$\boldsymbol{M}1^*=\left[\begin{array}{cc:cc} E_{ii} & 0 & 0 & B_{il} \\ 0 & Q_{ll} & 0 & B_{ll} \\ \hdashline 0 & 0 & R_{ii} & 0 \\ 0 & R_{ll} & 0 & S_{ll} \end{array}\right] \tag{8-7}$$

故

$$\det \boldsymbol{M}1=(-1)^1 \cdot \det \boldsymbol{M}1^*=(-1)\cdot E_{ii}\cdot R_{ii}\cdot \begin{vmatrix} \boldsymbol{Q}_{ll} & \boldsymbol{B}_{ll} \\ \boldsymbol{R}_{ll} & \boldsymbol{S}_{ll} \end{vmatrix}=-R_{ii}\det \boldsymbol{M}_l \tag{8-8}$$

式中，$\boldsymbol{M}_l$ 是 E_{ii} 和 R_{ii} 的余子式，即在 $\boldsymbol{M}$ 中将 R_{ii} 所在 $\boldsymbol{Q}_i$ 列删除、将 E_{ii} 所在的 $\boldsymbol{B}_i$ 列消除所余的子矩阵，也是将 G 中边 i 开路所得子图 $G(\bar{i})$ 的 $\boldsymbol{M}$ 矩阵（引理 7－4 和引理 7－5），即

$$\boldsymbol{M}_l=\begin{bmatrix} \boldsymbol{Q}_{ll} & \boldsymbol{B}_{ll} \\ \boldsymbol{R}_{ll} & \boldsymbol{S}_{ll} \end{bmatrix}=\boldsymbol{M}[G(\bar{i})] \tag{8-9}$$

$$\det \boldsymbol{M}_l=\begin{vmatrix} \boldsymbol{Q}_{ll} & \boldsymbol{B}_{ll} \\ \boldsymbol{R}_{ll} & \boldsymbol{S}_{ll} \end{vmatrix}=D[G(\bar{i})] \tag{8-10}$$

从而有

$$D1=-R_{ii}\det \boldsymbol{M}_l=-R_{ii}D[G(\bar{i})] \tag{8-11}$$

若令 $T1$ 为保留的 $\boldsymbol{Q}_i$ 列对应的边集，$T2$ 为被删除的 $\boldsymbol{B}_i$ 列对应的边集，则 $T1$ 和 $T2$ 都不包含边 i。

2）$D2=\det \boldsymbol{M}2$

$$\boldsymbol{M}2=\left[\begin{array}{cc:cc} Q_{ii} & Q_{il} & B_{ii} & B_{il} \\ Q_{li} & Q_{ll} & B_{li} & B_{ll} \\ \hdashline 0 & 0 & S_{ii} & 0 \\ 0 & R_{ll} & 0 & S_{ll} \end{array}\right] \tag{8-12}$$

按照 S_{ii} 所在行展开 $\boldsymbol{M}2$，则 $\boldsymbol{Q}_i$ 列保留可以 E 化、$\boldsymbol{B}_i$ 列被删除。因而

$$\boldsymbol{M}2=\left[\begin{array}{cc:cc} E_{ii} & Q_{il} & 0 & 0 \\ 0 & Q_{ll} & 0 & B_{ll} \\ \hdashline 0 & 0 & S_{ii} & 0 \\ 0 & R_{ll} & 0 & S_{ll} \end{array}\right] \tag{8-13}$$

$$\det \boldsymbol{M}2=E_{ii}\cdot S_{ii}\cdot \begin{vmatrix} \boldsymbol{Q}_{ll} & \boldsymbol{B}_{ll} \\ \boldsymbol{R}_{ll} & \boldsymbol{S}_{ll} \end{vmatrix}=S_{ii}\det \boldsymbol{M}_l \tag{8-14}$$

式中，$\boldsymbol{M}_l$ 是 E_{ii} 和 S_{ii} 的余子阵，即 $\boldsymbol{M}$ 中 $\boldsymbol{Q}_i$ 列消除、$\boldsymbol{B}_i$ 列删除所余的子矩阵，也是将 G 中边 i 短路所得子图 $G(i)$ 的 $\boldsymbol{M}$ 矩阵（引理 7－4 和引理 7－5）。此时，$T1$ 和 $T2$ 都包含边 i，由此得

$$\boldsymbol{M}_l=\begin{bmatrix} \boldsymbol{Q}_{ll} & \boldsymbol{B}_{ll} \\ \boldsymbol{R}_{ll} & \boldsymbol{S}_{ll} \end{bmatrix}=\boldsymbol{M}[G(i)] \tag{8-15}$$

$$\det \boldsymbol{M}_l=\begin{vmatrix} \boldsymbol{Q}_{ll} & \boldsymbol{B}_{ll} \\ \boldsymbol{R}_{ll} & \boldsymbol{S}_{ll} \end{vmatrix}=D[G(i)] \tag{8-16}$$

从而有

$$D2=S_{ii}\det \boldsymbol{M}_l=S_{ii}D[G(i)] \tag{8-17}$$

综上

$$\det\boldsymbol{M}=D1+D2=-R_{ii}D[G(\bar{i})]+S_{ii}D[G(i)] \tag{8-18}$$

依据各类元件 VAR 方程中非零元素在 $\boldsymbol{M}$ 中的位置，由式(8－18) 可得 6 种单口元件的展开结果如下。

8.1.1　导纳元件 $\boldsymbol{Y}_i$

导纳元件的 VAR 方程为

$$I_i-Y_iU_i=0 \tag{8-19}$$

将边 i 单独列出，此时矩阵 $\boldsymbol{M}$ 如下所示。

$$\boldsymbol{M}=\begin{array}{c|cc:cc} Y_i & i & l & i & l \\ \hline i & Q_{ii} & Q_{il} & B_{ii} & B_{il} \\ l & Q_{li} & Q_{ll} & B_{li} & B_{ll} \\ \hdashline i & F_{ii} & 0 & -Y_{ii} & 0 \\ l & 0 & R_{ll} & 0 & S_{ll} \\ \hline \end{array} \tag{8-20}$$

这里，$R_{ii}=F_{ii}=1$，$S_{ii}=-Y_{ii}=-Y_i$，由式(8－11) 和式 (8－17) 可知，

$D1=-R_{ii}D[G(\bar{i})]=-D[G(\bar{i})]$，$T1$ 和 $T2$ 都不包含边 i，p_i不包含 Y_i，$e_i=-1$，$G_i=G(\bar{i})$。

$D2=S_{ii}D[G(i)]=-Y_iD[G(i)]$，$T1$ 和 $T2$ 都包含边 i，p_i包含 Y_i，$e_i=-1$，$G_i=G(i)$。

式中，$T1$ 是保留的 $\boldsymbol{Q}_i$边集合；$T2$ 是删去的 $\boldsymbol{B}_i$边集合；p_i是该元件在该项中的参数因子；e_i是该元件在该项中的符号因子；G_i是按该元件展开时该项所余子图。

故

$$\det \boldsymbol{M}=D1+D2=-D[G(\bar{i})]-Y_iD[G(i)] \tag{8-21}$$

8.1.2 阻抗元件 $\boldsymbol{Z_i}$

阻抗元件的 VAR 方程为

$$U_i-Z_iI_i=0 \tag{8-22}$$

将边 i 单独列出，此时矩阵 $\boldsymbol{M}$ 如下所示。

$$\boldsymbol{M}=\begin{array}{c|cc:cc} Z_i & i & l & i & l \\ \hline i & Q_{ii} & Q_{il} & B_{ii} & B_{il} \\ l & Q_{li} & Q_{ll} & B_{li} & B_{ll} \\ \hdashline i & -Z_{ii} & 0 & F_{ii} & 0 \\ l & 0 & R_{ll} & 0 & S_{ll} \\ \hline \end{array} \tag{8-23}$$

这里，$R_{ii}=-Z_{ii}=-Z_i$，$S_{ii}=F_{ii}=1$，故

$D1=-R_{ii}D[G(\bar{i})]=Z_iD[G(\bar{i})]$，$T1$ 和 $T2$ 都不包含边 i，p_i包含 Z_i，$e_i=1$，$G_i=G(\bar{i})$。

$D2=S_{ii}D[G(i)]=D[G(i)]$，$T1$ 和 $T2$ 都包含边 i，p_i 不包含 Z_i，$e_i=1$，$G_i=G(i)$。

$$\det \boldsymbol{M}=D1+D2=Z_iD[G(\bar{i})]+D[G(i)] \tag{8-24}$$

8.1.3 *E* 和 *C* 元件

E 元件 VAR 方程为 $U_i=U_s$，***C*** 元件的 VAR 方程为 $U_i=0$，它们的 ***M*** 矩阵相同，如下所示。

$$\boldsymbol{M}=\begin{array}{c|cc|cc} E_i,C_i & i & l & i & l \\ \hline i & Q_{ii} & Q_{il} & B_{ii} & B_{il} \\ l & Q_{li} & Q_{ll} & B_{li} & B_{ll} \\ \hline i & 0 & 0 & F_{ii} & 0 \\ l & 0 & R_{ll} & 0 & S_{ll} \end{array} \tag{8-25}$$

这里，$R_{ii}=0$，$S_{ii}=F_{ii}=1$，故

$D1=0$，

$D2=S_{ii}D[G(i)]=D[G(i)]$，$T1$ 和 $T2$ 都包含边 i，p_i 包含常数 1，$e_i=1$，$G_i=G(i)$。

$$\det \boldsymbol{M}=D2=D[G(i)] \tag{8-26}$$

8.1.4 *J* 和 *V* 元件

J 元件的 VAR 方程为 $I_i=I_s$，*V* 元件的 VAR 方程为 $I_i=0$，它们的 ***M*** 矩阵相同，如下所示。

$$\boldsymbol{M}=\begin{array}{c|cc|cc} J_i,V_i & i & l & i & l \\ \hline i & Q_{ii} & Q_{il} & B_{ii} & B_{il} \\ l & Q_{li} & Q_{ll} & B_{li} & B_{ll} \\ \hline i & F_{ii} & 0 & 0 & 0 \\ l & 0 & R_{ll} & 0 & S_{ll} \end{array} \tag{8-27}$$

这里，$R_{ii}=F_{ii}=1$，$S_{ii}=0$，故

$D1=-R_{ii}D[G(\bar{i})]=-D[G(\bar{i})]$，$T1$ 和 $T2$ 都不包含边 i，$p_i=1$，$e_i=-1$，$G_i=G(\bar{i})$。

$D2=0$

$$\det \boldsymbol{M}=-D[G(\bar{i})] \tag{8-28}$$

8.2 双口元件的展开

双口元件包括 4 种形式的受控源和零任偶元件，它们的 VAR 方程一般形式为

$$\begin{cases} R_{ii}I_i+R_{ij}I_j+S_{ii}U_i+S_{ij}U_j=0 \\ R_{jj}I_j+S_{jj}U_j=0 \end{cases} \tag{8-29}$$

将边 i 和 j 单列，不失一般性，$\boldsymbol{M}$ 可记为

$$\boldsymbol{M}=\begin{array}{c|ccc:ccc} X_{ij} & i & j & l & i & j & l \\ \hline i & Q_{ii} & Q_{ij} & Q_{il} & B_{ii} & B_{ij} & B_{il} \\ j & Q_{ji} & Q_{jj} & Q_{jl} & B_{ji} & B_{jj} & B_{jl} \\ l & Q_{li} & Q_{lj} & Q_{ll} & B_{li} & B_{lj} & B_{ll} \\ \hdashline i & R_{ii} & R_{ij} & 0 & S_{ii} & S_{ij} & 0 \\ j & 0 & R_{jj} & 0 & 0 & S_{jj} & 0 \\ l & 0 & 0 & R_{ll} & 0 & 0 & S_{ll} \end{array} \tag{8-30}$$

对于每一种双口元件来说，$\boldsymbol{H}_i$ 行 BR 方程的 R_{ii}、R_{ij}、S_{ii} 和 S_{ij} 中有两个非零，$\boldsymbol{H}_j$ 行 BR 方程的 R_{jj} 和 S_{jj} 中只有一个非零。依据行列式的性质，行列式 $D=\det \boldsymbol{M}$ 可以表示为两个行列式之和，即

$$D=\det \boldsymbol{M}=\det \boldsymbol{M}1+\det \boldsymbol{M}2=D1+D2 \tag{8-31}$$

双口元件有多种不同的类型，下面分别给出 4 种受控源和零任偶元件的展开过程和结果。

8.2.1 VCCS

VCCS 的 VAR 方程为

$$\begin{cases} I_i-g_{ij}U_j=0 \\ I_j=0 \end{cases} \tag{8-32}$$

将该受控源的受控边 i 和控制边 j 单独列出，其余边归入 l 行和 l 列，其 $\boldsymbol{M}$ 矩阵如下。

$\boldsymbol{M}=$

VCCS	I_i	I_j	I_l	U_i	U_j	U_l
i	Q_{ii}	Q_{ij}	Q_{il}	B_{ii}	B_{ij}	B_{il}
j	Q_{ji}	Q_{jj}	Q_{jl}	B_{ji}	B_{jj}	B_{jl}
l	Q_{li}	Q_{lj}	Q_{ll}	B_{li}	B_{lj}	B_{ll}
i	F_{ii}	0	0	0	$-g_{ij}$	0
j	0	F_{jj}	0	0	0	0
l	0	0	R_{ll}	0	0	S_{ll}

(8－33)

该行列式可以按 g_{ij} 所在行拆分为两个行列式之和，即

$$\det \boldsymbol{M}=\det \boldsymbol{M}1+\det \boldsymbol{M}2=D1+D2 \tag{8-34}$$

1）$D1=\det \boldsymbol{M}1$

$\boldsymbol{M}1=$

$\overline{g_{ij}}$	I_i	I_j	I_l	U_i	U_j	U_l
i	Q_{ii}	Q_{ij}	Q_{il}	B_{ii}	B_{ij}	B_{il}
j	Q_{ji}	Q_{jj}	Q_{jl}	B_{ji}	B_{jj}	B_{jl}
l	Q_{li}	Q_{lj}	Q_{ll}	B_{li}	B_{lj}	B_{ll}
i	F_{ii}	0	0	0	0	0
j	0	F_{jj}	0	0	0	0
l	0	0	R_{ll}	0	0	S_{ll}

(8－35)

以“F_{ii}”和“F_{jj}”为主元，删去 $\boldsymbol{Q}_i$ 和 $\boldsymbol{Q}_j$ 列，E 化 $\boldsymbol{B}_i$ 列和 $\boldsymbol{B}_j$ 列，得

$\boldsymbol{M}1=$

$\overline{g_{ij}}$	I_i	I_j	I_l	U_i	U_j	U_l
i	0	0	0	E_{ii}	0	B_{il}
j	0	0	0	0	E_{jj}	B_{jl}
l	0	0	Q_{ll}	0	0	B_{ll}
i	F_{ii}	0	0	0	0	0
j	0	F_{jj}	0	0	0	0
l	0	0	R_{ll}	0	0	S_{ll}

(8－36)

交换列 2 次，使 4 个主元 E_{ii}、E_{jj}、F_{ii} 和 F_{jj} 都位于主对角线，得

$\boldsymbol{M}1^*=$

$\overline{g_{ij}}$	U_i	U_j	I_l	I_i	I_j	U_l
i	E_{ii}	0	0	0	0	B_{il}
j	0	E_{jj}	0	0	0	B_{jl}
l	0	0	Q_{ll}	0	0	B_{ll}
i	0	0	0	F_{ii}	0	0
j	0	0	0	0	F_{jj}	0
l	0	0	R_{ll}	0	0	S_{ll}

(8－37)

则

$$\det \boldsymbol{M}1=(-1)^2 \cdot \det \boldsymbol{M}1^* = E_{ii} \cdot E_{jj} \cdot F_{ii} \cdot F_{jj} \cdot \det \boldsymbol{M}_l = \det \boldsymbol{M}_l \tag{8-38}$$

其中

$$\boldsymbol{M}_l=\begin{bmatrix} \boldsymbol{Q}_{ll} & \boldsymbol{B}_{ll} \\ \boldsymbol{R}_{ll} & \boldsymbol{S}_{ll} \end{bmatrix} \tag{8-39}$$

因 $\boldsymbol{Q}_i$ 列和 $\boldsymbol{Q}_j$ 列被删除，故图 G 中将边 i 和 j 开路所得子图 $G(\bar{i},\bar{j})$ 的 $\boldsymbol{Q}$ 矩阵就是 $\boldsymbol{Q}_{ll}$ 矩阵（引理 7-4），且 $T1$ 不包含边 i 和边 j。因 $\boldsymbol{B}_i$ 列和 $\boldsymbol{B}_j$ 列被消除，故图 G 中将边 i 和 j 开路所得子图 $G(\bar{i},\bar{j})$ 的 $\boldsymbol{B}$ 矩阵就是 $\boldsymbol{B}_{ll}$ 矩阵，且 $T2$ 不包含边 i 和边 j。由此可知，矩阵 $\boldsymbol{M}_l$ 就是图 $G(\bar{i},\bar{j})$ 的 $\boldsymbol{M}$ 矩阵。

$$D_1=\det\boldsymbol{M}1=\det \boldsymbol{M}_l=D[G(\bar{i},\bar{j})] \tag{8-40}$$

这里，$T1$ 和 $T2$ 都不包括边 i 和 j，$p_i=1$，$e_i=1$，$G_i=G(\bar{i},\ \bar{j})$。

2）D2=det $\boldsymbol{M}2$

$\boldsymbol{M}2=$ (8-41)

g_{ij}	I_i	I_j	I_l	U_i	U_j	U_l
i	Q_{ii}	Q_{ij}	Q_{il}	B_{ii}	B_{ij}	B_{il}
j	Q_{ji}	Q_{jj}	Q_{jl}	B_{ji}	B_{jj}	B_{jl}
l	Q_{li}	Q_{lj}	Q_{ll}	B_{li}	B_{lj}	B_{ll}
i	0	0	0	0	$-g_{ij}$	0
j	0	F_{jj}	0	0	0	0
l	0	0	R_{ll}	0	0	S_{ll}

在 $\boldsymbol{M}2$ 的 $\boldsymbol{H}_i$ 行和 $\boldsymbol{H}_j$ 行中，以“$-g_{ij}$”和“F_{jj}”为主元，它们的余子式应保留 $\boldsymbol{Q}_i$ 列并删除 $\boldsymbol{Q}_j$ 列，因而 $T1$ 应包含边 i 而不包含边 j；同时，余子式应保留 $\boldsymbol{B}_i$ 列并删除 $\boldsymbol{B}_j$ 列，因而 $T2$ 不包含边 i 而包含边 j。因为每个边有且仅有 1 列是 E 列，所以 $\boldsymbol{Q}_i$ 列和 $\boldsymbol{B}_i$ 列都保留，但只能 E 化 1 列；$\boldsymbol{Q}_j$ 列和 $\boldsymbol{B}_j$ 列都删除，但仍有 1 列可以 E 化。我们选择 E 化 $\boldsymbol{Q}_i$ 列和 $\boldsymbol{B}_j$ 列，从而有

$\boldsymbol{M}2=$ (8-42)

g_{ij}	I_i	I_j	I_l	U_i	U_j	U_l
i	E_{ii}	Q_{ij}	Q_{il}	0	0	0
j	0	0	0	B_{ji}	E_{jj}	B_{jl}
l	0	Q_{lj}	Q_{ll}	B_{li}	0	B_{ll}
i	0	0	0	0	$-g_{ij}$	0
j	0	F_{jj}	0	0	0	0
l	0	0	R_{ll}	0	0	S_{ll}

$\boldsymbol{M}2$ 中，除主元 F_{jj} 和"$-g_{ij}$"外，E_{ii} 可以作主元，而 E_{jj} 不能作主元。对于 $\boldsymbol{B}_i$ 列来说，我们选取 B_{ji} 为主元，并消去该列其余非零元素。若 $B_{ji}=0$，可通过等值初等变换使 B_{ji} 非零，再选取 B_{ji} 为主元。从而有

$\boldsymbol{M}2=$　　(8-43)

g_{ij}	I_i	I_j	I_l	U_i	U_j	U_l
i	E_{ii}	Q_{ij}	Q_{il}	0	0	0
j	0	0	0	B_{ji}	B_{jj}	B_{jl}
l	0	Q_{lj}	Q_{ll}	0	B_{lj}	B_{ll}
i	0	0	0	0	$-g_{ij}$	0
j	0	F_{jj}	0	0	0	0
l	0	0	R_{ll}	0	0	S_{ll}

换列 2 次，使得 4 个主元 E_{ii}、B_{ji}、"$-g_{ij}$"和 F_{jj} 都位于 $\boldsymbol{M}2$ 的主对角线。注意，g_{ij} 在 $\boldsymbol{S}$ 矩阵的第 i 行第 j 列位置，应换列到 $\boldsymbol{S}$ 矩阵的第 i 行第 i 列位置，故换列 2 次。结果为

$\boldsymbol{M}2^*=$　　(8-44)

g_{ij}	I_i	U_i	I_l	U_j	I_j	U_l
i	E_{ii}	0	Q_{il}	0	0	0
j	0	B_{ji}	0	0	0	B_{jl}
l	0	0	Q_{ll}	0	0	B_{ll}
i	0	0	0	$-g_{ij}$	0	0
j	0	0	0	0	F_{jj}	0
l	0	0	R_{ll}	0	0	S_{ll}

消去 E_{ii} 所在的 $\boldsymbol{Q}_i$ 列和 B_{ji} 所在的 $\boldsymbol{B}_i$ 列，删去"$-g_{ij}$"所在的 $\boldsymbol{B}_j$ 列和 F_{jj} 所在的 $\boldsymbol{Q}_j$ 列，得

$$\begin{array}{cc} & \begin{array}{cc} I_l & U_l \end{array} \\ \boldsymbol{M}_l = \begin{array}{c} l \\ l \end{array} & \begin{bmatrix} \boldsymbol{Q}_{ll} & \boldsymbol{B}_{ll} \\ \boldsymbol{R}_{ll} & \boldsymbol{S}_{ll} \end{bmatrix} \end{array} \tag{8-45}$$

因而可得

$$\begin{aligned} \det \boldsymbol{M}2 &= (-1)^2 \cdot \det \boldsymbol{M}2^* = E_{ii} \cdot B_{ji} \cdot (-g_{ij}) \cdot F_{jj} \cdot \det \boldsymbol{M}_l \\ &= -g_{ij} \cdot B_{ji} \cdot \det \boldsymbol{M}_l \end{aligned} \tag{8-46}$$

即

$$D2=\det \boldsymbol{M}2=-g_{ij} \cdot B_{ji} \cdot \det \boldsymbol{M}_l \tag{8-47}$$

为了计算式(8-47) 中的 B_{ji}，考查式(8-42) 中的 $\boldsymbol{B}_j$ 行，得

$$\begin{matrix} & U_i & U_j & U_l \\ \boldsymbol{B}_j = [& B_{ji} & E_{jj} & B_{jl}] \end{matrix} \tag{8-48}$$

该式描绘的是以边 j 为参考连支的单连支回路的 KVL 方程，即

$$[B_{ji} \quad E_{jj} \quad B_{jl}]\begin{bmatrix} U_i \\ U_j \\ U_l \end{bmatrix}=0 \tag{8-49}$$

比较 $\boldsymbol{B}=[B_t \quad E_c]$，可知 B_{ji} 属于 $\boldsymbol{B}_t$，E_{jj} 属于 $\boldsymbol{E}_c$，因而 B_{ji} 就是图 G 包括连支边 j 和树支边 i 的单连支回路中边 j 与边 i 的回路关联因子。若边 i 与边 j 沿回路方向一致，则 $B_{ji}=1$；若边 i 与边 j 沿回路方向相反，则 $B_{ji}=-1$。

至于式(8-47) 中的 $\boldsymbol{M}_l$，由式(8-43) 可知，$\boldsymbol{M}_l$ 的 $\boldsymbol{Q}$ 矩阵中，$\boldsymbol{Q}_i$ 列被消除、$\boldsymbol{Q}_j$ 列被删除，它就是将图 G 中边 i 短路、边 j 开路所得子图 $G1=G(i,\bar{j})$ 的 $\boldsymbol{Q}$ 矩阵，从而可知$Q_{ll}=Q[G1]=Q[G(i,\bar{j})]$。而 $\boldsymbol{M}_l$ 的 $\boldsymbol{B}$ 矩阵中，$\boldsymbol{B}_i$ 列被消除，$\boldsymbol{B}_j$ 列被删除，它就是将图 G 中边 i 开路、边 j 短路所得子图$G2=G(\bar{i},j)$ 的 $\boldsymbol{B}$ 矩阵，从而可知$\boldsymbol{B}_{ll}=\boldsymbol{B}[G2]=B[G(\bar{i},j)]$。这样，在计算 det $\boldsymbol{M}_l$时 $\boldsymbol{Q}_k$和 $\boldsymbol{B}_k$不再具有互补性，需要采用 2 个不同的子图。这给后续的计算带来不便。本书引入“着色”技术，对该受控源的受控边 i 和控制边 j 分别着不同的颜色，受控边着红色、控制边着黄色，作为标记，表明该项参数 p_k包括元件参数g_{ij}，边对 $i\&j$ 已被树对 $T1$ 与 $T2$ 包括，回路关联因子 B_{ji}应在以受控边i 为参考树支及控制边 j 为参考连支的子图 G_l 中获得。若将包含着色边对 $i\&j$ 的子图记为$G(i/j)$，则 det $M_l=D[G(i/j)]$。从而得到

$$D2=\det \boldsymbol{M}2=-g_{ij}\cdot B_{ji}\cdot \det \boldsymbol{M}_l=-g_{ij}\cdot B_{ji}\cdot D[G(i/j)] \tag{8-50}$$

可见，按照 VCCS 元件展开网络行列式时，当展开项 $D2$ 的参数 p_i包括受控源参数 g_{ij}时，该项由式(8-50) 给出，其中，$T1$ 包含边 i 而不包含边 j，$T2$ 不包括边 i 而包含边 j，$p_i=g_{ij}$，$e_i=-1$，$G_i=G(i/j)$，B_{ji}由黄色边 j 和红色边 i 构成的回路确定。

综上，行列式 det $\boldsymbol{M}$ 按照 VCCS 参数 g_{ij}展开的结果为

$$\det \boldsymbol{M}=D1+D2=D[G(\bar{i},\bar{j})]+(-g_{ij})\cdot B_{ji}\cdot D[G(i/j)] \tag{8-51}$$

8.2.2　CCCS

对于 CCCS 来说，其 VAR 方程为

$$\begin{cases} I_i-\beta_{ij}I_j=0 \\ U_j=0 \end{cases} \tag{8-52}$$

将该受控源的受控边 i 和控制边 j 单独列出，其余边归入 l 行和 l 列，其 $\boldsymbol{M}$ 矩阵如下。

$$\boldsymbol{M}=\begin{array}{c|ccc:ccc} \text{CCCS} & i & j & l & i & j & l \\ \hline i & Q_{ii} & Q_{ij} & Q_{il} & B_{ii} & B_{ij} & B_{il} \\ j & Q_{ji} & Q_{jj} & Q_{jl} & B_{ji} & B_{jj} & B_{jl} \\ l & Q_{li} & Q_{lj} & Q_{ll} & B_{li} & B_{lj} & B_{ll} \\ \hdashline i & F_{ii} & -\beta_{ij} & 0 & 0 & 0 & 0 \\ j & 0 & 0 & 0 & 0 & F_{jj} & 0 \\ l & 0 & 0 & R_{ll} & 0 & 0 & S_{ll} \\ \hline \end{array} \tag{8-53}$$

该行列式可以按 $\boldsymbol{H}_i$ 行拆分为两个行列式之和，即

$$\det \boldsymbol{M}=\det \boldsymbol{M}1+\det \boldsymbol{M}2=D1+D2 \tag{8-54}$$

1）$D1=\det \boldsymbol{M}1$

$$\boldsymbol{M}1=\begin{array}{c|ccc:ccc} \overline{\beta_{ij}} & i & j & l & i & j & l \\ \hline i & Q_{ii} & Q_{ij} & Q_{il} & B_{ii} & B_{ij} & B_{il} \\ j & Q_{ji} & Q_{jj} & Q_{jl} & B_{ji} & B_{jj} & B_{jl} \\ l & Q_{li} & Q_{lj} & Q_{ll} & B_{li} & B_{lj} & B_{ll} \\ \hdashline i & F_{ii} & 0 & 0 & 0 & 0 & 0 \\ j & 0 & 0 & 0 & 0 & F_{jj} & 0 \\ l & 0 & 0 & R_{ll} & 0 & 0 & S_{ll} \\ \hline \end{array} \tag{8-55}$$

以 F_{ii} 和 F_{jj} 为主元、删去 $\boldsymbol{Q}_i$ 列和 $\boldsymbol{B}_j$ 列，保留并 E 化 $\boldsymbol{Q}_j$ 列和 $\boldsymbol{B}_i$ 列，得

$$\boldsymbol{M}1=\begin{array}{c|ccc:ccc} \overline{\beta_{ij}} & i & j & l & i & j & l \\ \hline i & 0 & 0 & 0 & E_{ii} & 0 & B_{il} \\ j & 0 & E_{jj} & Q_{jl} & 0 & 0 & 0 \\ l & 0 & 0 & Q_{ll} & 0 & 0 & B_{ll} \\ \hdashline i & F_{ii} & 0 & 0 & 0 & 0 & 0 \\ j & 0 & 0 & 0 & 0 & F_{jj} & 0 \\ l & 0 & 0 & R_{ll} & 0 & 0 & S_{ll} \\ \hline \end{array} \tag{8-56}$$

换列 1 次，使 4 个主元 E_{ii}、E_{jj}、F_{ii} 和 F_{jj} 都位于 $\boldsymbol{M}1$ 主对角线，得

$\boldsymbol{M}1^{*}=$ (8-57)

$\overline{\beta_{ij}}$	i	j	l	i	j	l
i	E_{ii}	0	0	0	0	0
j	0	E_{jj}	0	0	0	0
l	0	0	Q_{ll}	0	0	B_{ll}
i	0	0	0	F_{ii}	0	0
j	0	0	0	0	F_{jj}	0
l	0	0	R_{ll}	0	0	S_{ll}

则

$$\det\boldsymbol{M}1=(-1)^{1}\cdot\det\boldsymbol{M}1^{*}=(-1)\cdot E_{ii}\cdot E_{jj}\cdot F_{ii}\cdot F_{jj}\cdot\det\boldsymbol{M}_{l}=-\det\boldsymbol{M}_{l} \tag{8-58}$$

式中，$\boldsymbol{M}_{l}$就是删除$\boldsymbol{Q}_{i}$和$\boldsymbol{B}_{j}$列、消除$\boldsymbol{Q}_{j}$和$\boldsymbol{B}_{i}$列所得的子式，即

$$\boldsymbol{M}_{l}=\begin{bmatrix}\boldsymbol{Q}_{ll} & \boldsymbol{B}_{ll}\\ \boldsymbol{R}_{ll} & \boldsymbol{S}_{ll}\end{bmatrix} \tag{8-59}$$

由引理 7-4 和 7-5 可知，$\boldsymbol{Q}_{ll}$和$\boldsymbol{B}_{ll}$就是开路边 i 和短路边 j 的子图 $G(\bar{i}，j)$ 的 $\boldsymbol{Q}$ 和 $\boldsymbol{B}$ 矩阵，因而 $\boldsymbol{M}_{l}$就是 $G(\bar{i}，j)$ 的 $\boldsymbol{M}$ 矩阵。故

$$D1=-\det\boldsymbol{M}_{l}=-D[G(\bar{i},\mathrm{j})] \tag{8-60}$$

可见，按照 CCCS 元件展开网络行列式时，展开项 $D1$ 的参数 p_{i}不包括受控源参数β_{ij}，该项由式(8-60) 给出，$T1$ 和 $T2$ 不包含边 i 而包含边 j，$p_{i}=1$，$e_{i}=-1$，$G_{i}=G(\bar{i}，j)$。

2) $D2=\det\boldsymbol{M}2$

$\boldsymbol{M}2=$ (8-61)

β_{ij}	I_i	I_j	I_l	U_i	U_j	U_l
i	Q_{ii}	Q_{ij}	Q_{il}	B_{ii}	B_{ij}	B_{il}
j	Q_{ji}	Q_{jj}	Q_{jl}	B_{ji}	B_{jj}	B_{jl}
l	Q_{li}	Q_{lj}	Q_{ll}	B_{li}	B_{lj}	B_{ll}
i	0	$-\beta_{ij}$	0	0	0	0
j	0	0	0	0	F_{jj}	0
l	0	0	R_{ll}	0	0	S_{ll}

E 化$\boldsymbol{Q}_{i}$和$\boldsymbol{B}_{j}$列，删去$\boldsymbol{Q}_{j}$列，得

$$
\boldsymbol{M}2=\begin{array}{c|ccc:ccc}
\beta_{ij} & I_i & I_j & I_l & U_i & U_j & U_l \\ \hline
i & E_{ii} & 0 & Q_{il} & 0 & 0 & 0 \\
j & 0 & 0 & 0 & B_{ji} & E_{jj} & B_{jl} \\
l & 0 & 0 & Q_{ll} & B_{li} & 0 & B_{ll} \\ \hdashline
i & 0 & -\beta_{ij} & 0 & 0 & 0 & 0 \\
j & 0 & 0 & 0 & 0 & F_{jj} & 0 \\
l & 0 & 0 & R_{ll} & 0 & 0 & S_{ll} \\ \hline
\end{array} \tag{8-62}
$$

选取 B_{ji} 做主元，消 $\boldsymbol{B}_i$ 列；再以 F_{jj} 为主元，删除 $\boldsymbol{B}_j$ 列，得

$$
\boldsymbol{M}2=\begin{array}{c|ccc:ccc}
\beta_{ij} & I_i & I_j & I_l & U_i & U_j & U_l \\ \hline
i & E_{ii} & 0 & Q_{il} & 0 & 0 & 0 \\
j & 0 & 0 & 0 & B_{ji} & 0 & B_{jl} \\
l & 0 & 0 & Q_{ll} & 0 & 0 & B_{ll} \\ \hdashline
i & 0 & -\beta_{ij} & 0 & 0 & 0 & 0 \\
j & 0 & 0 & 0 & 0 & F_{jj} & 0 \\
l & 0 & 0 & R_{ll} & 0 & 0 & S_{ll} \\ \hline
\end{array} \tag{8-63}
$$

换列 1 次，使主元 E_{ii}、F_{jj}、B_{ji} 和“$-\beta_{ij}$”位于主对角线位置，即

$$
\boldsymbol{M}2^*=\begin{array}{c|ccc:ccc}
\beta_{ij} & I_i & U_i & I_l & I_j & U_j & U_l \\ \hline
i & E_{ii} & 0 & Q_{il} & 0 & 0 & 0 \\
j & 0 & B_{ji} & 0 & 0 & 0 & B_{jl} \\
l & 0 & 0 & Q_{ll} & 0 & 0 & B_{ll} \\ \hdashline
i & 0 & 0 & 0 & -\beta_{ij} & 0 & 0 \\
j & 0 & 0 & 0 & 0 & F_{jj} & 0 \\
l & 0 & 0 & R_{ll} & 0 & 0 & S_{ll} \\ \hline
\end{array} \tag{8-64}
$$

则

$$
\begin{aligned}
D2&=(-1)^1\cdot\det\boldsymbol{M}2^*=(-1)^1\cdot E_{ii}\cdot B_{ji}\cdot(-\beta_{ij})\cdot F_{jj}\cdot\det\boldsymbol{M}_l\\
&=\beta_{ij}\cdot B_{ji}\cdot\det\boldsymbol{M}_l
\end{aligned} \tag{8-65}
$$

其中，$\boldsymbol{M}_l$ 为

$$
\boldsymbol{M}_l=\begin{bmatrix}\boldsymbol{Q}_{ll} & \boldsymbol{B}_{ll}\\ \boldsymbol{R}_{ll} & \boldsymbol{S}_{ll}\end{bmatrix} \tag{8-66}
$$

由引理 7－4 和 7－5 可知，因 $\boldsymbol{Q}_i$ 被消列、$\boldsymbol{Q}_j$ 被删列，故 $\boldsymbol{Q}_{ll}$ 就是边 i 短路和边 j 开路的子图 $G(i,\ \bar{j})$ 的 $\boldsymbol{Q}$ 矩阵；因 $\boldsymbol{B}_i$ 被消列、$\boldsymbol{B}_j$ 被删列，故 $\boldsymbol{B}_{ll}$ 就是边 i 开路和边 j 短路的子图 $G(\bar{i},\ j)$ 的 $\boldsymbol{B}$ 矩阵。因而 $\boldsymbol{M}_l$ 就是将边对 $i\&j$ 着色后

的子图 $G[i/j]$ 的 $\boldsymbol{M}$ 矩阵，则

$$D2=\beta_{ij}\cdot B_{ji}\cdot \det \boldsymbol{M}_l=\beta_{ij}\cdot B_{ji}\cdot D[G(i/j)] \qquad (8-67)$$

可见，按照 CCCS 元件展开网络行列式时，展开项 $D2$ 的参数 p_i 包括受控源参数 β_{ij}，该项由式(8－67）给出。也就是说，对于 $D2$ 项，$T1$ 包含边 i 而不包含边 j，$T2$ 不包含边 i 而包含边 j，$p_i=\beta_{ij}$，$e_i=1$，$G_i=G(i/j)$，且 B_{ji} 由红色边 i 和黄色边 j 构成的回路确定。

综上，网络行列式按照受控源 CCCS 的参数 β_{ij} 展开的结果为

$$\det\boldsymbol{M}=D1+D2=-D[G(\bar{i},j)]+\beta_{ij}\cdot B_{ji}\cdot D[(i/j)] \qquad (6-68)$$

8.2.3 VCVS

对于 VCVS 来说，其 VAR 方程为

$$\begin{cases} U_i-\mu_{ij}U_j=0 \\ I_j=0 \end{cases} \qquad (8-69)$$

将受控边 i 和控制边 j 单独列出，其余边归入 l 行和 l 列，其 $\boldsymbol{M}$ 矩阵如下。

$\boldsymbol{M}=$ (8－70)

VCVS	i	j	l	i	j	l
i	Q_{ii}	Q_{ij}	Q_{il}	B_{ii}	B_{ij}	B_{il}
j	Q_{ji}	Q_{jj}	Q_{jl}	B_{ji}	B_{jj}	B_{jl}
l	Q_{li}	Q_{lj}	Q_{ll}	B_{li}	B_{lj}	B_{ll}
i	0	0	0	F_{ii}	$-\mu_{ij}$	0
j	0	F_{jj}	0	0	0	0
l	0	0	R_{ll}	0	0	S_{ll}

该行列式按 $\boldsymbol{H}_i$ 行拆分为两个行列式之和，即

$$\det \boldsymbol{M}=\det \boldsymbol{M}1+\det \boldsymbol{M}2=D1+D2 \qquad (8-71)$$

1）$D1=\det \boldsymbol{M}1$

$\boldsymbol{M}1=$ (8－72)

$\overline{\mu_{ij}}$	i	j	l	i	j	l
i	Q_{ii}	Q_{ij}	Q_{il}	B_{ii}	B_{ij}	B_{il}
j	Q_{ji}	Q_{jj}	Q_{jl}	B_{ji}	B_{jj}	B_{jl}
l	Q_{li}	Q_{lj}	Q_{ll}	B_{li}	B_{lj}	B_{ll}
i	0	0	0	F_{ii}	0	0
j	0	F_{jj}	0	0	0	0
l	0	0	R_{ll}	0	0	S_{ll}

以 F_{ii} 和 F_{jj} 为主元、删去 $\boldsymbol{Q}_j$ 和 $\boldsymbol{B}_i$ 列，保留并 E 化 $\boldsymbol{Q}_i$ 列和 $\boldsymbol{B}_j$ 列，得

$\boldsymbol{M}1=$

$\overline{\mu_{ij}}$	i	j	l	i	j	l
i	E_{ii}	0	Q_{il}	0	0	0
j	0	0	0	0	E_{jj}	B_{jl}
l	0	0	Q_{ll}	0	0	B_{ll}
i	0	0	0	F_{ii}	0	0
j	0	F_{jj}	0	0	0	0
l	0	0	R_{ll}	0	0	S_{ll}

(8－73)

换列 1 次，使 4 个主元 E_{ii}、E_{jj}、F_{ii} 和 F_{jj} 都位于 $\boldsymbol{M}1$ 的主对角线，得

$\boldsymbol{M}1^*=$

$\overline{\mu_{ij}}$	I_i	U_j	I_l	U_i	I_j	U_l
i	E_{ii}	0	0	0	0	0
j	0	E_{jj}	0	0	0	0
l	0	0	Q_{ll}	0	0	B_{ll}
i	0	0	0	F_{ii}	0	0
j	0	0	0	0	F_{jj}	0
l	0	0	R_{ll}	0	0	S_{ll}

(8－74)

则

$$\det \boldsymbol{M}1=(-1)^1\cdot\det\boldsymbol{M}1^*=(-1)^1\cdot E_{ii}\cdot E_{jj}\cdot F_{ii}\cdot F_{jj}\cdot\det \boldsymbol{M}_l=-\det \boldsymbol{M}_l \tag{8-75}$$

其中，$\boldsymbol{M}_l$ 就是以 E_{ii} 为主元消除 $\boldsymbol{Q}_i$ 列、以 E_{jj} 为主元消除 $\boldsymbol{B}_j$ 列、以 F_{ii} 为主元删除 $\boldsymbol{B}_i$ 列、以 F_{jj} 为主元删除 $\boldsymbol{Q}_j$ 列所得的余子式，即

$$\boldsymbol{M}_l=\begin{bmatrix}\boldsymbol{Q}_{ll} & \boldsymbol{B}_{ll}\\ \boldsymbol{R}_{ll} & \boldsymbol{S}_{ll}\end{bmatrix} \tag{8-76}$$

由引理 7－4 和引理 7－5 可知，$\boldsymbol{M}_l$ 就是短路边 i 和开路边 j 的子图 $G(i,\bar{j})$ 的 $\boldsymbol{M}$ 矩阵，因而

$$D1=-\det \boldsymbol{M}_l=-D[G(i,\bar{j})] \tag{8-77}$$

可见，按照 VCVS 元件展开网络行列式时，展开项 $D1$ 的参数 p_i 不包括受控源参数 μ_{ij}，该项由式(8－77) 给出，$T1$ 和 $T2$ 包含边 i 而不包含边 j，$p_i=1$，$e_i=-1$，$G_i=G(i,\bar{j})$。

2）$D2=\det \boldsymbol{M}2$

$$\boldsymbol{M}2=\begin{array}{c|ccc:ccc} \mu_{ij} & i & j & l & i & j & l \\ \hline i & Q_{ii} & Q_{ij} & Q_{il} & B_{ii} & B_{ij} & B_{il} \\ j & Q_{ji} & Q_{jj} & Q_{jl} & B_{ji} & B_{jj} & B_{jl} \\ l & Q_{li} & Q_{lj} & Q_{ll} & B_{li} & B_{lj} & B_{ll} \\ \hdashline i & 0 & 0 & 0 & 0 & -\mu_{ij} & 0 \\ j & 0 & F_{jj} & 0 & 0 & 0 & 0 \\ l & 0 & 0 & R_{ll} & 0 & 0 & S_{ll} \\ \hline \end{array} \tag{8-78}$$

E 化 $\boldsymbol{Q}_i$ 和 $\boldsymbol{B}_j$ 列、以 F_{jj} 为主元删除 $\boldsymbol{Q}_j$ 列、以“$-\mu_{ij}$”为主元删除 $\boldsymbol{B}_j$ 列，以 B_{ji} 为主元，列消元，得

$$\boldsymbol{M}2=\begin{array}{c|ccc:ccc} \mu_{ij} & I_i & I_j & I_l & U_i & U_j & U_l \\ \hline i & E_{ii} & 0 & Q_{il} & 0 & 0 & 0 \\ j & 0 & 0 & 0 & B_{ji} & 0 & B_{jl} \\ l & 0 & 0 & Q_{ll} & 0 & 0 & B_{ll} \\ \hdashline i & 0 & 0 & 0 & 0 & -\mu_{ij} & 0 \\ j & 0 & F_{jj} & 0 & 0 & 0 & 0 \\ l & 0 & 0 & R_{ll} & 0 & 0 & S_{ll} \\ \hline \end{array} \tag{8-79}$$

换列 2 次，使主元 E_{ii}、F_{jj}、B_{ji} 和“$-\mu_{ij}$”位于主对角线位置，即

$$\boldsymbol{M}2^*=\begin{array}{c|ccc:ccc} \mu_{ij} & I_i & U_i & I_l & U_j & I_j & U_l \\ \hline i & E_{ii} & 0 & Q_{il} & 0 & 0 & 0 \\ j & 0 & B_{ji} & 0 & 0 & 0 & B_{jl} \\ l & 0 & 0 & Q_{ll} & 0 & 0 & B_{ll} \\ \hdashline i & 0 & 0 & 0 & -\mu_{ij} & 0 & 0 \\ j & 0 & 0 & 0 & 0 & F_{jj} & 0 \\ l & 0 & 0 & R_{ll} & 0 & 0 & S_{ll} \\ \hline \end{array} \tag{8-80}$$

则

$$\begin{aligned} D2 &=(-1)^2\cdot\det\boldsymbol{M}2^*=(-1)^1\cdot E_{ii}\cdot B_{ji}\cdot(-\mu_{ij})\cdot F_{jj}\cdot\det\boldsymbol{M}_l \\ &=\mu_{ij}\cdot B_{ji}\cdot\det\boldsymbol{M}_l \end{aligned} \tag{8-81}$$

$$\boldsymbol{M}_l=\begin{bmatrix} \boldsymbol{Q}_{ll} & \boldsymbol{B}_{ll} \\ \boldsymbol{R}_{ll} & \boldsymbol{S}_{ll} \end{bmatrix} \tag{8-82}$$

因 $\boldsymbol{Q}_i$ 列被消除、$\boldsymbol{Q}_j$ 列被删除，故 $\boldsymbol{Q}_{ll}$ 就是边 i 短路和边 j 开路的子图 $G(i,\bar{j})$ 的 $\boldsymbol{Q}$ 矩阵；因 $\boldsymbol{B}_i$ 列被消除、$\boldsymbol{B}_j$ 列被删除，故 $\boldsymbol{B}_{ll}$ 就是边 i 开路和边 j 短路

的子图 $G(\bar{i},\ j)$ 的 $\boldsymbol{B}$ 矩阵。由此可知，$\boldsymbol{M}_l$ 就是边对 $i\&j$ 着色的子图 $G(i/j)$ 的 $\boldsymbol{M}$ 矩阵。因而

$$D2=\mu_{ij}\cdot B_{ji}\cdot \det \boldsymbol{M}_l=\mu_{ij}\cdot B_{ji}\cdot D[G(i/j)] \tag{8-83}$$

可见，按照 VCVS 元件展开网络行列式时，展开项 $D2$ 的参数 p_i 包括受控源参数 μ_{ij}，该项由式(8－83）给出。也就是说，对于 $D2$ 项，$T1$ 包含边 i 而不包含边 j，$T2$ 不包含边 i 而包含边 j，$p_i=\mu_{ij}$，$e_i=1$，$G_i=G(i/j)$，且 B_{ji} 由着色边对 j 和 i 构成的回路确定。

综上，网络行列式 $\det \boldsymbol{M}$ 按照 VCVS 的参数 μ_{ij} 展开的结果为

$$D=\det \boldsymbol{M}=D1+D2=-D[G(i,\bar{j})]+\mu_{ij}\cdot B_{ji}\cdot D[(i/j)] \tag{8-84}$$

8.2.4　CCVS

CCVS 的 VAR 方程为

$$\begin{cases} U_i-r_{ij}I_j=0 \\ U_j=0 \end{cases} \tag{8-85}$$

其 $\boldsymbol{M}$ 矩阵为

$$\boldsymbol{M}=\begin{array}{c|ccc:ccc}
\text{CCVS} & I_i & I_j & I_l & U_i & U_j & U_l \\ \hline
i & Q_{ii} & Q_{ij} & Q_{il} & B_{ii} & B_{ij} & B_{il} \\
j & Q_{ji} & Q_{jj} & Q_{jl} & B_{ji} & B_{jj} & B_{ll} \\
l & Q_{li} & Q_{lj} & Q_{ll} & B_{li} & B_{lj} & B_{jl} \\ \hdashline
i & 0 & -r_{ij} & 0 & F_{ii} & 0 & 0 \\
j & 0 & 0 & 0 & 0 & F_{jj} & 0 \\
l & 0 & 0 & R_{ll} & 0 & 0 & S_{ll} \\ \hline
\end{array} \tag{8-86}$$

行列式 $\det \boldsymbol{M}$ 可以按 r_{ij} 所在行拆分为两项。

$$\det \boldsymbol{M}=\det \boldsymbol{M}1+\det \boldsymbol{M}2=D1+D2 \tag{8-87}$$

1）$D1=\det \boldsymbol{M}1$

$$\boldsymbol{M}1=\begin{array}{c|ccc:ccc}
\overline{r_{ij}} & I_i & I_j & I_l & U_i & U_j & U_l \\ \hline
i & Q_{ii} & Q_{ij} & Q_{il} & B_{ii} & B_{ij} & B_{il} \\
j & Q_{ji} & Q_{jj} & Q_{jl} & B_{ji} & B_{jj} & B_{jl} \\
l & Q_{li} & Q_{lj} & Q_{ll} & B_{li} & B_{lj} & B_{ll} \\ \hdashline
i & 0 & 0 & 0 & F_{ii} & 0 & 0 \\
j & 0 & 0 & 0 & 0 & F_{jj} & 0 \\
l & 0 & 0 & R_{ll} & 0 & 0 & S_{ll} \\ \hline
\end{array} \tag{8-88}$$

E 化 $\boldsymbol{Q}_i$列和$\boldsymbol{Q}_j$列，删去$\boldsymbol{B}_i$列和$\boldsymbol{B}_j$列，得

$$\boldsymbol{M}1=\begin{array}{c|ccc:ccc} \overline{r_{ij}} & I_i & I_j & I_l & U_i & U_j & U_l \\ \hline i & E_{ii} & 0 & Q_{il} & 0 & 0 & 0 \\ j & 0 & E_{jj} & Q_{jl} & 0 & 0 & 0 \\ l & 0 & 0 & Q_{ll} & 0 & 0 & B_{ll} \\ \hdashline i & 0 & 0 & 0 & F_{ii} & 0 & 0 \\ j & 0 & 0 & 0 & 0 & F_{jj} & 0 \\ l & 0 & 0 & R_{ll} & 0 & 0 & S_{ll} \end{array} \tag{8-89}$$

4 个主元 E_{ii}、E_{jj}、F_{ii}和F_{jj}都位于主对角线，不需换列，则

$$D1=E_{ii}\cdot E_{jj}\cdot F_{ii}\cdot F_{jj}\cdot \det \boldsymbol{M}_l=\det \boldsymbol{M}_l \tag{8-90}$$

式中，$\boldsymbol{M}_l$就是消除$\boldsymbol{Q}_i$列和$\boldsymbol{Q}_j$列、删除$\boldsymbol{B}_i$列和$\boldsymbol{B}_j$列所余的子式，即

$$\boldsymbol{M}_l=\begin{bmatrix} \boldsymbol{Q}_{ll} & \boldsymbol{B}_{ll} \\ \boldsymbol{R}_{ll} & \boldsymbol{S}_{ll} \end{bmatrix} \tag{8-91}$$

由于$\boldsymbol{Q}_i$列和$\boldsymbol{Q}_j$列被消除，故$\boldsymbol{Q}_{ll}$就是短路边 i 和边 j 的子图$G(i，j)$的$\boldsymbol{Q}$矩阵；由于$\boldsymbol{B}_i$列和$\boldsymbol{B}_j$列被删除，故$\boldsymbol{B}_{ll}$就是短路边 i 和边 j 的子图$G(i，j)$的$\boldsymbol{B}$子阵。因而$\boldsymbol{M}_l$就是$G(i，j)$的$\boldsymbol{M}$矩阵，即

$$D1=\det \boldsymbol{M}_l=D[G(i,j)] \tag{8-92}$$

可见，按照 CCVS 元件展开网络行列式时，展开项 $D1$ 的参数 p_i不包括受控源参数 r_{ij}，该项由式(8－92) 给出，$T1$ 和 $T2$ 包含边 i 和边 j，$p_i=1$，$e_i=1$，$G_i=G(i，j)$。

2） $D2=\det \boldsymbol{M}2$

$$\boldsymbol{M}2=\begin{array}{c|ccc:ccc} r_{ij} & I_i & I_j & I_l & U_i & U_j & U_l \\ \hline i & Q_{ii} & Q_{ij} & Q_{il} & B_{ii} & B_{ij} & B_{il} \\ j & Q_{ji} & Q_{jj} & Q_{jl} & B_{ji} & B_{jj} & B_{ll} \\ l & Q_{li} & Q_{lj} & Q_{ll} & B_{li} & B_{lj} & B_{ll} \\ \hdashline i & 0 & -r_{ij} & 0 & 0 & 0 & 0 \\ j & 0 & 0 & 0 & 0 & F_{jj} & 0 \\ l & 0 & 0 & R_{ll} & 0 & 0 & S_{ll} \end{array} \tag{8-93}$$

E 化$\boldsymbol{Q}_i$列和$\boldsymbol{B}_j$列、删除$\boldsymbol{Q}_j$列和$\boldsymbol{B}_j$列，以 B_{ji}为主元列消元，得

$$
\boldsymbol{M}2=\begin{array}{c|ccc:ccc}
r_{ij} & I_i & I_j & I_l & U_i & U_j & U_l \\
\hline
i & E_{ii} & 0 & Q_{il} & 0 & 0 & 0 \\
j & 0 & 0 & 0 & B_{ji} & 0 & B_{jl} \\
l & 0 & 0 & Q_{ll} & 0 & 0 & B_{ll} \\
\hdashline
i & 0 & -r_{ij} & 0 & 0 & 0 & 0 \\
j & 0 & 0 & 0 & 0 & F_{jj} & 0 \\
l & 0 & 0 & R_{ll} & 0 & 0 & S_{ll} \\
\hline
\end{array} \tag{8-94}
$$

换列 1 次，使 4 个主元 E_{ii}、B_{ji}、“$-r_{ij}$” 和 F_{jj} 都位于主对角线位置，得

$$
\boldsymbol{M}2^*=\begin{array}{c|ccc:ccc}
r_{ij} & I_i & U_i & I_l & I_j & U_j & U_l \\
\hline
i & E_{ii} & 0 & Q_{il} & 0 & 0 & 0 \\
j & 0 & B_{ji} & 0 & 0 & 0 & B_{jl} \\
l & 0 & 0 & Q_{ll} & 0 & 0 & B_{ll} \\
\hdashline
i & 0 & 0 & 0 & -r_{ij} & 0 & 0 \\
j & 0 & 0 & 0 & 0 & F_{jj} & 0 \\
l & 0 & 0 & R_{ll} & 0 & 0 & S_{ll} \\
\hline
\end{array} \tag{8-95}
$$

则

$$
\begin{aligned}
D2 &=(-1)^1 \cdot \det \boldsymbol{M}2^* =(-1)^1 \cdot E_{ii} \cdot B_{ji} \cdot (-r_{ij}) \cdot F_{jj} \cdot \det \boldsymbol{M}_l \\
&=r_{ij} \cdot B_{ji} \cdot \det \boldsymbol{M}_l
\end{aligned} \tag{8-96}
$$

其中，$\boldsymbol{M}_l$ 为

$$
\boldsymbol{M}_l=\begin{bmatrix} \boldsymbol{Q}_{ll} & \boldsymbol{B}_{ll} \\ \boldsymbol{R}_{ll} & \boldsymbol{S}_{ll} \end{bmatrix} \tag{8-97}
$$

因 $\boldsymbol{Q}_i$ 列被消除及 $\boldsymbol{Q}_j$ 列被删除，故 $\boldsymbol{Q}_{ll}$ 就是边 i 短路和边 j 开路所得子图 $G(i,\ \bar{j})$ 的 $\boldsymbol{Q}$ 矩阵；因 $\boldsymbol{B}_i$ 列被消除、$\boldsymbol{B}_j$ 列被删除，故 $\boldsymbol{B}_{ll}$ 就是边 i 开路和边 j 短路所得子图 $G(\bar{i},\ j)$ 的 $\boldsymbol{B}$ 矩阵。于是，$\boldsymbol{M}_l$ 就是边对 $i\&j$ 着色的子图 $G[i/j]$ 的 $\boldsymbol{M}$ 矩阵，则

$$
D2=r_{ij} \cdot B_{ji} \cdot \det \boldsymbol{M}_l=r_{ij} \cdot B_{ji} \cdot D[G(i/j)] \tag{8-98}
$$

可见，按照 CCVS 元件展开网络行列式时，展开项 $D2$ 的参数 p_i 包括受控源参数 r_{ij}，该项由式(8－98) 给出。也就是说，对于 $D2$ 项，$T1$ 包含边 i 而不包含边 j，$T2$ 不包含边 i 而包含边 j，$p_i=r_{ij}$，$e_i=1$，$G_i=G(i/j)$，且 B_{ji} 由着色边 j 和 i 构成的回路确定。

综上，网络行列式 det $\boldsymbol{M}$ 按照 CCVS 的参数 r_{ij} 展开的结果为

$$D=\det\boldsymbol{M}=D1+D2=D[G(i,j)]+r_{ij}\cdot B_{ji}\cdot D[(i/j)] \quad (8-99)$$

8.2.5 零任偶

零任偶的 VAR 方程为

$$\begin{cases}U_j=0\\ I_j=0\end{cases} \quad (8-100)$$

其 $\boldsymbol{M}$ 矩阵为

$\boldsymbol{M}=$ (8-101)

N_{ij}	I_i	I_j	I_l	U_i	U_j	U_l
i	Q_{ii}	Q_{ij}	Q_{il}	B_{ii}	B_{ij}	B_{il}
j	Q_{ji}	Q_{jj}	Q_{jl}	B_{ji}	B_{jj}	B_{jl}
l	Q_{li}	Q_{lj}	Q_{ll}	B_{li}	B_{lj}	B_{ll}
i	0	0	0	0	F_{ij}	0
j	0	F_{jj}	0	0	0	0
l	0	0	R_{ll}	0	0	S_{ll}

E 化 $\boldsymbol{Q}_i$ 列和 $\boldsymbol{B}_j$ 列，删除 $\boldsymbol{Q}_j$ 列和 $\boldsymbol{B}_j$ 列，以 B_{ji} 为主元列消元，得

$\boldsymbol{M}=$ (8-102)

N_{ij}	I_i	I_j	I_l	U_i	U_j	U_l
i	E_{ii}	0	Q_{il}	0	0	0
j	0	0	0	B_{ji}	0	B_{jl}
l	0	0	Q_{ll}	0	0	B_{ll}
i	0	0	0	0	F_{ij}	0
j	0	F_{jj}	0	0	0	0
l	0	0	R_{ll}	0	0	S_{ll}

换列 2 次，使 4 个主元 E_{ii}、B_{ji}、F_{ij} 和 F_{jj} 都位于主对角线位置，得

$\boldsymbol{M}^*=$ (8-103)

N_{ij}	I_i	U_i	I_l	U_j	I_j	U_l
i	E_{ii}	0	Q_{il}	0	0	0
j	0	B_{ji}	0	0	0	B_{jl}
l	0	0	Q_{ll}	0	0	B_{ll}
i	0	0	0	F_{ij}	0	0
j	0	0	0	0	F_{jj}	0
l	0	0	R_{ll}	0	0	S_{ll}

则

$$D=(-1)^2 \cdot \det \boldsymbol{M}*=E_{ii} \cdot B_{ji} \cdot F_{ij} \cdot F_{jj} \cdot \det \boldsymbol{M}_l=B_{ji} \cdot \det \boldsymbol{M}_l \tag{8-104}$$

其中

$$\boldsymbol{M}_l=\begin{bmatrix} \boldsymbol{Q}_{ll} & \boldsymbol{B}_{ll} \\ \boldsymbol{R}_{ll} & \boldsymbol{S}_{ll} \end{bmatrix} \tag{8-105}$$

因 $\boldsymbol{Q}_i$列被消除及 $\boldsymbol{Q}_j$列被删除，故 $\boldsymbol{Q}_{ll}$就是边 i 短路和边 j 开路所得子图 $G(i,\bar{j})$ 的 $\boldsymbol{Q}$ 矩阵；因 $\boldsymbol{B}_i$列被消除、$\boldsymbol{B}_j$列被删除，故 $\boldsymbol{B}_{ll}$就是边 i 开路和边 j 短路所得子图 $G(\bar{i},j)$ 的 $\boldsymbol{B}$ 矩阵。于是，$\boldsymbol{M}_l$就是边对 $i\&j$ 着色的子图 $G(i/j)$ 的 $\boldsymbol{M}$ 矩阵，则

$$D=B_{ji} \cdot \det \boldsymbol{M}_l=B_{ji} \cdot D[G(i/j)] \tag{8-106}$$

可见，按照零任偶元件展开网络行列式时，展开项只有一项，该项由式(8-106)给出，$T1$ 包含边 i 而不包含边 j，$T2$ 不包含边 i 而包含边 j，$p_i=1$，$e_i=1$，$G_i=G(i/j)$，B_{ji}由着色边对 j 和 i 构成的回路确定。

8.3　各类元件的展开结果

至此，我们详尽地分析了按照各类元件展开网络行列式 det $\boldsymbol{M}$ 所得到的结果，这些结果整理总结如表 8-1 所示。

表 8-1 包括 11 种基本元件，每个元件展开为一项或两项。P_i 是元件参数，H_i是该项包含的非零 P 元素或 F 元素，$\boldsymbol{Q}_i$和 $\boldsymbol{B}_i$是删除列或保留列的状况，$T1$ 是保留的 $\boldsymbol{Q}$ 列对应的边，$T2$ 是删除的 $\boldsymbol{B}$ 列对应的边，$e_i=(-1)^{n_{ei}+n_{pi}}$是该项的系数因子，n_{ei}是换列次数，n_{pi}是该项包含的 P 元素个数，p_i是该项的参数因子，G_i是该项的余子图。该项的表达式为

$$D_i=e_i p_i B_{ji} D[G_i] \tag{8-107}$$

当 p_i不包含受控源参数或不是 N 元件时，$B_{ji}=1$；当 p_i包含受控源参数或是 N 元件时，B_{ji}由边 j 和边 i 沿回路的方向是否一致确定。

表 8-1　基本元件的展开结果

P_i	H_i	$\boldsymbol{Q}_i$	$\boldsymbol{B}_i$	T1	T2	n_{ei}	n_{pi}	e_i	p_i	G_i
Y_i	Y_i	$\boldsymbol{Q}_i$	$\overline{\boldsymbol{B}_i}$	i	i	0	1	−1	Y_i	$G(i)$
	F_i	$\overline{\boldsymbol{Q}_i}$	$\boldsymbol{B}_i$	$\bar{i}$	$\bar{i}$	1	0	−1	1 ($\overline{Y_i}$)	$G(\bar{i})$
Z_i	Z_i	$\overline{\boldsymbol{Q}_i}$	$\boldsymbol{B}_i$	$\bar{i}$	$\bar{i}$	1	1	1	Z_i	$G(\bar{i})$
	F_i	$\boldsymbol{Q}_i$	$\overline{\boldsymbol{B}_i}$	i	i	0	0	1	1 ($\overline{Z_i}$)	$G(i)$
E_i，C_i	F_i	$\boldsymbol{Q}_i$	$\overline{\boldsymbol{B}_i}$	i	i	0	0	1	1	$G(i)$
J_i，V_i	F_i	$\overline{\boldsymbol{Q}_i}$	$\boldsymbol{B}_i$	$\bar{i}$	$\bar{i}$	1	0	−1	1	$G(\bar{i})$
g_{ij}	g_{ij}，F_j	$\boldsymbol{Q}_i$，$\overline{\boldsymbol{Q}_j}$	$\boldsymbol{B}_i$，$\overline{\boldsymbol{B}_j}$	i，$\bar{j}$	$\bar{i}$，j	2	1	−1	g_{ij}	$G(i/j)$
(VCCS)	F_i，F_j	$\overline{\boldsymbol{Q}_i}$，$\overline{\boldsymbol{Q}_j}$	$\boldsymbol{B}_i$，$\boldsymbol{B}_j$	$\bar{i}$，$\bar{j}$	$\bar{i}$，$\bar{j}$	2	0	1	1 ($\overline{g_{ij}}$)	$G(\bar{i}, \bar{j})$
β_{ij}	β_{ij}，F_j	$\boldsymbol{Q}_i$，$\overline{\boldsymbol{Q}_j}$	$\boldsymbol{B}_i$，$\overline{\boldsymbol{B}_j}$	i，$\bar{j}$	$\bar{i}$，j	1	1	1	β_{ij}	$G(i/j)$
(CCCS)	F_i，F_j	$\overline{\boldsymbol{Q}_i}$，$\boldsymbol{Q}_j$	$\boldsymbol{B}_i$，$\overline{\boldsymbol{B}_j}$	$\bar{i}$，j	$\bar{i}$，j	1	0	−1	1 ($\overline{\beta_{ij}}$)	$G(\bar{i}, j)$
r_{ij}	r_{ij}，F_j	$\boldsymbol{Q}_i$，$\overline{\boldsymbol{Q}_j}$	$\boldsymbol{B}_i$，$\overline{\boldsymbol{B}_j}$	i，$\bar{j}$	$\bar{i}$，j	1	1	1	r_{ij}	$G(i/j)$
(CCVS)	F_i，F_j	$\boldsymbol{Q}_i$，$\boldsymbol{Q}_j$	$\overline{\boldsymbol{B}_i}$，$\overline{\boldsymbol{B}_j}$	i，j	i，j	0	0	1	1 ($\overline{r_{ij}}$)	$G(i, j)$
μ_{ij}	μ_{ij}，F_j	$\boldsymbol{Q}_i$，$\overline{\boldsymbol{Q}_j}$	$\boldsymbol{B}_i$，$\overline{\boldsymbol{B}_j}$	i，$\bar{j}$	$\bar{i}$，j	2	1	−1	μ_{ij}	$G(i/j)$
(VCVS)	F_i，F_j	$\boldsymbol{Q}_i$，$\overline{\boldsymbol{Q}_j}$	$\overline{\boldsymbol{B}_i}$，$\boldsymbol{B}_j$	i，$\bar{j}$	i，$\bar{j}$	1	0	−1	1 ($\overline{\mu_{ij}}$)	$G(i, \bar{j})$
N_{ij}	F_{ij}，F_j	$\boldsymbol{Q}_i$，$\overline{\boldsymbol{Q}_j}$	$\boldsymbol{B}_i$，$\overline{\boldsymbol{B}_j}$	i，$\bar{j}$	$\bar{i}$，j	2	0	1	1	$G(i/j)$

第9章　双树定理的证明

9.1　网络行列式展开的代数公式

给定网络图 G，其网络矩阵 $\boldsymbol{M}$(2b 表格、2b 矩阵）为

$$\boldsymbol{M}=\begin{bmatrix}\boldsymbol{A}\\\boldsymbol{H}\end{bmatrix}=\begin{bmatrix}\boldsymbol{Q} & \boldsymbol{B}\\\boldsymbol{R} & \boldsymbol{S}\end{bmatrix} \tag{9-1}$$

网络行列式为

$$\det\boldsymbol{M}=\begin{vmatrix}\boldsymbol{A}\\\boldsymbol{H}\end{vmatrix}=\begin{vmatrix}\boldsymbol{Q} & \boldsymbol{B}\\\boldsymbol{R} & \boldsymbol{S}\end{vmatrix} \tag{9-2}$$

网络多项式(网络行列式的展开式)

$$\Delta=D[G]=\det\boldsymbol{M}=\sum_{\text{all }k}d_k=\sum_{\text{all }k}\varepsilon_k p_k \tag{9-3}$$

式中，d_k是多项式中的一项；p_k是该项的参数；ε_k是该项的系数。

按照网络参数矩阵 $\boldsymbol{H}$ 所在的 b 行展开 det $\boldsymbol{M}$。设 $\boldsymbol{H}_k$是 $\boldsymbol{H}$ 的任意一个非奇异大子阵，$\boldsymbol{H}$ 是 $b\times 2b$ 阶矩阵，$\boldsymbol{H}_k$是 $b\times b$ 阶矩阵。删去 $\boldsymbol{H}_k$所在的行和列，则 $\boldsymbol{H}$ 矩阵的 b 行全部被删去，$\boldsymbol{A}$ 矩阵的 b 列被删去，$\boldsymbol{M}$ 所余的子矩阵就是 $\boldsymbol{A}$ 的大子阵 $\boldsymbol{A}_k$，$\boldsymbol{A}_k$是 $b\times b$ 阶方阵，则

$$\det\boldsymbol{M}=\sum_{\text{all }k}(-1)^{n_{hk}}\det\boldsymbol{H}_k\det\boldsymbol{A}_k=\sum_{\text{all }k}d_k \tag{9-4}$$

式中，det $\boldsymbol{H}_k$是 $\boldsymbol{H}$ 的第 k 个非奇异的大子式，$(-1)^{n_{hk}}$ det $\boldsymbol{A}_k$是 det$\boldsymbol{H}_k$的代数余子式，n_{hk} 是 $\boldsymbol{H}_k$所在的行序号和列序号之和。d_k是展开式中的一项，且

$$d_k=(-1)^{n_{hk}}\det\boldsymbol{H}_k\det\boldsymbol{A}_k \tag{9-5}$$

用非奇异大子阵 $\boldsymbol{H}_k$和余子阵 $\boldsymbol{A}_k$构造一个 $2b\times 2b$ 阶矩阵 $\boldsymbol{M}_k$，则

$$\det\boldsymbol{M}_k=(-1)^{n_{hk}}\det\boldsymbol{H}_k\det\boldsymbol{A}_k=d_k \tag{9-6}$$

由网络参数矩阵 $\boldsymbol{H}$ 的结构特点可知，$\boldsymbol{H}$ 的每行最多有两个非零元素，每列最多有一个非零元素，这些非零元素或为 P 元素（元件参数“$-P_{ij}$”），或为 F 元素（常数“1”）。所以非奇异大子阵 $\boldsymbol{H}_k$ 的每行每列都有且仅有一个非零元素（P 元素或 F 元素），可以通过换列，使 $\boldsymbol{H}_k$ 所有的非零元素位于 $\boldsymbol{M}_k$ 的主对角线位置，从而有

$$\boldsymbol{M}_k^* = \begin{bmatrix} \boldsymbol{A}_k & \boldsymbol{0} \\ \boldsymbol{0} & \boldsymbol{H}_k \end{bmatrix} \tag{9-7}$$

由于换列后 $\boldsymbol{H}_k$ 的非零元素都位于 $\boldsymbol{M}_k^*$ 的主对角线，式(9－6）中 n_{hk} 必然是偶数。设换列次数为 n_{ek}，由式(9－6）和式（9－7）可得

$$d_k = \det \boldsymbol{M}_k = (-1)^{n_{ek}} \cdot \det \boldsymbol{M}_k^* = (-1)^{n_{ek}} \cdot \det \boldsymbol{A}_k \cdot \det \boldsymbol{H}_k \tag{9-8}$$

由于 $\boldsymbol{H}_k$ 的非零元素（主元）或者是 P 元素（带负号的元件参数“$-P_{ij}$”），或者是 F 元素（常数 1），而且换列后它们都位于 $\boldsymbol{M}_k$ 的主对角线，故

$$\det \boldsymbol{H}_k = (-1)^{n_{pk}} p_k \tag{9-9}$$

其中，n_{pk} 是 $\boldsymbol{H}_k$ 中非零 P 元素的个数（每个 P 元素都有一个负号），p_k 是 $\boldsymbol{H}_k$ 中非零 P 元素的乘积，即

$$p_k = \prod_i P_i \tag{9-10}$$

式中，P_i 是 $\boldsymbol{H}_k$ 中第 i 行的非零 P 元素。从而有

$$d_k = \det \boldsymbol{M}_k = (-1)^{n_{ek}} \det \boldsymbol{H}_k \det \boldsymbol{A}_k = (-1)^{n_{ek}+n_{pk}} p_k \det \boldsymbol{A}_k = \varepsilon_k p_k \tag{9-11}$$

其中

$$\varepsilon_k = (-1)^{n_{ek}+n_{pk}} \det \boldsymbol{A}_k = e_k \det \boldsymbol{A}_k \tag{9-12}$$

称 $e_k = (-1)^{n_{ek}+n_{pk}}$ 为 d_k 项的系数因子。

由于 $\boldsymbol{H}_k$ 是 $\boldsymbol{H}$ 的非奇异 $b \times b$ 阶大子阵，它包括了每个元件的一种状态，式(9－12）中的 n_{ek} 是将 $\boldsymbol{H}_k$ 中所有非零元素交换到 $\boldsymbol{M}_k$ 主对角线所需换列次数，它等于每个元件的非零 P 元素和 F 元素换列次数 n_{ei} 之和，即 $n_{ek} = \sum\limits_i n_{ei}$；式(9－12)中的 n_{pk} 是 $\boldsymbol{H}_k$ 中所有非零 P 元素的数目，它等于每个元件在 $\boldsymbol{H}_k$ 中 P

元素个数 n_{pi} 之和，即 $n_{pk}=\sum_i n_{pi}$。

令

$$e_i=(-1)^{n_{ei}+n_{pi}} \tag{9-13}$$

并称 e_i 为元件的系数因子。这里的 n_{ei}、n_{pi} 和 e_i 就是表 8-1 中的相关内容。那么

$$e_k=(-1)^{n_{ek}+n_{hk}}=\prod_i e_i \tag{9-14}$$

综上，可得网络行列式的展开公式为

$$\det\boldsymbol{M}=\sum_{\text{all }k}d_k=\sum_{\text{all }k}\varepsilon_k p_k=\sum_{\text{all }k}e_k\det\boldsymbol{A}_k\cdot p_k \tag{9-15}$$

$$d_k=\varepsilon_k p_k=e_k\det\boldsymbol{A}_k\cdot p_k \tag{9-16}$$

$$p_k=\prod_i P_i \tag{9-17}$$

$$\varepsilon_k=e_k\det\boldsymbol{A}_k \tag{9-18}$$

$$e_k=\prod_i e_i \tag{9-19}$$

9.2　有效项参数定理证明

定理 2-1 指出，网络多项式等于所有有效树和有效双树参数的代数和，即

$$\det\boldsymbol{M}=\sum_{\text{all }k}d_k=\sum_{\text{all }k}\pm p_k \tag{9-20}$$

式中，p_k 是有效树或有效双树的参数。式(9-20) 表明，网络多项式中有效项的参数与网络图中有效双树（含有效树）的参数是一一对应的，有效双树的参数就是有效项的参数，有效项的参数就是有效双树的参数。

证明：

(1) 设 d_k 是网络行列式 $\det\boldsymbol{M}$ 的一个有效项，p_k 是它的参数，ε_k 是它的系数。

由表 8-1 可知：

对于 Y 边 i，若 p_k 包含 Y_i，边集 $T1_k$ 和 $T2_k$ 都包含边 i；若 p_k 不包含 Y_i，边集 $T1_k$ 和 $T2_k$ 都不包含边 i。

对于 Z 边 i，若 p_k 包含 Z_i，边集 $T1_k$ 和 $T2_k$ 都不包含边 i；若 p_k 不包含 Z_i，边集 $T1_k$ 和 $T2_k$ 都包含边 i。

对于 E 和 C 边 i，边集 $T1_k$ 和 $T2_k$ 都包含边 i。

对于 J 和 V 边 i，边集 $T1_k$ 和 $T2_k$ 都不包含边 i。

对于 X 边对 $i\&j$，若 p_k 包含 X_{ij}，边集 $T1_k$ 包含 i 而不包含 j，边集 $T2_k$ 包含边 j 而不包含边 i；若 p_k 不包含 X_{ij}，边集 $T1_k$ 和 $T2_k$ 都包含 VS 边 i 和 CC 边 j，都不包含 CS 边 i 和 VC 边 j。

对于 N 边对 $i\&j$，边集 $T1_k$ 包含 NR 边 i 而不包含 NL 边 j，边集 $T2_k$ 包含 NL 边 j 而不包含 NR 边 i。

这些结果可归纳为表 9－1。

表 9－1　双树包含边与元件参数的关系

$T1_k$	$T2_k$	边 i 和 j 的类型	p_k
i	i	Y_i、	Y_i
		Z_i、E_i、C_i、VS_i、CC_i、	1
$\bar{i}$	$\bar{i}$	Z_i、	Z_i
		Y_i、J_i、V_i、CS_i、VC_i、	1
i，$\bar{j}$	$\bar{i}$，j	VS_i、CS_i 和 CC_j、VC_j	X_{ij}
		NR_i 和 NL_j	1

可见，由有效项参数 p_k 所得的边集 $T1_k$ 和 $T2_k$ 符合有效双树定义的 3 个条件。

因为 d_k 是有效项，故该项系数 ε_k 非零。（式 9－16）

ε_k 非零，则 $\det \boldsymbol{A}_k$ 非零。（式 9－18）

$\det \boldsymbol{A}_k$ 非零，则 $T1_k$（$\boldsymbol{Q}_k$ 所有列的边集）和 $T2_k$（$\boldsymbol{B}_k$ 不包含列的边集）分别为图 G 的树。（引理 7－7）

这样，由有效项 d_k 的参数 p_k 生成的边集 $T1_k$ 和 $T2_k$ 都是 G 的树，而且满足定义 2－3 的所有条件，因而 $T1_k$ 和 $T2_k$ 就是 G 的有效双树，即有效项的参数就是有效双树的参数。

（2）设 $T1_k$ 和 $T2_k$ 是图 G 的一个有效双树，p_k 是它的参数，ε_k 是它的

系数。

根据表 8 - 1，由 $T1_k$ 和 $T2_k$ 可得到 $\boldsymbol{Q}_k$ 和 $\boldsymbol{B}_k$，其中 $\boldsymbol{Q}_k$ 由 $T1_k$ 包含的所有边对应的 Q 列组成，$\boldsymbol{B}_k$ 由 $T2_k$ 不包含的所有边对应的 B 列构成。

因为 $T1_k$ 和 $T2_k$ 都是图 G 的树，所以 $\det \boldsymbol{Q}_k$ 和 $\det \boldsymbol{B}_k$ 非零。（引理 7 - 6）

因为 $\det \boldsymbol{Q}_k$ 和 $\det \boldsymbol{B}_k$ 非零，所以 $\det \boldsymbol{A}_k$ 非零。（式 7 - 29）

因为 $\det \boldsymbol{A}_k$ 非零，所以 ε_k 非零。（式 9 - 18 和式 9 - 19）

因为 ε_k 非零，所以 $d_k=\varepsilon_k p_k$ 是 $\det \boldsymbol{M}$ 的有效项，即有效双树的参数就是有效项的参数。

当 G 不含 N 类元件且 p_k 不包含任何 X_{ij} 时，$T1_k=T2_k$，有效双树成为有效树，因而有效树是有效双树的特例。上述结论仍然成立。

综上，行列式展开式中的有效项 d_k 与有效双树 $T1_k/T2_k$（含有效树 T_k）是一一对应的，d_k 是展开式中有效项的充要条件是 $T1_k$ 和 $T2_k$ 构成 G 的一对有效双树，有效双树的参数就是有效项的参数，网络多项式等于该网络全部有效树和有效双树参数的代数和。至此定理 2 - 1 证得。

9.3　有效树系数定理证明

定理 2 - 2 指出，所有有效树的系数相同，都等于常数 1。

证明：

G 是一个不含 N 类元件的图，设 $T1_k=T2_k=T_{\mathrm{k}}$ 是图 G 的一个有效树，p_k 是它的参数，p_k 不包括任何受控源参数，ε_k 是它的系数。由式(9 - 18) 可知 $\varepsilon_k=e_k \det \boldsymbol{A}_k$。

1）关于 e_k

由式(9 - 14) 可知

$$e_k=\prod_i e_i \tag{9 - 21}$$

式中，e_i 是 p_k 所包含的各个元件参数 p_i 的系数因子，由表 8 - 1 给出，这里再引用和归纳，如表 9 - 2 所示。

表 9-2　各类元件的系数因子

p_i	e_i
Z_i，$\overline{Z_i}$，E_i，C_i，$\overline{g_{ij}}$，β_{ij}，r_{ij}，$\overline{r_{ij}}$，N_{ij}	1
Y_i，$\overline{Y_i}$，J_i，V_i，g_{ij}，$\overline{\beta_{ij}}$，μ_{ij}，$\overline{\mu_{ij}}$	−1

由有效树及其参数的定义可知，有效树 T_k的参数 p_k可能包含或不包含 Y_i和 Z_i，其他元件只有一种可能。由表 9-2 可知，Y_i或 Z_i元件无论被 p_k包含与否，它们的系数因子 e_i都是常数（+1 或−1）；E、J、V、C 元件的 e_i是确定的（+1 或−1）；不被 p_k包含的 X_{ij}（$\overline{g_{ij}}$、$\overline{r_{ij}}$、$\overline{\beta_{ij}}$、$\overline{\mu_{ij}}$）的 e_i也是唯一确定的。因而式(9-21）的 e_k是唯一确定的常数。也就是说，有效树 T_k的系数因子 e_k等于所有元件系数因子 e_i之积，它是一个确定的常数。由表 9-2 可知，有效树的系数因子 e_k仅仅取决于 G 中各类元件的数目。设网络 G 中各类元件的数目分别为 n_Y、n_Z、n_E、n_J、n_V、n_C、n_g、n_r、n_β、n_μ和 n_N，则系数因子 e_k由元件系数因子为“−1”的元件数目确定。

$$e_k = \prod_{\text{all } i} e_i = (-1)^{n_Y+n_J+n_V+n_\beta+n_\mu} = e_0 \tag{9-22}$$

它仅仅取决于网络中 $e_i=-1$ 的元件 Y、J、V、β 和 μ 的数目，此时 N 元件不存在。即所有有效树的系数因子都相等，都等于常数 e_0。

以 e_0为矫正因子，对 det $\boldsymbol{M}$ 中所有项都同乘以该因子，则

$$e_0 \cdot \det \boldsymbol{M} = \sum_{\text{all } k} e_0 \varepsilon_k p_k = \sum_{\text{all } k} e_0 e_k \det \boldsymbol{A}_k \cdot p_k = \sum_{\text{all } k} \det \boldsymbol{A}_k \cdot p_k = \sum_{\text{all } k} \varepsilon'_k p_k \tag{9-23}$$

由此可得

$$\varepsilon'_k = e_0 \cdot e_k \cdot \det \boldsymbol{A}_k = \det \boldsymbol{A}_k \tag{9-24}$$

可见，用矫正因子 e_0矫正后，有效树的系数 $\varepsilon'_k=\det \boldsymbol{A}_k$。根据网络行列式的本质一致性，用矫正后的多项式作为网络的固有多项式，这是可行的。因而有效树的系数可以直接记作 $\varepsilon_k=\det \boldsymbol{A}_k$。这样，求解有效项系数 ε_k的关键就是求 det $\boldsymbol{A}_k$。

2）关于 $\det \boldsymbol{A}_k$

对于有效树而言，$T1_k = T2_k = T_k$，p_k不包含任何受控源参数 X_{ij}，网络没有 N 类元件。由表 8－1 可知，对于任一个边 i，若 T_k包含边 i，则 $\boldsymbol{Q}_i$列保留而 $\boldsymbol{B}_i$列删除，因而 $\boldsymbol{B}_i$列与 $\boldsymbol{Q}_i$列是互补列，其中 $\boldsymbol{Q}_i$列可以 E 化；若 T_k不包含边 i，则 $\boldsymbol{Q}_i$列删除而 $\boldsymbol{B}_i$列保留，因而 $\boldsymbol{B}_i$列与 $\boldsymbol{Q}_i$列也是互补列，其中 $\boldsymbol{B}_i$列可以 E 化。因而有效树 T_k对应的 $\boldsymbol{A}_k$就是 $\boldsymbol{A}$ 的互补非奇异大子阵。此外，将 $\boldsymbol{H}_k$的所有非零元素都换列到 $\boldsymbol{M}_k$的主对角线位置时，每个 $\boldsymbol{Q}_i$或 $\boldsymbol{B}_i$也随之置于相应的 $\boldsymbol{A}_k$列，换列后的 $\boldsymbol{M}_k^*$ 如式(9－7)。式中 $\boldsymbol{A}_k$位于 $\boldsymbol{M}_k^*$ 的左上角 $\boldsymbol{Q}$ 矩阵处，此时的 $\boldsymbol{A}_k$就是 $\boldsymbol{A}$ 的互补大子阵，而且 $\boldsymbol{Q}_k$列和 $\boldsymbol{B}_k$列的列序号都与边序号一致，其逆序数 $n_{ek} = 0$。这里 $\boldsymbol{M}_k$换列变换为 $\boldsymbol{M}_k^*$ 所需要的换列次数 n_{ek}就是大子阵 $\boldsymbol{A}_k$变换为正序的 $\boldsymbol{A}_k^*$ 所需要的逆序数 n_{ek}。因此，换列后的 $\boldsymbol{A}_k^*$ 中的 $n_{ek} = 0$，而 $\boldsymbol{H}_k$的换列次数已计入表 8－1 中各元件的系数因子 e_i。也就是说，式(9－24)中的 $\boldsymbol{A}_k$是 $\boldsymbol{A}$ 的非奇异互补正序大子式，$n_{ek} = 0$。由引理 7－8 可知，该互补大子式为

$$\det \boldsymbol{A}_k = (-1)^{n_{ek}} = 1 \tag{9-25}$$

这样，用矫正因子 e_0矫正后，得

$$\varepsilon_k = e_0 \cdot e_k \cdot \det\boldsymbol{A}_k = \det\boldsymbol{A}_k = 1 \tag{9-26}$$

至此，定理 2－2 证得。

9.4　有效双树系数定理证明

定理 2－3 指出，有效双树 $T1_k/T2_k$的系数为

$$\varepsilon = (-1)^{n_c} \mathrm{BT}[G_d] \tag{9-27}$$

其中，n_c是有效双树参数 p_k包含的受控电流源的数目，G_d是将 $T1_k$和 $T2_k$的共有边短路、将 $T1_k$和 $T2_k$的非有边开路，得到仅由 $T1_k$和 $T2_k$互有边对构成的树偶图，$\mathrm{BT}[G_d]$ 是 G_d的 BT 值。

证明：

设 $T1_k/T2_k$是一个有效双树，其系数由式(9－18) 给出，即

$$\varepsilon_k = e_k \det \boldsymbol{A}_k \tag{9-28}$$

1）关于系数因子 e_k

式(9－19)告诉我们，有效项 d_k 的系数因子 e_k 等于该项所包含的所有元件系数因子 e_i 之积。

$$e_k = \prod_i e_i \tag{9-29}$$

我们已证明了有效树的系数因子是个常数，矫正后等于“1”。对于有效双树来说，因为 p_k 包含一些受控源参数，其元件的系数因子 e_i 与不包含该受控源参数的系数因子 e_i 可能不同。由表 9－2 可知，$\overline{g_{ij}}$、β_{ij}、r_{ij} 和 $\overline{r_{ij}}$ 的 $e_i=1$，而 g_{ij}、$\overline{\beta_{ij}}$、μ_{ij} 和 $\overline{\mu_{ij}}$ 的 $e_i=-1$。也就是说 p_k 包含受控电流源参数（g_{ij}、β_{ij}）与不包该参数（$\overline{g_{ij}}$、$\overline{\beta_{ij}}$）时 e_i 相反，而 p_k 包含受控电压源参数（r_{ij}、μ_{ij}）与不包含该参数（$\overline{r_{ij}}$、$\overline{\mu_{ij}}$）时 e_i 相同。这样，p_k 包含与不包含受控电压源参数的系数因子 e_i 不变；但是 p_k 包含与不包含受控电流源参数的系数因子 e_i 就要改变正负号。设 p_k 包含 n_{ck} 个受控电流源参数，则该项的系数因子为 $e_k=(-1)^{n_{ck}}e_0$。用矫正因子 e_0 矫正后，得

$$e_k' = e_0 e_k = e_0 e_0 (-1)^{n_{ck}} = (-1)^{n_{ck}} \tag{9-30}$$

对于 N_{ij} 而言，一方面所有的项都只有一种可能，它们的 $e_i=1$ 是常数，不需要矫正，即使因边的编号或方向改变而产生 $e_i=-1$ 的情况，也可以单独矫正；另一方面，N_{ij} 也可视为参数为无穷大的 VCVS，因而，矫正后，其系数因子 e_i 不变。

由此可得，矫正后该有效双树项的系数因子

$$e_k = (-1)^{n_{ck}} \tag{9-31}$$

2）关于 det $\boldsymbol{A}_k$

由第 8 章推导各类元件展开模型的过程已知，当 p_k 包含受控源参数 X_{ij} 时，受控边 i 的主元素 $P_{ij}=-X_{ij}$ 位于 $\boldsymbol{R}_k$ 或 $\boldsymbol{S}_k$ 的第 i 行第 j 列位置，F 元素 F_{ii} 为零；控制边 j 的主元素 F_{jj} 位于 $\boldsymbol{R}_k$ 或 $\boldsymbol{S}_k$ 的第 j 行第 j 列位置。删去主元“$-X_{ij}$”和 F_{jj} 所在行和列，会同时删去 $\boldsymbol{Q}_j$ 列和 $\boldsymbol{B}_j$ 列，其结果就是 $\boldsymbol{A}_k$ 中既不包含 $\boldsymbol{Q}_j$ 列，也不包含 $\boldsymbol{B}_j$ 列，但是会保留 $\boldsymbol{Q}_i$ 列和 $\boldsymbol{B}_i$ 列。这样，若双树参数 p_k 包括受控源参数 X_{ij}，则 $\boldsymbol{Q}_i$ 和 $\boldsymbol{B}_i$ 列会同时保留在 $\boldsymbol{A}_k$ 中，而 $\boldsymbol{Q}_j$ 和 $\boldsymbol{B}_j$ 列会同时从

$\boldsymbol{A}_k$中删除。所以边 i 和 j 是非互补边对。N_{ij} 元件也与此类似。对于其他元件参数，则 $\boldsymbol{Q}_i$和 $\boldsymbol{B}_i$列仍然是保留一个、删除一个，符合互补的条件。

由此可见，含有受控源参数 X_{ij} 的 $\boldsymbol{H}_k$，其所余子矩阵 $\boldsymbol{A}_k$就是 $\boldsymbol{A}$ 的非互补大子阵，由引理 7－9 可知，其大子式为

$$\det \boldsymbol{A}_k=(-1)^{n_{ek}}\cdot \mathrm{BT}[G_{\mathrm{d}}]=\mathrm{BT}[G_{\mathrm{d}}] \tag{9-32}$$

由于将 $\boldsymbol{H}_k$中所有非零元素置于 $\boldsymbol{M}_k$的主对角线需要换列，随着 $\boldsymbol{H}_k$所有非零元素位于 $\boldsymbol{M}_k$的主对角线，$\boldsymbol{A}_k$列也随之正序排列，式(9－32) 中的逆序数 n_{ek}恰好就是将 $\boldsymbol{H}_k$置于 $\boldsymbol{M}_k$的主对角线所需换列的次数（具体可见各类元件展开模型的推导过程），而这个换列次数已经包括在表 8－1 的元件系数因子 e_i中。这样，换列后所余 $\boldsymbol{A}_k$是正序排列的非互补大子阵，式(9－32) 中的 $n_{ek}=0$，从而有

$$\det \boldsymbol{A}_k=(-1)^{n_{ek}}\cdot \mathrm{BT}(G_{\mathrm{d}})=\mathrm{BT}[G_{\mathrm{d}}] \tag{9-33}$$

3）关于 $\mathrm{BT}[G_{\mathrm{d}}]$

$\boldsymbol{A}_k$是非互补大子阵，$\boldsymbol{Q}_k$包含的边集构成 $T1_k$，$\boldsymbol{B}_k$不包含的边集构成 $T2_k$。对于 $T1_k$和 $T2_k$的共有边 i，$\boldsymbol{Q}_i$列保留而 $\boldsymbol{B}_i$列删除，应将边 i 从 G 中短路（引理 7－4 和引理 7－5），边 i 是互补的 $\boldsymbol{Q}_k$边；对于 $T1_k$和 $T2_k$的非有边 i，$\boldsymbol{Q}_i$列删除而 $\boldsymbol{B}_i$列保留，应将边 i 从 G 中开路（引理 7－4 和引理 7－5），边 i 是互补的 $\boldsymbol{B}_k$边。所余的子图就是由所有的 N 边对和 p_k包含的受控源边对构成的树偶图 G_{d}。也就是说，式(9－32) 中的 $\mathrm{BT}[G_{\mathrm{d}}]$ 就是将双树 $T1_k/T2_k$的共有边（$\boldsymbol{A}_k$的互补 $\boldsymbol{Q}$ 列）短路、将 $T1_k/T2_k$的非有边（$\boldsymbol{A}_k$的互补 $\boldsymbol{B}$ 列）开路所得树偶图 G_{d}的 BT 值。

综上可得，

$$\varepsilon_k=e_k\det \boldsymbol{A}_k=(-1)^{n_{ck}}\cdot \mathrm{BT}[G_{\mathrm{d}}] \tag{9-34}$$

至此，定理 2－3 证得。

定理 2－1～定理 2－3 已证，则定理 2－4 自然成立，网络多项式等于网络中全部有效树和有效双树的值之和，即

$$\Delta=\sum_{\mathrm{all}\ k}V_k=\sum_{\mathrm{all}\ k}\varepsilon_k p_k \tag{9-35}$$

式中，$V_k=\varepsilon_k p_k$是有效树或有效双树的值，p_k是其参数，ε_k是其系数。

所有有效树的系数为 1。

所有有效双树的系数为

$$\varepsilon_k = (-1)^{n_{ck}} \mathrm{BT}[G_{dk}] \tag{9-36}$$

其中，n_{ck} 是 p_k 包含受控电流源参数的个数，$\mathrm{BT}[G_{dk}]$ 是短路 $T1_k$ 和 $T2_k$ 的共有边、开路 $T1_k$ 和 $T2_k$ 的非有边所得树偶图 G_{dk} 的 BT 值。

9.5 展开图法与双树定理

比较网络展开图与双树定理，我们可以发现，网络展开图的运算及运算规则就是为寻找有效树和有效双树，其依据就是双树的定义、双树定理和网络行列式的展开公式。第 3 章元件的展开模型与第 8 章元件的展开结果是一致的。所谓的着色运算就是已确定某个受控源的边对构成双树，并做出的标记。所谓的去色运算就是在选树的同时，当一对着色边符合条件、能够确定其回路关联因子时采取的一种计算双树系数的独立运算。关于去色符“$\pm B_{ji}$”的权，一方面取决于该算符本身的正负号，另一方面，则取决于它与该路径已有的去色符和着色符的匹配结果，这与定理 2-3 中求得所有的 B_{ji} 后再确定它们的逆序数是一致的，但是却可以对每一个去色符直接确定其权，从而使展开图法更加有效。双树定理与展开图法是一致的，双树定理为展开图法提供理论依据，展开图法为双树定理提供实施方案和应用算法。展开图法的所有算法和步骤，就是双树定理的实施和完成。依据双树定理，逐个元件地将网络展开，求得展开图的路径表达式，进而得到展开图的权表达式，该展开图的权表达式就是网络多项式，从而得到定理 3-1。关于展开图法的完整推导过程和证明，这里不再累赘。

值得一提的是，双树定理的证明依赖于 2*b* 表格方程和 2*b* 网络矩阵，但是又独立于 2*b* 表格方程和 2*b* 矩阵，它是网络图的固有特性，与网络方程形式无关。同样地，虽然展开图法依据双树理论，但是，在运用展开图法求解电路时，又不需要引入双树的概念，特别是着色和去色运算的引入，使得展开图法成为一种系统的独立的分析方法，可以直接由图的运算求得网络多项式，而且使得网络分析的各种拓扑公式表述更为简洁统一。

结　　语

本书提出了网络拓扑分析的双树定理和展开图法，形成了新的思路，创立了新的方法，给出了求解网络函数及网络参数的拓扑公式，用多个例题说明了原理、方法和应用。双树定理和展开图法从根本上解决了经典的树列举法原则上只适用于导纳型元件和电压控制电流型元件的先天不足问题，开创了符号电路拓扑分析的一条新路。

本书的主要贡献在于：

◇ 提出有效树和有效双树的概念，提出了双树定理，揭示了网络多项式等于网络中全部有效树和有效双树的值之和的规律。

◇ 创立展开图法，采用按元件逐级化简分解网络图，直接通过图的运算得到网络多项式，从而形成线性有源电路拓扑分析的一种新方法。

◇ 给出了求解网络响应以及各种网络函数和网络参数统一简洁的拓扑公式，给出了常用多端元件的展开模型，从而使展开图法可以推广应用到包含更多元器件的一般线性有源电路。

本书的工作具有如下的独创性：

◇ 首次以 $2b$ 表格方程和 $2b$ 矩阵作为网络拓扑分析的出发点，摆脱了传统的以节点电压方程和节点导纳矩阵为出发点所产生的局限性。

◇ 首次指出网络行列式的本质一致性，给出网络固有多项式的概念，使得定理的描述和算法的实现更加直观和方便，使得展开图法可以独立于任何形式的电路方程，仅仅从电路的拓扑图出发，经过图的运算得到网络多项式。

◇ 首次采用“着色”和“去色”的技术，形成了基于 BDD（二分图）数据结构的展开图法，解决了寻找全部有效树和有效双树，以及在找树的同时确定有效双树的系数这个难题。

◇ 首次建立了常用多端元件和双口网络的展开模型，使得基本元件二分支的结构可以推广扩充到多端元件的多分支结构，扩大了展开图法的应用范围。

◇ 首次研究和分析了由基本割集矩阵和基本回路矩阵组成的网络关联矩阵的若干拓扑性质，为证明双树定理奠定了理论基础。

◇ 对所有基本元件在各种情况下的属性进行了详细全面地列举归纳和整理，发现了当有效项包含受控源参数时，4 种受控源会得到同样的结果。这一重要发现促使了双树定理的产生。

本书提出的双树定理和展开图法具有如下的优点：

◇ 适用于一般的线性有源电路，阻抗和导纳元件同等对待，4 种受控源采用相同的模式，直接利用电路原有的网络拓扑结构图，不增加辅助元件，不改动电路结构。而且还可以推广适用于其他多端器件。

◇ 各种类型的网络函数和网络参数具有统一、简洁的拓扑公式。

◇ 不出现冗余项，在图展开化简的同时，确定有效项的系数，计算复杂度较低，计算效率比较高。

◇ 可以采用并行算法，将较大网络分解为若干子网络，分别对子网络展开求解，再将子网络求解的结果直接合并为原网络的解。

◇ 网络多项式既可以采用并列形式，将所有有效项并列平铺展开，也可以采用分级形式，按照展开顺序，逐级分层相互嵌套展开。可以用“乘积和”的形式，也可以用“和的积”形式，且二者可以混用。此外，还可以采用共享技术，减少相同子图的重复运算。

本书的不足之处和有待改进之处是：

◇ 仅限于基本概念、基础理论和基本算法的研究，尚未涉及实际的应用电路，也没有涉及集成电路和大规模集成电路的分析计算。

◇ 所有的原理和例题都以手算为工具，没有计算机仿真和辅助分析设计的支持。

◇ 与已有算法的比较限于主观评介，难免有不当或不妥之处。

◇ 计算复杂性没有理论推导和实验数据，仅为定性推测。

双树法与其他传统方法不能割裂，它汲取了其他一些方法的思路和技巧，如树列举法（特别是其中的双图法）、行列式展开法、参数抽取法、BDD法等。在查阅文献过程中，也发现双树法与一些方法有相近之处，在某些环节也可能不谋而合。但是，毫无疑问，双树定理是一个独立完整的理论体系，展开图法是一种通用有效的拓扑分析新方法。

希望本书能使读者了解和掌握这一新的理论和方法，在电路分析、设计和应用领域有所启发和帮助。本定理和算法的客观评介、算法设计和实现、更大范围的推广与应用，还需要读者的参与。

衷心地感谢我的家人、我的老师、我的同事，以及所有关注、支持和帮助过我的人！

由于作者水平有限，错误难免，欢迎批评指正，提出宝贵意见和建议。作者手机号与微信号为13325478763，邮箱为yinzongmou@126.com。

尹宗谋，于西安家中

参 考 文 献

[1] Lin P. Symbolic Network Analysis [M] . New York: Elsevier, 1991.

[2] Gielen G, Wambacq P, Sansen W M. Symbolic Analysis method and applications for analog circuits: a tutorial overview [J] . Proceedings of the IEEE, 1994, 82: 287-304.

[3] Wambacq P, Gielen G, Sansen W. Symbolic network analysis method for practical analog integrated circuits: a survey [J] . IEEE Trans on Circuits and Systems-II: Analog and Digital Signal Processing, 1998, 45: 1331-1341.

[4] Shi G Y. A survey on binary decision diagram approaches to symbolic analysis of analog integrated circuits [J], Analog Integr Circ Sig Process, 2013, 74: 331-343.

[5] Mason S. Topological analysis of linear nonreciprocal networks [J] . Proc. IRE, 1957, 45: 829-838.

[6] Coatest C L. Flow-graph solutions of linear algebraic equations [J] . IRE Trans on Circuit Theory, 1959, June: 170-187.

[7] Mielke R R. A new signal flowgraph formulation of symbolic network functions [J] . IEEE Trans On CAS, 25: 334-340

[8] Chen W. Topological analysis for active networks [J] . IEEE Trans On Circuit Theory, CT-12: 85-91.

[9] Talbot A. Topological analysis of general linear networks [J] . IEEE Trans on Circuit Theory, CT-12: 170-180.

[10] Mayeda W. Graph Theory [M] . New York: Wiley-Interscience, 1972.

[11] Yu Q, Sechen C. A unified approach to the approximate symbolic analysis of large analog integrated circuits [J] . IEEE Trans. on Circuits and Systems-I: Fundamental Theory and Applications, 1996, 43: 656-669.

[12] Iordache M, Dumitriu L. The generalized topological formula for transfer function generation by two-graph tree enumeration [J] . Analog Integrated Circuits and Signal Processing, 2006, 47: 85-100.

[13] Shi C J R, Tan X D. Canonical symbolic analysis of large analog circuits with determinant decision diagrams. IEEE Trans. on Computer-Aided Design, 2000, 19: 1-18.

[14] Tan X D, Shi C J R. Hierarchical symbolic analysis of analog integrated circuits via determinant decision diagrams [J]. IEEE Trans on Computer-Aided Design, 2000, 19: 401-402.

[15] Shi C J R, Tan X D. Compact representation and efficient generation of s-expanded symbolic network functions for computeraided analog circuit design [J]. IEEE Trans Comput Aided Design Integr Circuits Syst, 2001, 20: 813-827.

[16] 陈树柏等. 网络图论以其应用 [M]. 北京: 科学出版社, 1982.

[17] 仝茂达, 朱英辉. 符号网络函数与不定导纳矩阵 [M]. 北京: 高等教育出版社, 1983.

[18] 邱关源. 网络图论简介 [M]. 北京: 人民教育出版社, 1978.

[19] 尹宗谋. 双树定理——符号网络行列式展开的一个拓扑公式 [J]. 空军电讯工程学院学报, 1998, 1: 29-34.

[20] 尹宗谋. 双树法——有源网络拓扑分析的一种新方法 [J]. 电路与系统学报, 1999, 4 (3): 97-101.

[21] Yin Z. Symbolic network analysis with the valid trees and the valid tree-pairs [C]. IEEE International Symposium on Circuit and Systems, Sydney Australia, 2001: 335-338.

[22] 尹宗谋. 网络展开图与符号网络分析 [J]. 电子学报, 2002, 11: 1629-1632.

[23] Shi G, Chen W, Shi C J R. A graph reduction approach to symbolic circuit analysis [C]. Proc ASPDAC. Japan: 2007, 197-202.

[24] Shi G. Graph-pair decision diagram construction for topological symbolic circuit analysis [J]. IEEE Trans on Computer-Aided Design, 2013, 32: 275-288.

[25] Shi G. Computational complexity analysis of determinant decision diagram [J]. IEEE Trans Circuits Syst II-Express Briefs, 2010, 7: 828-832.

[26] Shi G. Topological approach to Symbolic pole-zero extraction incorporating design knowledge [J]. IEEE Trans Comput Aided Design Integr Circuits Syst, 2017, 36: 1765-1778.

[27] Shi G, Tan S, E. Tlelo-Cuautle. Advanced symbolic analysis for VLSI systems—methods and applications [M]. New York: Springer, 2014.

[28] Benboudjema K, boukadoum M, Vasilescu G, Alquie G. Symbolic analysis of linear microware circuits by extension of the polynomial interpolation method [J], IEEE Trans. Circuits and Systems-I, 1998, 45: 936-944.

[29] Bruton L T. RC-active circuits: theory and design [M]. Englewood Cliffs: Prentice-Hall, 1980.